Schöne Lesestunden

Widmung

Dieses Buch ist denjenigen Menschen gewidmet, die ein grundlegenderes Verständnis zum Thema Mauerfeuchte erlangen wollen - oder denjenigen, die an eine bessere, schönere, lebenswertere Umwelt durch umweltfreundliche Technologien glauben.

Wilhelm Mohorn

Reichenau, im Mai 2006

Angriffsziel Altbauten

Zerstörung durch Erdfeuchte
Wie rette ich mein Gebäude?

1. Auflage, 2006

Herausgegeben von Co-Art PUBLICATIONS LIMITED
4 The Hall, Rockwood Park, East Grinstead, RH19 4JX

Umschlaggestaltung: Ludwig Lenz, Wilhelm Mohorn, Reichenau/Rax
Satz und Repro: Stefan Ledolter, Wilhelm Mohorn, Reichenau/Rax
Bildmaterial: Fotoarchiv Fa. Aquapol GmbH, Reichenau/Rax
Grafiken: Stefan Ledolter, Ludwig Lenz, Wilhelm Mohorn, Reichenau/Rax

Printed in Germany

ISBN 1-84672-067-2

Vorwort zum Buch „Angriffsziel Altbauten" von Ing. Günther Otto

ANGRIFFSZIEL ALTBAUTEN – Zerstörung durch Erdfeuchte – Wie rette ich mein Gebäude? – Ein revolutionäres Verfahren gegen die gefährliche aufsteigende Erdfeuchtigkeit setzt sich durch – Eine Autobiographie über einen 20-jährigen Lebensabschnitt des Verfassers

Es ist ein Buch über die unnachgiebige Verfolgung für den Beweis, dass man alternative Energien nutzen kann. Über 20 Jahre Arbeit für ein Mauersanierungsverfahren; aufgebaut auf die gesammelten Erfahrungen mit seinem selbst entwickelten Trockenlegungssystem, welches ohne künstlich erzeugte Energie arbeitet und von ihm als gravomagnetisches System bezeichnet wird – es ist ein Lehrbuch für alle, die ein Problem mit Gebäudeschäden durch Feuchtigkeitseinfluss haben.

Wilhelm Mohorn verdient Anerkennung für dieses Werk, zeigt es doch dem interessierten Leser nicht nur die grundlegenden Zusammenhänge über die Ursachen der Feuchtigkeitsschäden auf, sondern auch die Bekämpfungsmöglichkeiten. Für das richtige Erkennen der Feuchtigkeitseinflüsse ist die Symptomcheckliste für aufsteigende Feuchtigkeit ebenso interessant, wie auch der Artikel über die begleitenden Maßnahmen. Ich habe in all den langen Jahren meiner Tätigkeit als freier Sachverständiger, spezialisiert auf dem Gebiet der Mauerwerkssanierung, immer wieder festgestellt, dass die meisten Reklamationen nicht durch mangelhafte Trockenlegung entstehen, sondern durch falsche und ungeeignete Folgemaßnahmen, wie Wiederverputz-, Anstrich- oder andere Sanierungsmaßnahmen.

Ausgangspunkt war die Idee, alte marode Gebäude trocken zu bekommen, ein gesundes Wohnklima zu schaffen, denkmalgeschützte Objekte zu retten, ohne die Bausubstanz zu verändern, ohne bauwerksfremde Materialien zu verwenden, die eine Gefahr für den zukünftigen Erhalt des Gebäudes sein könnten. Grundlage hierzu war seine Erfindung mit der Nutzung der zukunftsweisenden Raumenergie, das gravomagnetische Aquapol-Mauertrockenlegungs-System.

Diese Entwicklung konnte ich von Anfang an verfolgen. Ich kenne Herrn Mohorn seit über 20 Jahren. Ich hatte sehr oft Gelegenheit zu Kontrollmessungen und war immer von den Austrocknungserfolgen fasziniert, die Feuchtigkeit wurde langsam, aber sicher, in den Boden zurückgedrängt. Die Vorgänge dieser Technik werden in den verschiedenen Kapiteln in diesem Buch eingehend beschrieben.

Man kann wünschen, dass dieses Buch dazu beiträgt, dass viele Gebäude erfolgreich bewohnbar und erhaltungswürdig saniert werden, dass es Anregung auch für die bisher „Ungläubigen" sein wird, sich mit den hier aufgeführten Möglichkeiten näher zu befassen, so wie ich es gemacht habe und dadurch mit Stolz auf die vor vielen, vielen Jahren unter meiner Leitung durchgeführten Arbeiten zurückblicken kann.

Günther Otto,
ehem. Präsident der EURAFEM e.V.

Angriffsziel: Altbauten
Zerstörung durch Erdfeuchte
Wie rette ich mein Gebäude?

Ein revolutionäres und neues Verfahren gegen die gefährliche aufsteigende Feuchtigkeit und deren Salze aus der Erde setzt sich durch!

Inhaltsübersicht

Wie Sie das Buch lesen können

Liebe Leserin,
lieber Leser!

Ich freue mich, dass Sie sich für dieses spannende Thema interessieren. Ich hoffe, dass dieses Werk interessante Kapitel für Sie bereit hält. Dieses Buch ist in erster Linie für den interessierten Althausbesitzer geschrieben. Es ist das erste Buch dieser Art, welches mit soviel Bildern und Grafiken zu diesem Thema bestückt wurde, sodass diese manchmal doch komplexe Materie leichter aufgearbeitet und verstanden werden kann.

Das Geschriebene ist im Großen und Ganzen einfach gehalten und es wurde auf Fachwörter und unverständliche Ausdrücke weitgehend verzichtet. Wo es ohne Fachwörter nicht verständlich ist, wurden diese mit einfachen Wörtern definiert und, wo notwendig, haben wir Bild- und Grafikmaterial hinzugefügt, um sie verständlich zu machen.

Wenn Sie von Ihrem Gebäude wissen, dass es sich vorwiegend um aufsteigende Feuchtigkeit handelt und Sie eine intelligente und wirtschaftliche Lösung suchen, dann können Sie direkt im Kapitel 3 „Die Aquapol-Technologie” einsteigen.

Wenn Sie gleichzeitig mehr über die konventionellen Systeme wissen wollen, um einen guten Vergleich zu der Aquapol-Technologie zu haben, dann steigen Sie am besten im 2. Kapitel „Trockenlegen von Gebäuden” ein. Hier erfahren Sie die Grenzfälle und Risiken dieser Verfahren.

Falls Sie Angst vor Strahlen oder Elektro-Smog haben oder der Meinung sind, dass Aquapol der Gesundheit schaden könnte, dann lesen Sie das Kapitel 7 „Positive biologische Effekte des Aquapol-Systems”. Sie werden sicherlich ebenso überrascht sein, wie ich es war auf meiner 22-jährigen Forschungsreise. Gerade in den letzten Jahren wurde ich von den zahlreichen Forschungsergebnissen auf diesem Gebiet, veröffentlicht von dem renommierten Professor Lotz, regelrecht verblüfft.

Wenn Sie aber ein Baupraktiker sind, der sich gerne selber über die verschiedensten Feuchtigkeitsursachen und deren Symptome als auch deren Entstehung auskennen möchte, damit Ihnen niemand ein „I” für ein „U” verkauft, dann ist für Sie das 1. und

2. Kapitel sicher von großem Nutzen. Da ein Profi auf seinem Gebiet die wichtigsten Regeln in seinem Bereich im Schlaf beherrschen sollte, habe ich versucht, diese in einfachen Worten zusammenzufassen, damit sie ein gutes Verständnis vermitteln. Auch hier wurde nicht mit Bildern gespart, da ich es für außerordentlich wichtig empfinde, ein gutes Verständnis meiner Erkenntnisse und unseres Know-hows einem breiten Publikum anzubieten. Sie könnten im Grunde mit diesen wichtigsten Informationen so manchen Fachmann prüfen, ob er auch wirklich ein guter Mauerwerksdiagnostiker ist.

Ich habe außerdem noch praktische Checklisten für Sie bereitgestellt. Diese sollen helfen, alle Informationen auf wenigen Blättern parat zu haben. Somit steht einer effizienten Arbeitsweise nichts mehr im Wege.

Ich wünsche mir, dass Ihnen dieses Buch interessante Stunden bringt und würde mich sehr freuen, wenn Sie mir Ihre Eindrücke und praktischen Erfolge bei der Umsetzung der Informationen mitteilen würden.

Ihr
Wilhelm Mohorn
Reichenau, im Mai 2006

1. Kapitel
Feuchte Mauern – eine Plage bei Altbauten

Was versteht man unter feuchten Mauern?

Erstaunlicherweise herrscht hierüber allgemein eine große Unklarheit bei den zahlreichen Althausbesitzern und teilweise auch bei einer Mehrzahl der Fachleute. Warum?

Nun, der gutwissende Althausbesitzer fühlt sich bei diesem Thema doch etwas überfordert und vertraut naturgemäß dem Fachmann. Eine große Anzahl von „Experten" sind auf diesem sehr komplexen Gebiet nicht wirklich ausgebildet worden und daher keine „Mauerwerksdiagnostiker".

Diesen Berufszweig gibt es offiziell leider noch nicht. Mauerwerksdiagnostik ist jedoch ein Spezialgebiet, das man teilweise nur in Spezialseminaren oder in firmeninternen Schulungen erlernen kann. Ohne den dazugehörigen speziellen Messkoffer mit mehreren verschiedenen Messgeräten kann keine genaue Mauerwerksdiagnostik durchgeführt werden.

Ich hatte in meiner mehr als 20-jährigen Praxis zahlreiche Kontakte und Begegnungen mit den verschiedensten Haus- und Bauexperten, Architekten, Ingenieuren und Baumeistern. Da das Wissen der Mauerwerksdiagnostik nicht vollständig vorhanden war oder gänzlich fehlte, kam es vielerorts zu krassen Fehlbeurteilungen dieser wichtigen Entscheidungsträger. Einige Bausachverständige hatten von dieser Materie nur zu einem geringen Teil einen logischen Wissensunterbau, obwohl sie gerade diesen Bereich beherrschen sollten, um als Sachverständige auf diesem Gebiet wichtige Aussagen treffen zu können.

Einige hantierten meistens nur mit einem Feuchteindikator, der auf einem rein elektrischen Prinzip funktioniert.

Weder konnten sie selbst damit professionell umgehen, noch wussten sie, wie sie anhand der messtechnischen Untersuchungen, z.B. zwischen aufsteigender Feuchtigkeit und Kondensationsfeuchte (meist Oberflächeneffekt), unterscheiden konnten.

Ein Beispiel aus der Praxis: Wir sehen eine Zimmerwand, bei der man im unteren Eckbereich einen Schimmelbefall erkennen kann.

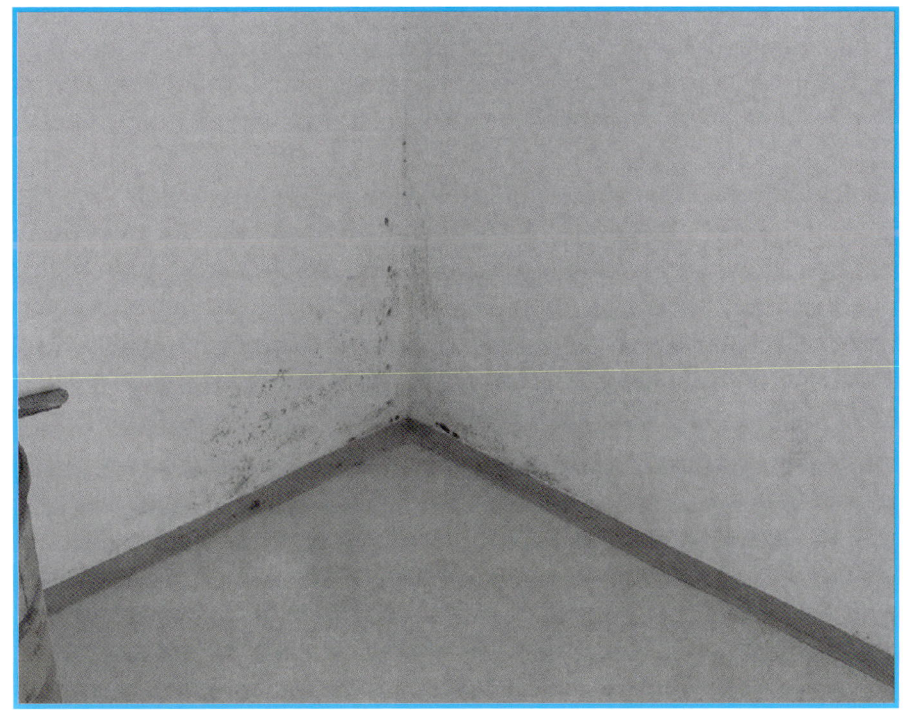

Schimmelbefall in einer unteren Raumecke

Ansonsten sieht die Wand im gesamten Raum trocken aus. Keine weiteren sichtbaren Schäden. Ist die Mauer nun feucht?
Nach einer Außenbegehung des Gebäudes erkennt man, dass an dieser betreffenden Hausecke des genannten Zimmers kein Feuchtigkeitsschaden sichtbar ist. Der Dachrinnenabfluss scheint in Ordnung. Also kein weiterer äußerer Einfluss von beispielsweise eindringender Feuchtigkeit in das Mauerwerk.
Aufgrund der oben beschriebenen Symptome handelt es sich auf alle Fälle um Oberflächenfeuchtigkeit und nicht ursächlich um Mauerfeuchtigkeit.

Wie entsteht dieser Feuchtigkeitsschaden?

Das Hinterfragen der Raumnutzer ergibt, dass dieses Problem (Schimmelbefall) im Winter stärker als im Sommer auftritt. Die Fenster sind über Nacht meist fest verschlossen. Das Zimmer ist der Schlafraum für zwei erwachsene Personen. Die Schlafzimmertür wird während der Ruhestunden für etwa 8 Stunden geschlossen.

Wie entsteht nun der Schimmel bzw. die Oberflächenfeuchtigkeit?

Dies ist einfach zu beantworten: Zwei Personen produzieren in etwa 8 Stunden Schlaf 0,6 Liter Wasser, das sie in die Raumluft durch Ausatmen abgeben. Der einfache Test, den Jedermann selbst durchführen kann, ist einleuchtend: Wiegen Sie ihr Körpergewicht mittels einer Waage vor und nach dem Schlafen. Sie werden einen deutlichen Gewichtsverlust feststellen. Ein Großteil davon ist Körperflüssigkeit.

Der Feuchtigkeitsgehalt der Raumluft steigt beträchtlich an. Diese zusätzlich mit Feuchtigkeit angereicherte Raumluft der beiden Schlafenden kann weder über die Fenster (die erschreckenderweise noch dazu Thermofenster und von vornherein vollkommen abgedichtet sind!), noch leicht durch die Schlafzimmertür nach außen entweichen. Somit schlägt sich die Feuchtigkeit an den kühlsten Flächen im Raum nieder. Das sind im Winter üblicherweise die kälteren Außenmauern als auch die Fenster.

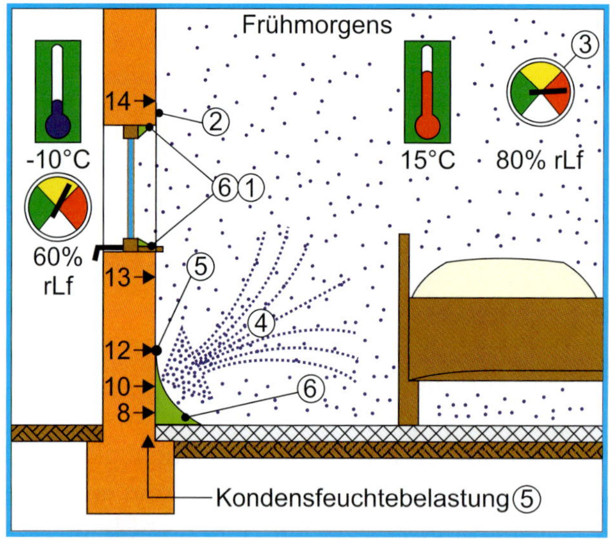

① Hermetisch dichte „Energiesparfenster", die im geschlossenen Zustand keine notwendige Zwangsbelüftung zulassen.
② Organischer Anstrich als chemischer Störfaktor (z.B. Dispersion).
③ Erhöhte Luftfeuchte durch ~0,3 Liter Atemfeuchte/Person/Nacht führt zu
④ erhöhter Luftfeuchteströmung zum unterkühlten Mauerwerk, wodurch
⑤ Kondensfeuchte zuerst oberflächlich - später auch in der Tiefe - entsteht.
⑥ Schimmelbildung, da Schimmel bei organischem Nährboden (z.B. Dispersion) und Feuchte gut gedeiht.

Wenn es sich bei der Außenmauer um einen Eckbereich handelt, dann kann die „Kälte von außen” auf zwei Flächen gleichzeitig angreifen und das Mauerwerk im Eckbereich besonders abkühlen.

Kann man das leicht messen?

Mit einem Wandthermometer kann man manchmal die Unterschiede der Wandtemperaturen, beispielsweise im unteren Bereich der Mauer und in etwa einer Höhe von 1,5 bis 2 Metern, deutlich messen. Bereits bei einer Temperatur zwischen 8-12 ° und einer relativen Luftfeuchtigkeit zwischen 70 % bis 90 % ist diese Wand bereits geeignet, um oberflächlich feucht zu werden. Ein Mauerwerksdiagnostiker benutzt ein elektronisches Wandoberflächen-Thermometer und kann innerhalb von wenigen Sekunden die exakte Wandtemperatur auf Zehntelgrade genau ermitteln. Er misst auch das Raumklima (Raumtemperatur und Raumluftfeuchtigkeit) und kann aufgrund einer Tabelle den sogenannten kritischen Taupunkt ausrechnen.

Der Taupunkt ist jene Temperatur, bei der Luftfeuchtigkeit anfängt zu kondensieren. Wasserpartikel, vorher in einem gasförmigen Zustand, gehen nun in einen flüssigen Zustand über. Entspricht nun die Wandtemperatur der errechneten Taupunkttemperatur bzw. liegt sie sogar darunter, dann lautet die Diagnose: „Kondensationsfeuchtigkeit”.

Die Feuchtigkeit in der Raumluft schlägt sich an den kältesten Stellen des Raumes nieder (der kalte Eckbereich, an dem kaum wärmere Luft zirkulieren kann) und schon entsteht Oberflächenfeuchtigkeit (Kondensationsfeuchtigkeit, Schwitzwasser). Dies ist der ideale Nährboden für Schimmelbildung. Wenn beispielsweise zusätzlich ein Dispersionsanstrich auf die Wand aufgetragen oder Tapeten mit Kunststoffanteilen aufgeklebt wurden (Produkte aus Erdöl = organische Stoffe), dann ist das der ideale Nährboden für den Schimmelpilz. Nach ein paar weiteren Wochen kann man meist schon die ersten Schimmelflecken sehen.

Die falsche Maßnahme

In diesem Fall zu empfehlen, das Mauerwerk horizontal durchzuschneiden oder chemische Injektionen in die Mauer einzubringen, ist eindeutig die falsche Therapie und zeugt von großer Unkenntnis des sogenannten „Fachmannes”. Schlimmer ist es nur noch, wenn es in betrügerischer Absicht gemacht wurde.

Was wäre in so einem Fall die korrekte Abhilfe?

1. Zuerst eine Schimmelsanierung vornehmen mit dem jahrzehntelang bewährten BIORID. Dies ist ein biologisch unbedenkliches Mittel. Alle drei Arbeitsgänge müssen genauestens durchgeführt werden.

2. Es sollte während der Nachtstunden eine Zwangsbelüftung hergestellt werden. Entweder,
a) die Schlafzimmertür bleibt einen Spalt offen oder
b) das Fenster bleibt leicht gekippt oder
c) das Fenster bekommt einen Sparlüftungsschlitz, der von Hand aus regulierbar ist oder
d) wenn alle vorigen Maßnahmen nicht leicht durchführbar sind, dann bleibt nur noch, etwa 1/3 der Fensterdichtungen (meist Gummi) zu entfernen. Dadurch entsteht nun ein ständiger, natürlicher Luftaustausch mit außen und die überschüssige Raumluftfeuchtigkeit kann leicht durch diese undichten Fensteröffnungen nach außen entweichen.

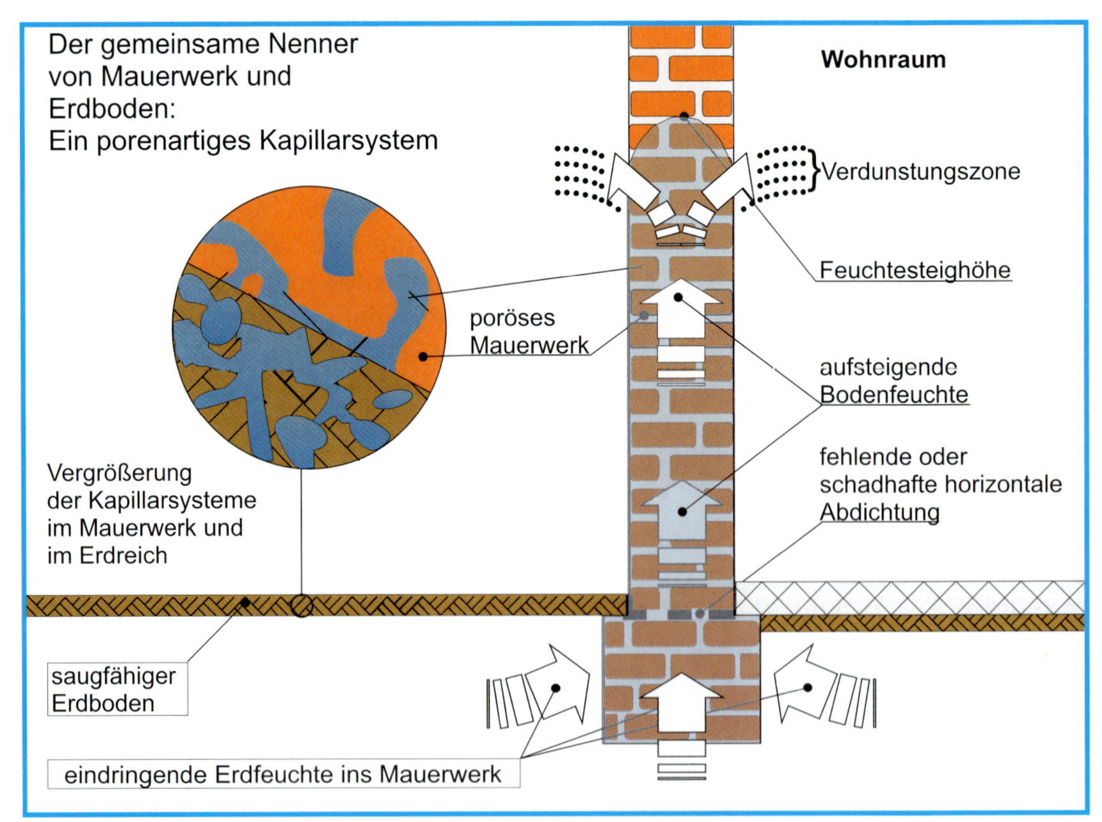

Schadhafte oder fehlende Feuchtigkeitsabdichtung im Mauerwerk führt zu aufsteigender Feuchtigkeit

Auszug aus einer **Meinungsumfrage** von 1992
zum Thema

FEUCHTE ALTBAUTEN

Die befragte Zielgruppe:
Althausbesitzer in ländlicher Gegend im Osten und Süden Österreichs

Durchschnittsalter:
55 Jahre (60 % männlich und 40 % weiblich)

Durchschnittsalter der Gebäude:
45 Jahre

Zustand der Gebäude:
Die Gebäude wiesen alle sichtbare Feuchteschäden auf, z.B. feuchte Flecken auf den Fassaden und den Haussockeln und teilweise abbröckelnder Verputz. Die Häuser waren alle vorwiegend von **aufsteigender Grundfeuchte** betroffen.
Der Interviewer war durch seine Baupraxis und Spezialausbildung auf dem Gebiet der Mauerfeuchtigkeits-Ursachenerkennung und in der Messtechnik versiert, so dass er mit geschultem Auge gezielt nur Bauten auswählte, die vorwiegend kapillardurchfeuchtet waren.

Die Schlüsselfrage lautete:

„Was denken Sie, warum werden Altbauten eigentlich feucht?"

Die korrekte Antwort wäre gewesen, dass die Mauerisolierungen mit der Zeit kaputt gehen oder gar fehlen und die Bodenfeuchtigkeit vom Mauerwerk wie ein Schwamm aufgesaugt werden kann. Dadurch werden die Mauern feucht **(= KAPILLARWIRKUNG).**

Richtige Antworten	**in % der Befragten**
Weil die Mauerisolierung schlecht oder kaputt ist	27 %
Durch eine fehlende Mauerisolierung kann Feuchte aufsteigen	25 %
Vermutete Ursachen der Durchfeuchtung bei Altbauten	**in % der Befragten**
1. Weil der Baustoff selbst schlecht oder kaputt ist	12 %
2. Weil das Haus keinen Keller hat	9 %
3. Weil der Grund feucht ist	7 %
4. Die Steine, das Grundwasser, die schlechte Bauweise sind an der Feuchte schuld	je 4 %
5. Schlechter Verputz, schlechte Wärmeisolierung, zu wenig heizen und lüften, das Wetter, unterirdische Quellen, die Hanglage, Nichtwissen	zusammen 8 %

3. Dispersionsanstriche haben im Schlafbereich nichts zu suchen und sollten schnellstens gegen mineralische Anstriche ausgetauscht werden. Kalk eignet sich am besten, da er eine bakterientötende und desinfizierende Wirkung hat. Tapeten mit organischen Anteilen (Vinyl-Tapeten) sind nicht gerade ideal für den Schlafbereich und sollten entfernt werden.

Grundlegendes zur aufsteigenden Mauerfeuchtigkeit

Eine Umfrage, die vor einigen Jahren in Österreich durchgeführt, und auch in einem viel beachteten Artikel der Fachzeitschrift „Renovation" veröffentlicht wurde, brachte erschreckende Tatsachen zu Tage: „Althausbesitzer, deren feuchte Gebäude unter aufsteigender Nässe litten, gaben zu etwa 50 % andere Durchfeuchtungsursachen an als die „aufsteigende Feuchtigkeit". Die Nähe zum See und die schlechten Baustoffe des Verputzes wurden als „Ursachen" genannt. Das stimmte natürlich alles nicht! Sie alle verstanden einfach den Mechanismus bzw. die Gesetzmäßigkeit der aufsteigenden Mauerfeuchtigkeit nicht.

Eine der Hauptursachen von Feuchteschäden bei Altbauten ist die aufsteigende Mauerfeuchtigkeit. Dabei handelt es sich um das Phänomen, dass bei einer schadhaften oder fehlenden horizontalen Abdichtung poröse Baustoffe (in den meisten Fällen Ziegel oder Natursteine) die Wassermoleküle aus dem Untergrund „ansaugen" und somit die Wände mit der Zeit stark durchnässt werden. Die Bauforschung in Österreich zeigt auf, dass beispielsweise die alte Teerpappe, die als waagerechte Feuchtigkeitssperre in der Nachkriegszeit eingesetzt wurde, schon nach 30 bis 50 Jahren porös werden kann. Ähnliches passierte mit der flüssigen Bitumenschicht, die anstatt der Teerpappe eingesetzt wurde. Die Bodenfeuchtigkeit steigt in den winzigen Hohlräumen der Mauern, dem Kapillarsystem, den haarfeinen winzigen Kanälen von festen Stoffen, nach oben und verdunstet in der sogenannten Verdunstungszone (siehe nächste Grafik). Man spricht daher auch von kapillarer Mauerfeuchtigkeit. Somit kann folgende Regel aufgestellt werden:

EIN PORÖSES MAUERWERK, DESSEN WAAGERECHTE FEUCHTIGKEITSABDICHTUNG FEHLT ODER SCHADHAFT IST, KANN BODENFEUCHTIGKEIT AUFSAUGEN.

Im trockenen Zustand trägt das poröse Kapillarsystem mit dazu bei, dass die Mauer „atmet", also bei Bedarf Feuchtigkeit in geringen Mengen aufnimmt und wieder abgibt. Genau genommen trägt natürlich die Wandoberfläche, in diesem Falle der Putz, die Hauptaufgabe der vorübergehenden Luftfeuchtigkeitspufferung, beziehungsweise der Luftfeuchtigkeitsabgabe. Je offenporiger die Wandoberfläche, desto mehr Luftfeuchtigkeit kann sie natürlich speichern. Wenn sie schon von innen heraus durchfeuchtet ist, kann sie nichts mehr vom Raum aufnehmen. Eine trockene Wand ist daher eine wichtige Voraussetzung für ein gesundes, angenehmes Raumklima, da sie feuchtigkeits- und klimaregulierend wirkt.

EINE OFFENPORIGE, TROCKENE WAND WIRKT REGULIEREND AUF DAS FEUCHTE KLIMA IM RAUM.

Das in den Kapillaren eingeschlossene „Luftpolster" ist auch die beste Wärmedämmung. Es bewirkt den sogenannten Thermoskannen-Effekt. Eine nasse Wand dagegen, bei der die kleinen Hohlräume mit Wasser gefüllt sind, isoliert erfahrungsgemäß schlecht. Je feuchter das Mauerwerk, desto schlechter die Wärmedämmung.
Warum? Weil Wasser ein guter Wärmeleiter ist! Speziell im Winter hat das zur Folge, dass die Wärme vom Raum schneller durch die Wände nach außen entweicht. Darum hat man bei solch einer Mauer immer ein Gefühl, „es zieht". Wieso? Dem Körper wird durch die kalte Mauer einfach Wärme entzogen. Umgekehrt kann die feuchte „Kälte" von draußen schneller das Mauerwerk abkühlen. Daher die einfache Grundregel:

EINE TROCKENE MAUER HAT EINE VIEL BESSERE WÄRMEDÄMMUNG ALS EINE DURCHFEUCHTETE MAUER.

Wer Gemäuer austrocknen will, sollte vernünftigerweise ein grundlegendes Verständnis über den Prozess des „Nasswerdens" haben. Der Grund, warum Wasser in den Haargefäßen (Kapillarsystem) von Baustoffen aufsteigt, liegt aus der Sicht des Physikers darin, dass Wasser eine benetzende Flüssigkeit ist. Bei der Benetzung geht es um den Kontakt zwischen Flüssigkeiten und der Oberfläche von festen Stoffen. Es ist eine Erscheinung, die auf den zwischen den unterschiedlichen Molekülen wirkenden Kräften, den Molekularkräften, beruht. Dass Feuchtigkeit in Mauern aufsteigt, liegt daran, weil die Anziehungskräfte zwischen den Wassermolekülen und den von ihnen benetzten Baustoffmolekülen (z.B. Ziegel) größer sind als die Kräfte, die zwischen den einzelnen Wassermolekülen untereinander wirken.
Physiker sprechen davon, dass die Kohäsionskräfte (durch Anziehung bewirkter innerer Zusammenhalt) zwischen den Molekülen gleicher Art – in unserem Fall zwischen den einzelnen Wassermolekülen – geringer sind als die Adhäsionskräfte (molekulare Anziehungskraft durch Berührungsflächen) zwischen den Molekülen unterschiedlicher Art, hier also zwischen den Wassermolekülen und den Ziegelbaustein-Molekülen. Dies führt zum kapillaren Sogeffekt, wie er in der Vergrößerung der nachfolgenden grafischen Darstellung zu sehen ist.
Ein einfacher Versuch demonstriert, was hier gemeint ist. Stellt man ein Glasröhrchen mit einem sehr kleinen Innendurchmesser (Kapillargefäß) in eine Wasserschale, steigt in seinem Innern das Wasser sichtbar nach oben.

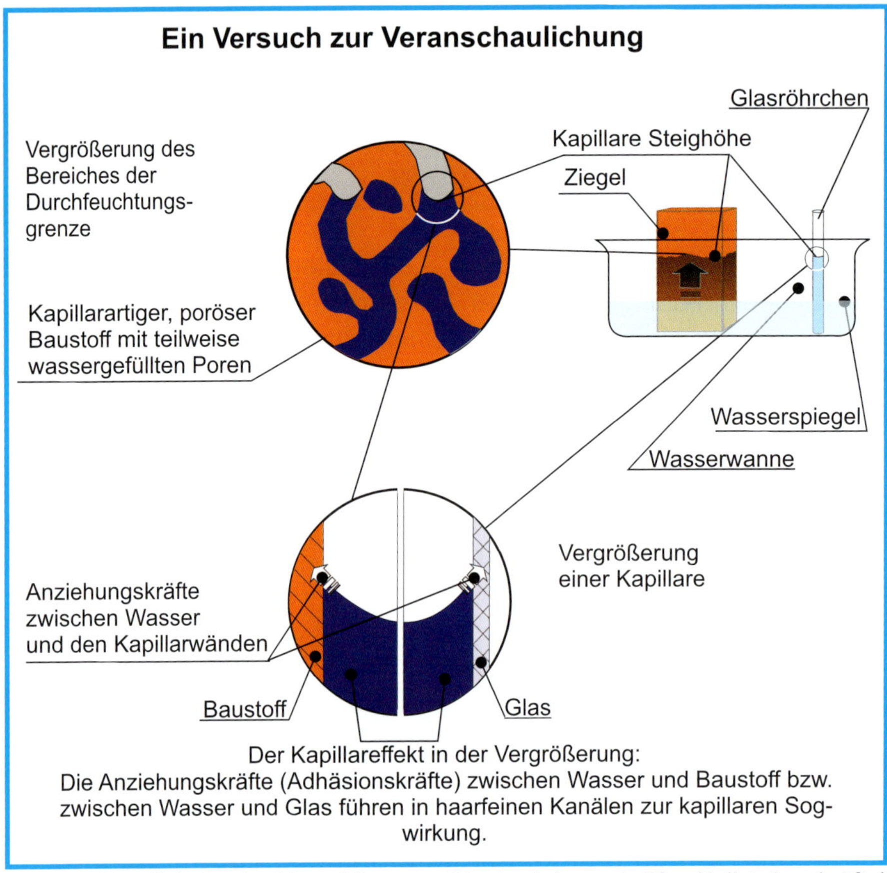

Der Kapillareffekt in der Vergrößerung. Die Anziehungskräfte (Adhäsionskräfte) zwischen Wasser und Baustoff bzw. zwischen Wasser und Glas führen in haarfeinen Kanälen zur kapillaren Sogwirkung.

Wasser besitzt die Eigenschaft, dass es die meisten Stoffe, insbesondere Baustoffe, zu benetzen vermag. Nahezu jeder Baustoff ist porös und zieht, wenn er mit Wasser in Berührung kommt, Feuchtigkeit nach oben. Die hier wirkenden Kräfte sind offenbar so groß, dass sie sogar der Schwerkraft entgegen aufsteigen.

WASSER STEIGT IN DEN NATÜRLICHEN PORÖSEN STOFFEN ODER KAPILLAREN DER SCHWERKRAFT ENTGEGEN AUF.

Mit der Feuchtigkeit steigen in gelöster Form auch alle möglichen Bodensalze auf und verstopfen vor allem die Poren der wasserabweisenden (hydrophoben) Sanierputze. Diese lassen bekanntlich keine kapillare, also flüssige Entfeuchtung zu, sondern nur in Dampfform. Daher sehen sie sehr lange oberflächig trocken aus (im Gegensatz z.B. zu einem Kalkputz). Bloß die Salze lagern sich genau hinter dem Putz ab (Salzpufferzone), womit die „atmungsaktiven Poren" des Sanierputzes mehr und mehr durch die Salze verstopft werden und die kapillare Mauerfeuchtigkeit steigt noch höher. Der Sanierputz mutiert dann zum Sperrputz (siehe Bild darunter).

WASSERABWEISENDE SANIERPUTZE AM VERSALZENEN MAUERWERK WIRKEN MIT DER ZEIT WIE SPERRPUTZE.

Immer höher steigende Mauerfeuchtigkeit durch den nun „feuchtesperrigen Sanierputz".

Sanierputze, als auch sogenannte Entfeuchtungsputze sind daher kein Ersatz für Maßnahmen, die das Aufsteigen der Mauerfeuchtigkeit verhindern.
Ganz gleich, welches Märchen Ihnen der Putzverkäufer oder „Baufachmann" erzählt, glauben Sie es ihm nicht, sondern verlassen Sie sich auf Ihren „Hausverstand"!
Vor Jahren war das in Europa so ziemlich der verbreitetste Betrug, der an Althausbesitzern begangen wurde, der selbst die Gerichte bzw. Sachverständigen beschäftigte. Wie soll denn ein Verputz die waagerechte Feuchtigkeitssperre im Mauerwerk ersetzen?

Wozu gibt es dann überhaupt diese Sperren?
Wozu gibt es dann die Normen, die Feuchtigkeitssperren vorschreiben?

WEDER EIN SANIERPUTZ, NOCH EIN ENTFEUCHTUNGSPUTZ ODER JEGLICHE ANDERE ART VON PUTZ IST EIN ERSATZ FÜR EINE WAAGRECHTE FEUCHTIGKEITSSPERRE IM MAUERWERK.

Symptome aufsteigender Mauerfeuchtigkeit

Durch aufsteigende Mauerfeuchtigkeit und die dadurch verursachten Schäden an Gebäuden entsteht jährlich ein volkswirtschaftlicher Verlust in einer gewaltigen, kaum abschätzbaren Größenordnung.

Selbst in einem kleinen Land wie Österreich dürfte sich die Schadenssumme im Bereich von einigen Milliarden Euro pro Jahr bewegen. Verschlimmert wird das Bild noch durch teilweise falsche Sanierungstechniken mit zusätzlichen Kosten. Ich habe anhand meiner Erfahrung mit Tausenden von Gebäuden eine Liste mit bestimmten Symptomen zur sicheren Diagnose von Feuchtigkeitsschäden erstellt.

Selbst ein Laie kann mit Hilfe der hier beschriebenen Kriterien mit ziemlicher Sicherheit feststellen, ob er es an seinem Haus mit aufsteigender Mauerfeuchtigkeit zu tun hat.

Sichtbare Symptome

Die Feuchtigkeit am Mauerwerk ist durchgehend bis zur Verdunstungszone sichtbar.

Die Wandoberfläche ist vom Boden bis zur Feuchtigkeitsgrenze ziemlich gleichmäßig durchfeuchtet. Aufsteigende Feuchtigkeit verdunstet auch zum Teil über die gesamte Fläche, jedoch ein großer Teil in der sogenannten Verdunstungszone (im Bereich der Feuchtigkeitsgrenze).
Ein Phänomen, das ausschließlich bei den klassischen Putzen, wie z.B. Kalkputz oder Kalkzementputz ohne Hydrophobierungsmittel (wasserabweisende Zuschlagstoffe) vorkommt. Hier kann Bodenfeuchtigkeit kapillar über den porösen Putz schön aufsteigen.
Wenn kein Putz vorhanden ist, so sieht man die Feuchtigkeit durchgehend bis zu einer Feuchtigkeitsgrenze. Man spricht auch vom inneren Feuchtigkeitsspiegel im Mauerwerk.

Bis zu welcher Höhe die Feuchtigkeit im Mauerwerk aufgestiegen ist, erkennt man deutlich am oberen Rand des nassen Mauerbereiches. Dieser Rand heißt Feuchtigkeitsgrenze, in dem sich auch der Bereich der Verdunstungszone befindet, weil an dieser Stelle überwiegend die innen aufgestiegene Mauerfeuchtigkeit an die Luft verdunstet.

Die Verdunstungsgrenze ist mindestens 40 Zentimeter über dem Niveau, aber nicht nur wetterseitig sichtbar.

Bei manchen Baustoffen steigt die kapillare Feuchtigkeit nicht so hoch auf.
Ein Beispiel wäre eine Natursteinmauer aus Granit und ein sehr grober, mit größerer Körnung (ab 3 mm) versehener Kalkzementputz.
Oder der Putz ist etwas hydrophobiert, wodurch Feuchtigkeit nicht höher aufsteigen kann.

Sichtbare Verdunstungsgrenze an der Wandoberfläche

Die Anstrichschäden sind in der Höhe der Verdunstungszone am schlimmsten.

Ein Großteil aufsteigende Feuchtigkeit verdunstet über die Verdunstungszone, die in der Regel nur mehrere Zentimeter breit ist.
In diesem Bereich entsteht durch die Verdunstung einerseits der Verdunstungsdruck und andererseits der Kristallisationsdruck der Salze (wenn sie an der Putzoberfläche auskristallisieren).
Daher wird der Anstrich an dieser Stelle als erstes beschädigt, wodurch die Wandfarbe abblättern kann. Deshalb ist der beschädigte Anstrich ein klares Symptom aufsteigender Feuchtigkeit. Der Verlauf der Verdunstungszone lässt sich meist an der Linie, die starke Farbabblätterungen aufweisen, erkennen.

Anstrichschäden sind an der Verdunstungszone am stärksten.

Ein Dispersionsanstrich bildet Blasen, vor allem in der Verdunstungszone.

So mancher versucht, mit einem wasserfesten Dispersionsanstrich die Mauerfeuchtigkeit einzusperren. Leider eine recht kurzfristige Lösung. Denn die ausdünstende Feuchtigkeit wird sehr bald in Form von Blasen sichtbar. Dahinter verstecken sich meistens schon angehäufte Salznester, die beim Auskristallisieren den „elastischen" Anstrich wegdrücken.

Dispersionsanstriche bilden Blasen, wenn die Wand dahinter feucht ist.

Es treten Verfärbungen an den Wandanstrichen auf (Salze).

Ein häufig beobachteter Indikator ist, dass sich die Wandfarbe verfärbt.
In der Regel führen die ausdünstenden Wassermoleküle zu dunkleren Farben oder die mit nach oben transportierten Salze reagieren chemisch mit dem Anstrich. Der saure Regen mit seinen Schwefelanteilen kann für weitere chemische Reaktionen mit den Wandsalzen und somit im Anstrich sorgen.

Verfärbungen am Anstrich sind sichtbar.

Der Anstrich ist an der Verdunstungszone leichter zu entfernen als unter der Verdunstungszone und löst sich auch schneller ab.

Wer sich veranschaulicht, welche chemischen Prozesse an der Verdunstungszone ablaufen, versteht sofort, dass in diesem Bereich die sichtbarsten Schäden zuerst am Anstrich zu finden sind.
An dieser Stelle lagern sich die in der Mauerfeuchtigkeit gelösten Salze während der Ausdunstung vorwiegend an der Putzoberfläche ab. Der Anstrich wird dann von der Putzoberfläche durch den Salzdruck und andere chemische Druckmechanismen abgestoßen bzw. losgelöst. Er verliert leichter seine Haftung an der obersten Putzschicht.
Damit ist er leichter, z.B. mit einer Spachtel, zu entfernen oder löst sich auch schneller ab.

Wegen der hier austretenden Verdunstungsfeuchtigkeit mit deren aggressiven Salzen löst sich die Farbe im oberen Bereich der Mauer schneller ab als im darunter liegenden Bereich.

Der Verputz ist an der Verdunstungszone mehr geschädigt als unter der Verdunstungszone.

Nachdem der Anstrich beschädigt wurde, beginnt der Feinputz durch die chemischen Drücke abzublättern.
Durch die Feuchtigkeit werden auch teilweise Bindemittel im Verputz mit herausgelöst, wodurch er an Festigkeit verliert und beschädigt wird.
Natürlich vorrangig in der Verdunstungszone, wo einiges an Wasser verdunstet.

Abplatzender Verputz an der Verdunstungszone

Der Verputz ist vor allem an der Verdunstungszone teilweise oder ganz abgebröckelt oder aufgeblüht.

Hier sind wir schon bei der letzten Zerstörungsstufe des Verputzes angelangt. Chemische Druckmechanismen und „Bindemittel-Auswaschung" durch die vielen Jahre hindurch ergeben dann einen „unheilbaren" Putz, der nicht mehr repariert werden kann. Hier hilft nur noch der Komplettaustausch.

Wird lange Zeit nichts unternommen, fällt der Verputz ab, in der Regel zuerst an der Verdunstungszone.

Der Verputz verschwindet an alten Fassaden zuerst an der Verdunstungszone oder im untersten Bereich der Mauer (Frostbereich bei hohen Feuchtewerten).

Gibt es strenge Winter, dann nagt die Kälte hauptsächlich im untersten Bereich der Mauer. Warum?
Weil im untersten Bereich die Feuchtigkeitsmenge in der Regel am stärksten ist. Gefrierendes Wasser erhöht um ca. 10 % sein Volumen. Das reicht schon aus, einen Betonsockel von wenigen Zentimetern Dicke vom Mauerwerk zu trennen.
In der Verdunstungszone können durch einen sehr hohen Salzgehalt und eine damit einhergehende größere Feuchtigkeitsansammlung die Frostschäden besonders hoch sein.

Schwere Schäden an Mauer und Verputz infolge langanhaltender aufsteigender Feuchtigkeit plus Frost.

Die unter dem Verputz liegende Bausubstanz im Bereich der Verdunstungszone weist häufig stärkere Schäden auf als deutlich unter der Verdunstungszone. Das Material erscheint mürbe, Salze sind sichtbar, eventuell sogar Salzkrusten bzw. Salznester.

Nun geht es der wirklichen Bausubstanz an den Kragen. Der gefürchtete Mauerfraß. Salze oder Mikroorganismen zersetzen den Baustoff oder wandeln ihn in eine weiche, mürbe, nahezu wertlose Substanz um.

Oft häufen sich regelrecht millimeterdicke Salzschichten an. Wahre Nester dieser Salzablagerungen kann man oft bei alten Baustoffen, häufig im Stallbereich, erkennen.

Salzkrusten finden sich an Stellen, wo der Verputz die Salze nicht mehr aufnehmen konnte.

Spürbare Symptome

Der Verputz ist an der Verdunstungszone vom Baukörper gelöst und liegt teilweise hohl. Der vergleichende Klopftest, zum Beispiel mit einem Werkzeug oder der Faust an und unter der Verdunstungszone, ergibt unterschiedliche Klangbilder.

Der Klopftest bringt zusätzliche Klarheit über den Verlauf der Verdunstungszone.

Der Verputz ist an der Verdunstungszone mürber als unterhalb der Zone, da mit der Zeit die Bindemittel herausgelöst wurden. Der vergleichende Stichtest, zum Beispiel mit einem spitzen Werkzeug an und unter der Verdunstungszone, ergibt unterschiedliche Eindringtiefen bzw. Eindringwiderstände.

Der Stichtest mit einem Schraubenzieher. An der Verdunstungszone ist der Verputz bröckelig.

Trotz ständigem Lüften und Heizen der Räume ist das ganze Jahr über ein unangenehmer Modergeruch riechbar.

Ein modriger Geruch rührt meist von Schimmel- und Sporenbildung her. Die daraus wachsenden Gefahren für die Gesundheit der Bewohner werden vielfach unterschätzt.
Ist der Modergeruch auch durch intensives Lüften und Heizen nicht zu beseitigen, ist anzunehmen, dass es sich um ein länger zurückreichendes Problem handelt, hervorgerufen unter anderem durch aufsteigende Mauerfeuchtigkeit.
Eine fachmännische Lösung ist angezeigt, da hier auch zusätzlich Kondensationsfeuchtigkeit die Ursache sein kann.
Siehe dazu „ein weiteres Dutzend Ursachen und Arten von Mauerfeuchtigkeit".

Messbare Symptome

Erhöhte Messwerte mit einem Hochfrequenz-Messgerät.

Gleitet man mit der Elektrode eines Hochfrequenz-Messgerätes beispielsweise von oben nach unten über einen leicht schadhaften Putzbereich, ist an der Grenze zur Versalzungszone eine starke Erhöhung der Messwerte festzustellen. Diese oder vergleichbare Messmethoden sind geeignete Hilfsmittel, um sich zusätzlich über die Zustände im Mauerwerk zu vergewissern. Im Normalfall aber reichen die davor erläuterten sicht- und spürbaren Symptome aus, um mit hoher Sicherheit die richtige Diagnose im Hinblick auf aufsteigende Mauerfeuchtigkeit zu stellen.

Die Symptom-Checkliste für aufsteigende Feuchtigkeit

Nachfolgend ist eine Zusammenstellung der häufigsten Symptome bei aufsteigender Feuchtigkeit in Form einer Checkliste aufgeführt.

Wie können Sie diese Checkliste verwenden?

Machen Sie sich eine Kopie dieser Checkliste oder benutzen Sie die aus diesem Buch. Gehen Sie damit zu den Mauerbereichen, die Schäden aufweisen. Bezeichnen Sie oben auf der Checkliste den Ort Ihrer Untersuchung, z.B. „westseitige Außenfassade" oder „Schlafzimmer-Zwischenmauer" oder „Wohnzimmer-Eckbereich" usw., damit Sie genau wissen, wo Sie etwas festgestellt haben.
Gehen Sie alle Symptome durch und beobachten Sie, ob das eine oder andere Symptom zutrifft.

Wenn ja, dann haken Sie diese Zeile einfach ab.

Wenn Sie nicht mehr genau wissen, was mit dem Symptom gemeint ist, sehen Sie sich diese spezielle Symptombeschreibung im Kapitel vorher nochmals an, bis Sie sicher sind, was damit gemeint ist. Das können Sie nun mit einigen Mauerbereichen und an verschiedenen Gebäuden durchführen. Damit können Sie sich eine eigene Meinung bilden.

Manchmal können Sie tatsächlich nichts sehen, da das Gebäude erst vor kurzem „saniert" wurde. Versuchen Sie Fotos aufzutreiben, die den vorherigen Zustand darstellen. Darauf kann man auch mit einem geschulten Auge Symptome von aufsteigender Feuchtigkeit erkennen.
Wenn das nicht möglich ist, ist eine zerstörungsfreie Untersuchung der Mauer mit einem modernen Diagnosegerät für Mauerfeuchtigkeit durchzuführen, das durch einen trockenen Putz Mauerfeuchtigkeit orten kann. (vorausgesetzt, der Putz ist nicht zu stark.) Die Fachberater des Unternehmens Aquapol sind mit solch einem Feuchtigkeitsmessgerät ausgerüstet und können in Ihrem Gebäude derartige Erstmessungen kostenlos durchführen.
Wenn dies auch noch nicht genügend Information bringt, dann kann man mittels Bohrproben den Feuchtigkeitsgehalt einer Mauer mit einem Feldlaborgerät vor Ort innerhalb weniger Minuten ermitteln. Dazu ist nur ein 10 mm-Schlagbohrer notwendig. Die Techniker des Unternehmens Aquapol sind mit solch einem sehr kostspieligen Feldlaborgerät ausgerüstet und können bei Bedarf gegen Bezahlung derartige Messungen durchführen.

Ich plane für die Zukunft ein vollkommen neues physikalisches Messsystem zu entwickeln, das ohne biologische Nebenwirkungen eine gesamte Mauer nach Mauerfeuchtigkeit durchleuchten kann, wobei man den „kapillaren Feuchtigkeitsspiegel" im Inneren der Mauer messen kann.
Wenn Sie Hilfe brauchen, wenden Sie sich schriftlich an mich (Kontaktadresse ist hinten im Buch) oder an eine der Kontaktadressen, die in diesem Buch weiter aufgelistet sind.

Wenn Sie ein oder mehrere Symptome feststellen, dann besteht Handlungsbedarf, noch vor der nächsten „Putz- oder Anstrichsanierung". Jede oberflächige Sanierung des Putzes oder des Anstrichs ist nicht von langer Dauer, wenn die Ursache des Schadens nicht vorher behoben wurde. Man sollte bedenken, dass jede Trockenlegung eine bestimmte Zeit in Anspruch nimmt und auf die anschließende Sanierungstechnik ist dann Rücksicht zu nehmen. Mehr dazu im Kapitel „Trockenlegung von Gebäuden".

Mauerfeuchtigkeit und die Auswirkungen auf die Gesundheit

Nicht nur, dass eine feuchte Mauer hässlich aussieht und sich auf das emotionale Wohlbefinden auswirkt, es gibt auch jede Menge Krankheiten, die durch Mauerfeuchtigkeit und deren Auswirkungen auf die Luft bzw. auf das Raumklima gefördert werden.
In Wien beispielsweise, wo ich viele Wohnungen in Mietshäusern untersuchte, wurde ich oft mit Wohnungen konfrontiert, die von der Wohnpolizei für Wohnzwecke aus gesundheitlichen Gründen gesperrt worden sind. Und das waren nicht unbedingt Kellerwohnungen. Meist Souterrainwohnungen (halbe Wohnung unter Erdniveau) oder Wohnungen im Erdgeschoss. Beim Eintritt in solch eine Wohnung springen einen regelrecht die Luftsporen ins Gesicht.

Ich hatte einen Fall, wo ein etwa 9-jähriger Schulbub durch feuchtes Raumklima eine Hautkrankheit bekam. Er musste sich ständig kratzen und konnte nicht mehr zur Schule gehen. Viele Bewohner solch feuchter Wohnungen sind häufiger krank und leiden unter Krankheiten der Atemwege. In vielen Ländern Europas, vor allem in den ehemaligen Ostblockstaaten Ungarn, Rumänien, ehemals Jugoslawien, Tschechien, Slowakei, Polen und auch in den neuen Bundesländern, die ich öfter bereiste, gab es die gleichen oder ähnliche Probleme.
Dass dies aber kein rein europäisches Problem ist, zeigt eine der neuesten Untersuchungen in Australien.

Eine der zahlreichen Bestätigungen hinsichtlich aufsteigender Mauerfeuchtigkeit und Krankheiten kam unlängst aus Australien. Ein entsprechender Artikel erschien auf der Webseite der Australischen Broadcast Corporation (ABC) unter der Überschrift: „Verbindung zwischen Asthma und aufsteigender Feuchtigkeit gefunden".

Weitere Schäden durch feuchte Mauern

Da gibt es zuerst einmal den finanziellen Schaden, den ein Wohnungs- oder Hausbesitzer erleidet. Erhöhte Heizkosten durch die schlechte Wärmedämmung der feuchten Mauern. Der große Stromverbrauch des Luftentfeuchters, der aufgestellt werden muss, um das Wohnklima erträglicher zu gestalten. Das unvermietbare Lokal oder die unvermietete Wohnung. Mieter von derartigen ungesunden Wohnungen bekommen sehr oft nur über gerichtliche Wege einen Mietzinsnachlass, was verringerte Einnahmen für den Hausherren bedeutet.

Oft genug geschah es, dass der Hausherr den Hausflur aufgrund des feuchten Putzes alle paar Jahre ausmalen lassen musste, damit es wenigstens optisch schön aussah.

Ein paar weitere Jahre später wurde der Putz wiederum ausgetauscht, auf den „gut gemeinten Rat" eines Hausverwalters oder „Fachmannes" hin.

Ein weiterer Schadensbereich sind Einrichtungsgegenstände, die durch die zu hohe Mauerfeuchtigkeit zerstört werden. So z.B. eine wertvolle antiquarische Bibliothek, über die der Schimmel herfiel.

Irreparable antiquarische Bibliothek aufgrund zu hoher Mauerfeuchtigkeit.

Zerstörte wertvolle Kleidungsstücke, Bilder, ja sogar eine große Modelleisenbahn, deren Schienen zu rosten begannen, sind Opfer zu hoher Luftfeuchtigkeit geworden. Feuchte Mauern sorgen eben für ein zu feuchtes Raumklima, mit all seinen Nachteilen.

Auch die Bausubstanz ist durch ständige Mauerfeuchtigkeit gefährdet.
So erlebte ich bei einem Kellergewölbe einen irreparablen Setzungsriss im Bereich der eisernen I-Träger zwischen den Ziegelgewölben. Der I-Träger war beim Auflager komplett durchgerostet und gab aufgrund des Gewichtes der Gewölbedecke samt der darauf befindlichen Schüttung nach.

Die Bausubstanz kann auch soweit geschädigt werden, dass der gefürchtete Mauerfraß entsteht.

Der Baustoff ist hier durch Salze oder Mikroorganismen oberflächlich vollkommen zerstört und hat keine nennenswerte Festigkeit mehr.

Der gefürchtete Mauerfraß bei Altbauten

Zusammenfassend kann nun gesagt werden: Die Mauerfeuchtigkeit der Bausubstanz, die Schäden der Einrichtungen, die beeinträchtigte Gesundheit der Bewohner, die zusätzliche Belastung der Umwelt durch mehr Heizen kosten den Besitzer sehr viel mehr Geld, als wenn das Mauerwerk trocken wäre.

Symptom-Checkliste für aufsteigende Feuchtigkeit

Gebäudeadresse:..

Untersuchungsort (Zimmer, Fassade straßenseitig, Fassade Ost, Gangbereich, Hofbereich etc.) Symptombeschreibung **Sichtbare Symptome**	Untersuchungsort					
1. Die Feuchtigkeit am Mauerwerk ist durchgehend bis zur Verdunstungszone sichtbar.						
2. Die Verdunstungszone ist mindestens 40 cm über dem Niveau, aber nicht nur wetterseitig sichtbar.						
3. Die Anstrichschäden sind in der Höhe der Verdunstungszone am schlimmsten.						
4. Ein Dispersionsanstrich bildet Blasen, vor allem in der Verdunstungszone.						
5. Es treten Verfärbungen am Anstrich auf (Salze).						
6. Der Anstrich ist an der Verdunstungszone leichter zu entfernen als unter der Verdunstungszone und löst sich auch schneller ab.						
7. Der Verputz ist an der Verdunstungszone mehr geschädigt als unter der Verdunstungszone.						
8. Der Verputz ist vor allem an der Verdunstungszone teilweise oder ganz abgebröckelt oder aufgeblüht.						
9. Der Verputz verschwindet an alten Fassaden zuerst an der Verdunstungszone oder im untersten Bereich der Mauer (= Frostbereich).						
10. Die unter dem Verputz liegende Bausubstanz im Bereich der Verdunstungszone weist häufig stärkere Schäden auf als deutlich unter der Verdunstungszone. Das Material erscheint mürbe, Salze sind sichtbar, eventuell sogar Salzkrusten bzw. Salznester.						
Spürbare Symptome						
1. Der Verputz ist an der Verdunstungszone vom Baukörper gelöst und liegt teilweise hohl. Der *vergleichende Klopftest,* z.B. mit dem Hammer oder dem Griff eines Schraubenziehers etc. an und unter der Verdunstungszone, ergibt unterschiedliche Klangbilder.						
2. Der Verputz ist an der Verdunstungszone mürber als unterhalb jener Zone. Der *vergleichende Stichtest,* z.B. mit einem spitzen Werkzeug an und unter der Verdunstungszone, ergibt unterschiedliche Eindringtiefen bzw. Eindringwiderstände.						
3. Trotz ständiger Belüftung und Beheizung der Räume ist das ganze Jahr über ein unangenehmer Modergeruch riechbar.						

Wenn ein oder mehrere Symptome an Ihrem untersuchten Gebäude vorliegen, ist „aufsteigende Mauerfeuchtigkeit“ als Diagnose gegeben!

Ein Dutzend Ursachen von Mauerfeuchtigkeit

Es gibt eine Vielzahl von zusätzlichen Gründen, warum ein Haus nass wird. Auch für diese Ursachen gibt es spezifische Maßnahmen zu deren Beseitigung. So wie es Symptome für die aufsteigende Mauerfeuchtigkeit gibt, existieren auch Symptome für andere Durchfeuchtungsmechanismen und deren Ursachen. Nur ein gut geschulter Mauerwerksdiagnostiker, der neben der guten Beobachtung auch ein guter Messtechniker sein muss, kann eine verlässliche Diagnose erstellen. Profis gehen das ganze Problem mit der „Checklistentechnik" an, um einfach nichts zu verfehlen.
Aquapol-Fachberater und vor allem die in größerem Umfang geschulten Aquapol-Techniker sind das Arbeiten mit der Checkliste gewohnt und erfassen bei der Bestandsaufnahme des Objektes auch alle anderen Ursachen der Mauerfeuchtigkeit. Es werden auch dafür Lösungsvorschläge unterbreitet. Dem Bauherrn steht es natürlich frei, diesen Empfehlungen zu folgen, es sei denn, es handelt sich um ein schadhaftes Wasserrohr, ohne dessen vorherige Reparatur jede weitere Maßnahme keinen Sinn ergeben würde. In der nachfolgenden Grafik sind auf einen Blick die wichtigsten Ursachen von Mauerfeuchtigkeit zusammengefasst:

Meldung von: The World Today - ABC Online
Titel: The World Today - Link found between raising damp and asthma.

Eleonor Hall: *„Asthma-Experten sind besorgt über die zunehmenden Fälle von aufsteigender Feuchtigkeit in den australischen Wohnhäusern und den damit verbundenen Risiken, die insbesondere die an Asthma Leidenden betrifft. Das Königliche Australische Institut für Architekten hat eine landesweite Befragung durchgeführt, die zutage förderte, dass Süd-Australien die höchste Rate an Gebäuden aufweist, die von aufsteigender Feuchtigkeit betroffen sind.*

Australien hat eine der höchsten Asthma-Raten mit weltweit mehr als zwei Millionen Betroffenen. Die neuen Ergebnisse veranlassten die „Australische Asthma Gesellschaft von Victoria", eine Gesundheitswarnung herauszugeben.

Der Leiter der Gesellschaft, Robin Ould, teilte Tanya Nolan mit, dass der Grad an aufsteigender Feuchtigkeit in einem Wohnhaus in vielen Fällen Asthmaanfälle bei Asthmakranken auslösen könne."

Robin Ould: *„Asthma kann bei einer großen Anzahl von Personen durch Staubmilben, Pilze, Sporen und Pollen ausgelöst werden. Wenn man also in einer Wohnumgebung lebt, die Schimmel bildet oder schimmlig wird und Staubmilben beherbergt und für eine Vermehrung dieser geeignet ist, besteht die Möglichkeit für Personen mit Asthma, dass ihr Asthmaleiden im eigenen Haus ausgelöst wird."*

Tanya Nolan: *„Kann dies einen Asthmazustand verschlimmern oder kann dadurch sogar ein gefährlicher Asthmaanfall ausgelöst werden?"*

Robin Ould: *„Es kann beides. Es verschlimmert den Asthmazustand bei einer betroffenen Person und kann Anfälle auslösen, die potenziell sehr gefährlich sein können."*

Tany Nolan: *„Was können Sie über die zunehmende Anzahl von Architekten, die über aufsteigende Feuchtigkeit in Häusern berichten, sagen?"*

Robin Ould: *„Nun, ich denke es ist eine sehr interessante Untersuchung, die von den Architekten durchgeführt wurde. Bei dieser Untersuchung wurden ungefähr 65.000 Häuser in ganz Australien begutachtet und es zeigte sich, dass in bis zu 30 Prozent dieser Häuser die horizontale Feuchtigkeitssperre durchlässig geworden war. Somit können diese Gebäude - besonders die aus dem späten 19. Jahrhundert und dem frühen 20. Jahrhundert - Schaden erleiden. Als Nebenwirkung kann die Lebensqualität für Personen mit Asthma in diesen Gebäuden herabgesetzt werden."*

Tanya Nolan: *„Es scheint also eine der üblichen Gesundheitsrisiken für Asthmakranke zu sein?"*

Robin Ould: *„Ich denke so. Wenn wir über Asthma nachdenken, dann ist die äußere sowie auch die innere Umgebung von großer Wichtigkeit. Es gibt 101 verschiedene*

Auslöser für Personen, die an Asthma leiden. Dies kann sehr unterschiedlich sein, wie beispielsweise ein Wohnwechsel von heißen Temperaturen in kalte, durch Klimaanlagen gekühlte Räume. Ängste, Grippe, Staubmilben, Speiseallergien - es gibt eine Menge verschiedener Auslöser, aber diese Eine streckt ihren Kopf heraus und wir befassen uns diese Woche damit."

Tany Nolan: *„Es gibt also eine Menge zu tun. Ist es nun wirklich der Fall, dass Asthmakranke aus ihren feuchten Häusern ausziehen müssen?"*

Robin Ould: *„Nein, ich glaube, es gibt zwei verschiedene Lösungen.*

Die erste ist mit einem Architekten zu sprechen, um das Problem in den Griff zu bekommen - und es gibt eine Vielzahl von Sanierungsmaßnahmen, die das Problem auf lange Sicht lösen.

Aber die Leute sollen darauf achten, dass routinemäßig Schimmel und Milben beseitigt werden. Ebenso sollte auf regelmäßige Staubentfernung geachtet werden. Mit anderen Worten, die Bewohner müssen sich von all jenen Faktoren befreien, die ihr Asthma verschlimmern könnten."

Eleonor Hall: *„Robin Ould ist der Leiter der Asthma Gesellschaft von Victoria. Er sprach mit Tany Nolan."*

Kondenswasser (Synonyme: Kondensationswasser, Schwitzwasser, Tauwasser, Taufeuchte)

Kondenswasser ist neben der aufsteigenden Mauerfeuchtigkeit ein weiterer Hauptfaktor bei Altbauten, aber auch bei gedämmten Neubauten. Hier muss man mehrere Gesetzmäßigkeiten verstehen, um den Mechanismus der Kondensation zu begreifen. Ein Naturgesetz lautet:

WARME LUFT NIMMT MEHR FEUCHTIGKEIT AUF ALS KALTE.

Das ist beispielsweise der Grund, warum in einem alten (auch neuen) Keller im Hochsommer die relative Luftfeuchtigkeit höher ist als im Außenbereich. Die absolute Luftfeuchtigkeit, in g/m^3 gemessen, bliebe etwa gleich, aber das messen unsere Hygrometer nicht. Warme Luft vermag mehr Feuchtigkeit aufzunehmen als kältere Luft. Trifft demnach feuchtwarme Raumluft beispielsweise in einem Badezimmer auf die Oberfläche der kühlen Außenwand, die wegen schlechter Wärmedämmung erheblich kälter ist, kühlt sie sich ab und die in der Luft enthaltene Feuchtigkeit kondensiert zum Teil. Es bildet sich somit Kondenswasser. Diesem Phänomen begegnet man auch oft in alten Kellern, wo die Wasserleitungen unisoliert von der Decke herabhängend verlaufen und in wärmeren Jahreszeiten zu „schwitzen" beginnen. Das Wasserrohr hat ca. nur 8–10 °C – was für 70–80 % relative Luftfeuchtigkeit bei 16–20 °C reicht, um zu kondensieren.

FEUCHT–WARME LUFT BEGINNT AN KÄLTEREN OBERFLÄCHEN ZU KONDENSIEREN.

Ab wann ist eine Wand zu kalt? Ab welcher Temperatur beginnt Luftfeuchtigkeit an der Wand zu kondensieren? Gibt es für diese spezielle Temperatur einen Namen? Natürlich! Es ist die Taupunkttemperatur, kurz der Taupunkt, wie es Bauphysiker nennen. Kann man ihn leicht errechnen?
Ja, man braucht nur folgende Daten und dann in einer Tabelle nachzuschauen: Lufttemperatur und die relative Luftfeuchtigkeit. Ein gutes (am besten sind die elektronischen) Thermohygrometer, das man bei einem Optiker kaufen kann, gibt uns die Raumtemperatur und die relative Luftfeuchtigkeit.

Beispiel: 20 °C und 75 % relative Luftfeuchtigkeit
Man schaut nun in die Taupunkt-Tabelle, linke erste Spalte unter Temp. (wie Temperatur). Geht bis zu dem Wert 20 °C hinunter und findet dann in dieser Zeile unter der Spalte „75" (was die rel. Luftfeuchte bedeutet) den Wert 15. Dies ist somit meine Taupunkttemperatur.

DEN TAUPUNKT KANN MAN MIT DEN DATEN DES RAUMKLIMAS UND DER TABELLE SEHR LEICHT ERRECHNEN.

Hat man einmal den Taupunkt errechnet, so weiß man, dass bei dieser Temperatur, dem gemessenen Raumklima, die Luftfeuchtigkeit zu kondensieren beginnt. Alle Temperaturen darunter sind daher schon kritisch und beschleunigen noch mehr den Kondensierungsvorgang.
Nun braucht man nur noch die Oberflächentemperatur der Wand zu messen und man weiß, in welchem Verhältnis die Wandtemperatur zum Taupunkt steht. Ist die Wandtemperatur gleich oder unter dem Taupunkt, dann lautet die Diagnose „Kondensation".
Die einfachste Oberflächen-Temperaturmessung kann man mit einem Glasthermometer durchführen. Die untere Glaskugel mit der Thermometerflüssigkeit wird einige Minuten lang direkt an die Wandoberfläche gedrückt, bis sich die Temperatur nicht mehr ändert (kann einige Minuten dauern). Damit hat man ungefähr die Oberflächentemperatur. Der professionelle Mauerwerks-Diagnostiker misst mit einem kontaktlosen elektronischen Infrarotthermometer innerhalb von Sekunden die Oberflächentemperatur auf Zehntel °C genau ab. Die Firma Gann in Stuttgart/ Deutschland vertreibt ein derartiges Gerät mit der jeweiligen Infrarot-Thermome-

ter-Sonde. Ich habe in meinem Unternehmen Aquapol ein Multimeter für unsere Techniker entwickeln lassen, das u.a. den Taupunkt elektronisch exakt auf Zehntel °C errechnen kann.

EIN KONDENSATIONSFALL LIEGT VOR, WENN DIE GEMESSENE WANDTEMPERATUR GLEICH ODER UNTER DEM ERRECHNETEN TAUPUNKT LIEGT.

Wenn der Taupunkt um wenige Grade überschritten ist und Schimmel sichtbar bzw. ein typisch modriger Geruch vorhanden ist, dann bedeutet dies häufig, dass zu einem falschen Zeitpunkt gemessen wurde. Der Raum wurde beispielsweise bereits gelüftet oder die kritische Temperatur wird zwischen 01.00 Uhr bis 08.00 Uhr morgens überschritten: Schlafzimmer: immer höher ansteigende Luftfeuchtigkeit, wenig geheizt, geschlossene Fenster und Türen, kalte Außenwände.
Dies muss man auf alle Fälle mit berücksichtigen. Die englische Firma Protimeter hat hier ein kleines handliches Wandgerät, „Dampcheck", entwickelt, das mit 4 kleinen Nägeln an die Wand montiert wird. Es wird durch Knopfdruck aktiviert und wenn über Nacht der Kondensfall eintritt, leuchtet in der Früh eine farbige Lampe auf, die signalisiert: „Taupunkt wurde unterschritten".

Was begünstigt nun zusätzlich Kondensationsfeuchtigkeit?

Wandbereiche mit wenig Luftzirkulation, wie etwa hinter Schränken oder in den Raumecken, vor allem aber in der kälteren Jahreszeit, begünstigen eine Abkühlung der Mauer und die Entstehung oberflächiger Kondensationsfeuchtigkeit. Mit dem freien Auge kann man sie oft nicht sehen, da es nur kleinste Tröpfchen sein können. Die schlechteste Stufe wäre die, dass man einen durchgehenden Wasserfilm stehen sieht und im schlimmsten Falle sich darunter kleine „Wasserpfützen" bilden.
Ein anderes Beispiel wären Bilder an einer Außenwand, hinter den Bildern Kondenswasser und in der Folge wird Schimmelbefall sichtbar. Dies tritt häufig vor allem an nordseitigen oder wetterseitigen Wänden auf, die gegebenermaßen kälter als die südseitigen Wände sind.

AN KÄLTEREN WANDTEILEN MIT GERINGER LUFTZIRKULATION, ENTSTEHT AM HÄUFIGSTEN OBERFLÄCHIGES KONDENSWASSER.

Wie kann man Kondensationsfeuchtigkeit noch erkennen?
An welchen Symptomen erkennt es selbst der Laie? Schimmel!

Schwarzer Schimmel sichtbar

Das ist ein typisches Symptom für Kondenswasser.
Warum?

Der Schimmel benötigt Oberflächenfeuchtigkeit und ein feuchtwarmes Raumklima als Nährboden. Bakterien in der Luft tragen mit dazu bei, dass sich der Schimmel an der Oberfläche bildet. Daher kann man eine weitere Regel aufstellen:

DAS HÄUFIGSTE SYMPTOM FÜR KONDENSWASSER IST DER SCHIMMEL.

Was kann denn sonst noch Schimmelbefall fördern?
Schimmel in Gebäuden liebt u.a. auch organische Materialien, beispielsweise aus Erdölprodukten und gedeiht hier noch besser. Vor allem Dispersionsanstriche oder Textiltapeten bestehen aus organischen Stoffen wie auch die Zellulose, ein Holzprodukt, aus dem man Papier oder Tapeten herstellt. Ein Dispersionsanstrich ist nicht in der Lage, so viel Luftfeuchtigkeit aufzunehmen wie ein mineralischer Anstrich (Beispiel: Kalk). Auch in den Bädern sind diese Anstriche exzellente Schimmelproduzenten. Die Luftfeuchtigkeit (Wasserdampf) kann nicht rasch genug vom Mauerputz aufgenommen werden, was zur Folge hat, dass sich auf der Anstrichoberfläche kleine, leichte Wassertröpfchen bilden, die an Größe immer mehr zunehmen.

Die gesamte Fläche – im kältesten Bereich der Mauer meist die Eckbereiche – bildet vollflächig einen feinen Wasserfilm, der nicht so schnell verdunsten kann. In einem Schlafzimmer, wo über Nacht viel „Wasserdampf" produziert wird, schlägt sich dieser häufig im Fensterbereich und in den Eckbereichen der Außenmauern nieder. In diesen Bereichen freut sich der Schimmel ungemein.
Man spricht hier auch von einer Kälte-Wärmebrücke. Genau genommen aber sind es Wärmebrücken, da an diesen geschwächten „Mauerstellen" bzw. geringen Wandstärken – wo die Kälte von außen besser angreifen kann – die größten Wärmeverluste auftreten. Wärme also, die über die kalte „Brücke" des Fensterrahmens nach außen verloren geht!

DISPERSIONSANSTRICHE UND TEXTILTAPETEN FÖRDERN SCHIMMELBILDUNG.

Eine Abhilfe für Kondenswasser heißt ausreichend lüften, so dass die überschüssige Feuchtigkeit ins Freie entweichen kann. Für Zimmer mit überhöhter Feuchtigkeit (Bad, Küche, Schlafzimmer oder Räume mit vielen Pflanzen oder einem Aquarium) ist die bereits erwähnte Zwangsbelüftung zu empfehlen. Dabei hält man den Fensterschließgriff eine Vierteldrehung geöffnet, wodurch ein permanenter Luftaustausch zwischen drinnen und draußen ermöglicht wird. Eine vergleichbare Maßnahme ist es, aus Fenstern neuerer Bauart die obere und untere Gummidichtung zu entfernen, damit der Raum nicht mehr hermetisch von der Außenluft abgesperrt ist.

Die andere Maßnahme heißt mehr heizen. Wenn die Wandoberflächen um einige Grade mehr erwärmt werden, kann der kritische Taupunkt nicht mehr erreicht, oder unterschritten werden.

MEHR HEIZEN UND LÜFTEN SIND DIE WICHTIGSTEN MAßNAHMEN GEGEN KONDENSATIONSFEUCHTIGKEIT.

Gibt es sonst noch zusätzliche Möglichkeiten?
Natürlich!
Dispersionsanstriche und Textiltapeten entfernen. Ein Schlafzimmer, das mit Kalk ausgemalt wird, ist eine biologische Oase. Warum? Weil der natürliche Baustoff Kalk antibakteriell und bakterientötend wirkt und somit der Schimmelbildung vorbeugt! Nicht umsonst werden die landwirtschaftlich genutzten Stallungen innen alle paar Jahre lang mit Kalk ausgemalt. Sumpfkalk mit einem Schuss Terpentin – so wie es beispielsweise das Salzburger Unternehmen Glück liefert, ist ein bewährtes Anstrichsystem.

Taupunkttabelle

Taupunkttemperaturen in °C

Temperatur der Luft in °C	Taupunkt in °C bei einer relativen Luftfeuchtigkeit von										
	50 %	55 %	60 %	65 %	70 %	75 %	80 %	85 %	90 %	95 %	100 %
+ 30	18,5	19,9	21,2	22,8	24,2	25,3	26,4	27,5	28,5	29,2	30,0
+ 26	14,9	16,2	17,6	18,9	19,8	21,1	22,3	23,5	24,2	25,2	26,0
+ 24	13,0	14,4	15,8	17,0	18,2	19,3	20,3	21,2	22,2	23,1	24,0
+ 22	11,1	12,5	13,9	15,2	16,3	17,4	18,4	19,4	20,3	21,2	22,0
+ 20	9,3	10,7	12,0	13,2	14,3	15,4	16,5	17,4	18,3	19,2	20,0
+ 18	7,4	8,8	10,1	11,3	12,4	13,5	14,5	15,4	16,3	17,2	18,0
+ 16	5,6	7,0	8,2	9,4	10,5	11,5	12,5	13,4	14,3	15,2	16,0
+ 14	3,8	5,1	6,4	7,5	8,6	9,6	10,6	11,5	12,4	13,2	14,0
+ 12	1,9	3,2	4,3	5,5	6,6	7,6	8,5	9,5	10,3	11,2	12,0
+ 10	0,1	1,4	2,6	3,7	4,8	5,8	6,7	7,6	8,4	9,2	10,0
+ 8	-1,6	-0,4	+0,7	1,8	2,9	3,9	4,8	5,6	6,4	7,2	8,0
+ 6	-3,2	-2,1	-1,0	-0,1	+0,9	1,9	2,8	3,6	4,4	5,2	6,0
+ 4	-4,8	-3,7	-2,7	-1,8	-0,9	-0,1	+0,8	1,6	2,4	3,2	4,0
+ 2	-6,5	-5,3	-4,3	-3,4	-2,5	-1,6	-0,8	-0,1	0,6	1,3	2,0
±0	-8,1	-6,6	-5,6	-4,7	-3,8	-3,1	-2,3	-1,6	-0,9	-0,3	±0

Untertitel: Errechnung des Taupunktes mittels dieser einfachen Tabelle

DER NATÜRLICHE KALKANSTRICH IST EIN BEWÄHRTES MITTEL GEGEN SCHIMMELBILDUNG.

Als weitere Empfehlung für extrem stark feuchtigkeitsbelastete Räume (das Bad im Haus) kann ich das „BIORID-System" empfehlen. Dieses Produkt wird in drei Schritten angewandt:

1. Schimmelbekämpfung,
2. Grundanstrich,
3. mehrere Deckanstriche. In den kritischen Eckbereichen können viele Anstrichlagen noch mehr Luftfeuchtigkeit puffern.

Dies ist der wesentliche Vorteil dieses seit Jahrzehnten unter schwersten Bedingungen eingesetzten Anstrichsystems aus Schweden. Die innere Oberfläche eines 1,5 mm dicken Anstriches ist so groß, dass ein Quadratmeter dieses Anstriches eine innere Oberfläche von etwa 20.000 m² bildet.
Dies verhindert, dass Kondensationsfeuchte nicht leicht einen geschlossenen Wasserfilm bilden kann.

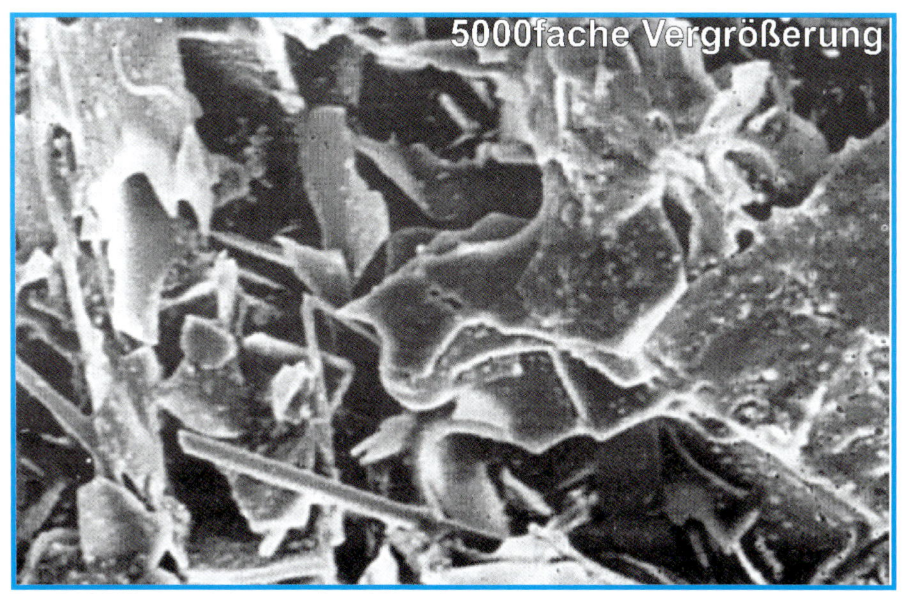

Der BIORID-Anstrich unter dem Mikroskop
BIORID verhindert Kondensationsbildung an der Oberfläche durch die große innere Oberfläche.

Gibt es auch die Kombination: aufsteigende Feuchtigkeit und Kondensation? Wie wirkt sie sich auf den Schimmel aus?

Aufsteigende Feuchtigkeit und Kondensationsfeuchtigkeit im unteren Bereich

Aufsteigende Feuchtigkeit und Kondensationsfeuchtigkeit im unteren Bereich

Da die aufsteigende Feuchtigkeit Bodensalze mitführt, die sich in der Verdunstungszone ablagern, wird man an diesen Stellen keinen Schimmel vorfinden.
Warum?
Der Schimmel verträgt keine Salze, diese gehören nicht zu seiner Lebensgrundlage. Im Lebensmittelbereich wird auch Salz verwendet, um die Lebensmittel vor Fäulniserregern zu schützen bzw. sie dadurch länger zu konservieren.
Den Schimmel sieht man dann häufig unterhalb der Verdunstungszone, wo keine Salze vorkommen oder oberhalb der Verdunstungszone. Wieder ist es der Eckbereich, der kritisch auffällt.

SALZE IM VERPUTZ VERHINDERN DIE SCHIMMELBILDUNG.

Fördert aufsteigende Feuchtigkeit die Schimmelbildung?

Eindeutig!
Da im Winter die feuchte Mauer schneller abkühlt und auf der Innenseite auch kälter ist als im trockenen Mauerbereich, kann es an diesen Stellen (es sind Wärmebrücken) leichter zu einer Schimmelbildung kommen. Die Grafik am Anfang des Kapitels veranschaulicht es deutlich in dem Bereich K2. Natürlich muss auch die Wandoberfläche für Schimmelbildung anfällig sein, wie bereits erwähnt, durch einen Dispersionsanstrich. Auf alle Fälle kann in diesem durchfeuchteten Mau-

erbereich (die Wand mag möglicherweise auch nicht sehr dick sein) oder im Fenster-nischenbereich in der kalten Jahreszeit leicht Kondensfeuchtigkeit entstehen. Schimmelbildung ist folglich die nächste Stufe.

MAUERFEUCHTIGKEIT, DIE DURCH AUFSTEIGENDE FEUCHTE VERURSACHT WIRD, FÖRDERT DIE SCHIMMELBILDUNG.

Symptom-Checkliste für Kondensationsfeuchtigkeit

In der nachfolgenden Checkliste finden Sie die häufigsten Symptome der Kondensationsfeuchtigkeit. Sie können genauso vorgehen wie bei der Symptom-Checkliste für aufsteigende Feuchtigkeit. Hier werden noch weitere zusätzliche Fälle angegeben, bei denen Kondensation auftreten kann, die im vorangegangenen Text nicht extra erwähnt wurden.

Hygroskopische Feuchtigkeit

Die Hygroskopizität ist die chemische Eigenschaft. Es ist die Fähigkeit eines Stoffes, Luftfeuchtigkeit aufzunehmen, Wasser an sich zu binden, wie es beispielsweise bei Salz der Fall ist.

Nachdem Mauerfeuchtigkeit aufgestiegen ist, befindet sich nach der Austrocknung dieser befallenen Wand im Putz eine bestimmte Ansammlung von Salzen. Diese sind im Laufe der Zeit mit den Wassermolekülen durch die kapillare Sogwirkung nach oben „gespült" worden. Größtenteils stammen sie aus dem darunter liegenden Erdreich (Fremdsalze), teilweise hat die aufsteigende Feuchtigkeit sie aus der Mauer selbst (Eigensalze) herausgelöst. Sichtbar werden sie hauptsächlich an der Verdunstungszone, also am Verputz.

Oft sichtbar an einer unregelmäßig auf der Wandoberfläche verlaufenden Linie, welche in etwa die Höhe markiert, bis zu der die Feuchtigkeit im Verputz oder im Inneren der Wand nach oben gewandert ist, bevor sie an dieser Stelle nach außen in die Raumluft verdunstet ist. Bei der Verdunstung blühen oder, besser ausgedrückt, kristallisieren diese Salze aus. So heißt es zumindest im Fachjargon.

SALZE GELANGEN VORWIEGEND DURCH AUFSTEIGENDE FEUCHTIGKEIT IN DAS MAUERWERK, VOR ALLEM IN DEN VERPUTZ.

Hässliche Feuchtefleckenbildung

Nachfolgend werden die häufigsten Symptome der hygroskopischen Feuchtigkeit beschrieben.

Ein verfärbter Anstrich auf einer Wand kann ein Symptom hygroskopischer Feuchtigkeit sein.

In der Höhe der Verdunstungszone lagern sich diese Salze konzentriert im Anstrich bzw. im Verputz ab. Dadurch wird in der Regel zuerst optisch der Anstrich beschädigt, indem er sich verfärbt. Dies geschieht durch chemische Reaktionsprozesse zwischen den Salzen und dem Anstrich durch die vermehrte Feuchtigkeit, die die Salze im oder unterhalb des Anstrichs anziehen und speichern.

Verfärbung des Anstrichs durch hygroskopische Salze

Wichtig zu wissen ist, dass diese Salze eine besondere chemische Eigenschaft an sich haben: sie sind hygroskopisch, also wasseranziehend. Vor allem Bodensalze, die aufgrund von Salzstreuung im Winter (Chloride etc.), als auch durch Mikroorganismen im Boden entstehen (beispielsweise Nitrate), verhalten sich am aggressivsten. Der Grund: Ihr Volumen vergrößert sich bei der Auskristallisierung bis zu 2000 Prozent. Dies bedeutet, dass ein enormer Druck durch diesen Kristallisationsprozess entsteht (Kristallisationsdruck), der sogar einen Sockel aus Beton von der Wand wegzusprengen vermag.

BODENSALZE SIND MEIST DIE AGGRESSIVSTEN SALZE IM MAUERWERK, DIE DEN GRÖSSTEN SCHADEN VERURSACHEN KÖNNEN.

Die Wandoberfläche erscheint in der Verdunstungszone in der Heizperiode (oder bei trockener Luft) trocken und nach der Heizperiode (oder bei hoher Luftfeuchtigkeit) wieder feucht.

Ein typisches Symptom für hygroskopische Feuchtigkeit. Die Salze reagieren bei unterschiedlichen Temperaturen und Luftfeuchtigkeiten. Das heißt, sie nehmen unterschiedlich viel oder wenig Feuchtigkeit auf, was man auch optisch am Hell/ Dunkel-Kontrast erkennen kann.

Häufig sieht man nur in einer gewissen Höhe in einem Streifen diese Phänomene. Manchmal ist es die gesamte Putzfläche bis zu der Feuchtigkeits-Steighöhe, die diese Phänomene aufweist, abhängig natürlich vom verwendeten Putzmaterial.

Es kann somit jederzeit vorkommen, dass diese versalzenen Wandoberflächen bei erhöhter Luftfeuchtigkeit vermehrt Wassermoleküle anziehen und feucht erscheinen, obwohl das Gemäuer im Inneren bereits ausgetrocknet ist.

Tapeten bilden feucht erscheinende Blasen, die in der Trockenperiode verschwinden bzw. sich wieder zurückbilden.

Gerade hinter Tapeten lagern sich mit der Zeit bei aufsteigender Feuchtigkeit die meisten Salze ab. So können sich richtige Salznester dahinter bilden. Sie reagieren wie eine Wetterstation – ziemlich schnell. Die Tapete versalzt mit der Zeit und wird genauso hygroskopisch wie der darunter liegende versalzene Putz.

Wetterumschwünge können kurzfristig Veränderungen an der Wand verursachen.

Wetterumschwünge verändern die elektrische Lufteigenschaft. Sie haben zur Folge, dass eine versalzene Wandoberfläche vermehrt Luftfeuchtigkeit aufnimmt und somit in kurzer Zeit etwas feuchter erscheint.

Ablösen des Anstriches vom Verputz.

Wenn Salze mit der Feuchtigkeit durch den Putz nach außen transportiert werden, tendieren sie dazu, die Farbanstriche abzulösen. Dies ist hauptsächlich in der Verdunstungszone sichtbar, die im Durchschnitt 1-2 Meter hoch ist (abhängig von der Porösität bzw. den kapillaren Eigenschaften des Baustoffes). Wenn sich der Anstrich jedoch nahezu von der gesamten Fassade ablöst, so hat dies eine andere Ursache, die in der schlechten Materialwahl zu suchen ist.

Abbröckeln des Verputzes vom Mauerwerk.

Da in der Feuchtigkeit gelöste Salze bekanntlich beim Austrocknen auskristallisieren und ihr Volumen anwächst, wird der Verputz, vor allem an der Oberfläche, zuerst abbröckeln. Dieser Bereich (Verdunstungszone) wird auch feuchter erscheinen als der darüberliegende Putzbereich.

Feuchtigkeitsränder in der Verdunstungszone bei einem Sichtmauerwerk ohne Verputz.

Wenn der Putz entfernt ist und das Sichtmauerwerk zum Vorschein kommt, kann man manchmal beobachten, dass in der Verdunstungszone das Mauerwerk dunkler (bedeutet: feucht!) erscheint. Die Salzkonzentration ist in diesem Bereich am höchsten, wodurch Feuchtigkeit vermehrt angezogen wird.

Die Hauptverdunstungszone (gelbe Pfeile) erscheint feuchter als unterhalb und darüber.

Symptom-Checkliste für Kondensationsfeuchtigkeit

Gebäudeadresse: ....

Untersuchungsort (Zimmer, Fassade straßenseitig, Fassade Ost, Gangbereich, Hofbereich etc.) Symptombeschreibung **Sichtbare Symptome**	Untersuchungsort					
1. Schimmelbildung (meist schwarz) sichtbar						
2. In kälterer Jahreszeit zeitweise Tröpfchenbildung an kalten Wandflächen						
3. Zeitweise ablaufendes Wasser an kalten Wandflächen						
4. Zeitweilig Feuchtfleckenbildung						
5. Erhöhter Verschmutzungsgrad an Kälte-/ Wärmebrücken (wie z.B. im Fenster und Türbereich)						
6. Im Winter Oberflächenfeuchte an Kälte-/ Wärmebrücken (metallische Balkonträger, metallische Tür- und Fensterzargen etc.)						
Räume mit hohem Risiko für Kondensationsfeuchtigkeit						
7. Räume mit hoher Luftfeuchtigkeit (Bad, Küche, Schlafzimmer, Waschküche, Aquarien, viele Blumen etc.)						
Spürbare Symptome						
8. Starker Schimmelgeruch spürbar						
Punktuelle Bereiche mit Symptomen						
9. Im Winter im Verankerungsbereich von Blitzableitern und Dachrinnen bei nur leicht beheiztem Innenraum						
10. Im Sommer und in der Heizperiode: kalte, nicht wärmeisolierte Wasserleitungen (ca. 8-10 °C) im Mauerwerk						
11. Metallische, nicht wärmeisolierte Leitungen oder Wasserrohre im Außenmauerbereich, die mit dem Erdreich verbunden sind und im Winter stark abkühlen und somit das angrenzende Mauerwerk mit abkühlen						

Wenn ein oder mehrere Symptome an Ihrem untersuchten Gebäude vorliegen, ist die **Diagnose:** Kondensationsfeuchtigkeit vorhanden!

Geologisch oder technisch bedingte Störfeldfeuchtigkeit

Um diese von den sogenannten Erdstrahlen und Elektrosmogs ausgelösten Durchfeuchtungsprobleme zu verstehen, sollte man sich die Tatsache in Erinnerung bringen, dass Wassermoleküle einen elektrisch-negativen Pol und einen elektrisch-positiven Pol (Dipol-Charakter) aufweisen und sich infolgedessen mit Hilfe eines elektromagnetischen oder andersartigen Energiefeldes in ihrer Bewegung manipulieren lassen.
Im Kapitel über die konventionellen Verfahren wurde das Prinzip der Elektrokinese bereits behandelt.

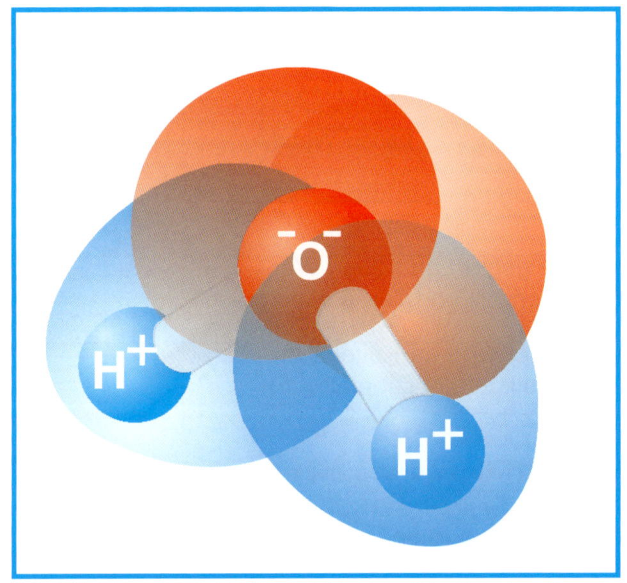

Das Wassermolekül als elektrischer Dipol – das Sauerstoffatom ist negativ geladen und die Wasserstoffatome positiv.

Unter bestimmten Umständen können elektromagnetische, elektrostatische, magnetische und andere in der Natur vorkommende Felder die kapillare Feuchtigkeit im Gemäuer erhöhen. Der Grund: Die kapillare Sogwirkung wird bekanntlich durch molekulare Anziehungskräfte zwischen den Wassermolekülen und den Molekülen fester, poröser Stoffe hervorgerufen.
Da die technischen und vor allem geologischen Kraftfelder auf diese Molekularkräfte einzuwirken vermögen, sind sie auch imstande, die kapillare Sogwirkung zu verstärken.

TECHNISCHE, ABER VOR ALLEM GEOLOGISCHE KRAFTFELDER KÖNNEN DIE KAPILLARE SOGWIRKUNG IM MAUERWERK ERHÖHEN.

Geologische Störfelder werden durch unterirdische Wasserquellen, schnell fließende Grundwasserströme oder auch durch tektonische Brüche in der Erdkruste – um nur ein paar Ursachen zu nennen – ausgelöst. Im vorherigen Foto, bei der hygroskopischen Feuchtigkeit, sieht man deutlich etwa in der Mitte diese Wirkung. Genau unter diesem Mauerbereich – jedoch unter dem Kellerniveau – läuft eine starke Wasserader.

Starke geologische Störfelder erkennt man in einem kapillar durchfeuchteten Haus an einem bogenartigen Anstieg des Feuchtigkeitsspiegels im Mauerwerk.

Technische Störfelder werden in erster Linie von Mobilfunkantennen sowie von Fernseh-, Radio-, Radar- und anderen Funksendern erzeugt. Die Auswirkungen dieser unter dem Begriff Elektrosmog zusammengefassten Einflussfaktoren lassen sich mit gezielten Maßnahmen oftmals reduzieren. In manchen Fällen vermindern elektromagnetische Felder (hauptsächlich frequenzabhängig) sogar das Aufsteigen von Feuchtigkeit.

TECHNISCH VERURSACHTE STÖRFELDER BEEINFLUSSEN DIE KAPILLARE MAUERFEUCHTIGKEIT.

Zur Rubrik technische Störfelder zählen auch die Einflüsse von nicht isolierten elektrischen Leitern oder metallischen Leitungen (Rohre) sowie von nicht isolierten Blitzableiter-Halterungen im Mauerwerk. Derartige metallische Einbauten in einer Wand, die auch noch Kontakt zur Erde haben (wie z.B. Blitzableiter), haben aufgrund von Korrosionserscheinungen und/oder wegen des Erdkontakts (Erdschluss) eine feuchtigkeitsanziehende Wirkung.

Metallische, zur Mauer und zum Erdreich hin nicht isolierte Leitungen können die Mauerfeuchtigkeitssteighöhe in diesem lokalen Bereich negativ beeinflussen.

Zur Ausschaltung dieser letztgenannten Störfelder sind eigene Maßnahmen notwendig, die unter den Kapiteln „Physikalische Risikofaktoren” und „Konventionelle Verfahren” genauer beschrieben werden.

Seitlich eindringende Feuchtigkeit

Bei unter Erdniveau liegenden Kelleraußenwänden mit schadhafter oder gar fehlender Vertikalabdichtung kann Feuchtigkeit seitlich ins Mauerwerk eindringen und im Kapillarsystem nach oben transportiert werden. Im schlimmsten Fall wird die Wand durchnässt. Am besten erkennt man das, wenn man die durchfeuchtete Mittelmauer mit der Außenmauer vergleicht. Wenn die Mittelmauer oder Zwischenmauer im gleichen Geschoss nahezu trocken ist und einen viel niedrigeren Feuchtigkeitsspiegel aufweist (z.B. 1 Meter) und die Außenmauer bis zur Kellerdecke durchfeuchtet ist, kann man davon ausgehen, dass der Anteil der seitlich eindringenden Feuchtigkeit sehr hoch ist. Die Außenmauer erscheint viel feuchter an der Oberfläche. Auch kann man manchmal nach großen Niederschlägen oder einer Schneeschmelze erkennen, dass die Oberfläche einige Stunden danach feuchter erscheint.

Seitlich eindringende Feuchtigkeit erkennt man anhand von stärkerer Durchfeuchtung der Außenmauern im Vergleich zu den Innenmauern.

Hang- und Druckwasser

Wenn ein Gebäude an einem Hang liegt, besteht immer die Möglichkeit, dass sich auf der ansteigenden Seite des Hauses Wasser aufstaut, infolge des Staudrucks in die Mauer eindringt und im Kapillarsystem nach oben gedrückt wird. Auch bei zeitweilig hohem Grundwasser, etwa nach heftigen Niederschlägen, kann sich diese Wirkung einstellen.
Infolge des erhöhten Wasserspiegels wird das Zuviel an Nässe als Druckwasser in die Außenwand nach oben gepresst. Das hat nichts mit aufsteigender Feuchtigkeit zu tun! Manchmal ist es jedoch sehr schwierig, in so einem Fall eine verlässliche Diagnose zu stellen. In meiner Praxis konnte ich folgendes beobachten: Beim Anbohren einer Mauer für eine Mauerfeuchtigkeitsprobe bildete sich im Bohrloch sehr rasch ein Wasserfilm. In einem anderen Fall kam sogar Wasser wie aus einer Quelle heraus. Man könnte dies als den Wasserfilmtest bezeichnen.

Bei Hang- oder Druckwasser kann sich in einem Bohrloch im unteren Bereich der Mauer ein Wasserfilm bilden.

Spritzwasser

Moosbildung im Sockelbereich ist ein typisches Anzeichen für an der Wand hochspritzendes Niederschlagswasser. Schuld ist normalerweise eine zu glatte Oberfläche des Terrains entlang der Außenwand. Asphaltierte Wege oder Betonplat-

ten direkt am Maueranschluss lassen den Regen abprallen und bilden somit eine weitere Quelle für unerwünschte Mauerfeuchtigkeit. Auch undichte Fallrohre der Dachrinnen, die möglicherweise bei Frost im Winter besonders bei den Nähten auffroren oder zum Teil durch Rost geschädigt sind, können in manchen Fällen dazu beitragen, dass das dahinter liegende Mauerwerk vermoost wird. Moos entsteht in der Regel nur dann, wenn immer wieder genügend Wasser zugeführt wird und dieses nicht so schnell abtrocknen kann (z.B. nordseitig).

Ein typisches Symptom für ständige Durchnässung – wie z. B. bei Spritzwasser – ist Vermoosung.

Schlagregenfeuchtigkeit

Vom Wind verstärkter, gegen die Hausmauer prasselnder Niederschlag, der sogenannte wetterseitige Schlagregen, ist eine weitere separate Ursache von Mauerfeuchtigkeit. Kann das an der Wand herabfließende Regenwasser beispielsweise durch einen teilweise nicht vorhandenen Putz ins Innere des Mauerwerks gelangen, führt dies zumindest langfristig zu erheblichen Folgeschäden. Wenn der Verputz an der Fassade als „Regenschutz" für das Mauerwerk ganz fehlt, kann der Schlagregen die Ziegel sogar direkt angreifen und durchnässen.

Schlagregen erkennt man an der wetterseitigen, innenseitigen Wand der Außenmauer, deren Putz außenseitig teilweise oder ganz fehlt.

Sickerwasser

In diesem Fall dringt Oberflächenwasser ungehindert zwischen die Fugen des Traufenpflasters bzw. zum Anschluss an die Hauswand ein, wobei meist das vertikal unabgedichtete Mauerwerk unter dem Erdniveau schneller durchnässt wird. Wesentlich begünstigt wird dies durch eine fehlende Drainage im Bereich der Fundamentsohle bzw. auch durch eine fehlende, sehr leicht wasserdurchlässige Schicht (Kies oder Schotter). Auch Regenabflussrohre, die keinen eigenen Kanalanschluss haben und das Regenwasser daher direkt in die angrenzende Wiese neben der Hausmauer einsickert, verursachen in diesem lokalen Bereich erhöhte Mauerfeuchtigkeit. Die Feuchteintensität nimmt nach Stunden bzw. 1–2 Tagen allmählich zu.

Undichte Anschlussfugen zum Mauerwerk, Traufenpflasterfugen und fehlende oder mangelhafte Entwässerungssysteme erhöhen die Feuchteintensität der Mauer nach intensiveren Niederschlägen.

Baufeuchte

Damit ist jene Wassermenge gemeint, die bei einem Hausbau durch das Beimengen in die Baustoffe im Mauerwerk „verbaut" wird. Die Baufeuchtigkeit verdunstet innerhalb eines Zeitraums von eineinhalb bis drei Jahren. Bei einem Neuputz dauert die natürliche Verdunstung der gesamten Putzfeuchtigkeit, abhängig von der Putzstärke und dem verwendeten Material, ein bis zwei Jahre. Man muss sich nur überlegen, wieviel Wasser beim Anmachen eines Putzes verwendet wird, das anschließend wieder verdunsten muss.

BAUFEUCHTE BRAUCHT ETWA 1,5–3 JAHRE, BIS SIE KOMPLETT AUS DEM MAUERWERK BZW. DEM VERPUTZ VERDUNSTET IST.

Feuchtigkeit durch Baumängel und Installationsschäden

Sie wird verursacht vom schadhaften Dach und der unfachmännisch ausgeführten Schornsteinabdeckung über die undichte Regenrinne bis hin zu kaputten Wasserrohren, Fußbodenheizungsleitungen, verstopften Abflüssen und Drainagerohren. Die Liste der durch Murks am Bau verursachten oder einfach nur vom Verschleiß und von Alterserscheinungen herrührenden Feuchtigkeitsquellen ist schier endlos. Der mangelhafte Schutz gegen Niederschläge und schadhafte Installationen zur Wasserver- und entsorgung im Haus sind Ursachen von Mauerfeuchtigkeit. Diese erkennt man häufig aufgrund eines lokalen, auf einen bestimmten Bereich eingeschränkten Feuchtigkeitsschaden, den nur der Fachmann mit seinem Feuchtediagnosegerät eingrenzen kann. Dieser Schaden wird in der Regel sehr schnell größer. Nicht immer tritt die Feuchtigkeit dort heraus, wo die Feuchtigkeitsquelle vermutet wird.

Mauerfeuchtigkeit durch Installationsschäden ist meist lokal auf einen Bereich beschränkt.

Oft tritt der Schaden an weit entfernteren Stellen optisch sichtbar auf, da sich eben Wasser den Weg des geringsten Widerstandes sucht. Hier spricht man dann von vagabundierender Nässe. Ein Fall aus der rauen Praxis:
Der Estrichboden in einem Büro mit Fußbodenheizung wurde nach einem längeren Ausfall der Heizung im Winter stellenweise feucht. Der Wasserdruck in den Heizungsleitungen nahm zunehmend ab. Diagnose: Frostschaden!
Nur wo genau wurden die Kunststoffleitungen beschädigt? Der Installateur wollte den gesamten Boden, dort wo er feucht erschien, aufstemmen (zirka 2–3 Quadratmeter). Man stelle sich einmal diese Baustelle vor und das auch noch während der Betriebszeit! Wir legten in diesem Fall einen Raster an und führten mit unserem

Hochfrequenz-Messsystem alle 10 cm im Quadrat zerstörungsfreie Feuchtemessungen durch. Aufgrund dieses Rasterplanes gab es zwei Bereiche, in denen die gemessene Bodenfeuchtigkeit sehr stark erhöht war, so dass man die Bruchstelle zumindest besser eingrenzen konnte. Zeitaufwand: Eine knappe Stunde. Die dortige Gemeinde hatte zufällig ein Ultraschall-Messgerät für undichte Wasserleitungen. Eine Untersuchung damit ergab innerhalb von 10 Minuten das exakte Resultat, nämlich genau die Stelle, an der die Leitungen leckgeschlagen waren. Diese Stelle war etwa 20 bis 40 cm von dem Punkt entfernt, wo wir mit unserem Hochfrequenz-Messsystem den Bereich bereits geortet hatten. Die Zerstörung des Estrichs konnte somit auf ein Minimum beschränkt werden (2 mal 20 x 20 Zentimeter) und die Reparatur konnte relativ rasch durchgeführt werden, ohne das gesamte Büro ausräumen zu müssen.

DIE DURCHFEUCHTUNGSQUELLE MUSS NICHT IMMER IDENTISCH SEIN MIT DEM BEREICH DER STÄRKSTEN DURCHFEUCHTUNG.

Chemisch verursachte Feuchtigkeit

Die verschiedenen Baustoffe weisen unterschiedliche chemische Eigenschaften auf. Eine wichtige Rolle für das chemische Verhalten von Substanzen spielt ihr jeweiliger pH-Wert. Er sagt aus, ob ein Stoff sauer oder alkalisch reagiert. PH-Werte von Null bis knapp unter Sieben zeigen dabei an, dass eine Substanz sauer ist; Werte von knapp über Sieben bis 14 bedeuten, dass ein Stoff alkalische Eigenschaften hat. Sieben markiert den neutralen Punkt. Von den unterschiedlichen pH-Werten werden die Abläufe chemischer Reaktionen entscheidend beeinflusst.
Altes Ziegelmauerwerk kann beispielsweise leicht sauer (z. B. pH = 6) bzw. leicht alkalisch (z. B. pH = 8) sein, während Zementputz stark alkalisch (z. B. pH= 11–13) ist. Die relativ stark differierenden pH-Werte bewirken einen elektrochemischen Mauerfeuchtigkeitstransport mit dem Ergebnis, dass zusätzliche Feuchtigkeit durch diesen „Batterie-Effekt" angezogen und durch diese chemischen Kräfte aufrecht erhalten wird. Im Volksmund spricht man gerne davon, dass der „Zementputz die Feuchtigkeit zieht". Diese waagerecht wirkenden Kräfte zwischen Putz und Mauer bilden auch eine vertikale Kraft, die das Aufsteigen der Feuchtigkeit beschleunigt.

STARK UNTERSCHIEDLICHE PH-WERTE ZWISCHEN PUTZ UND MAUERWERK HABEN EINE „BEFEUCHTENDE" WIRKUNG.

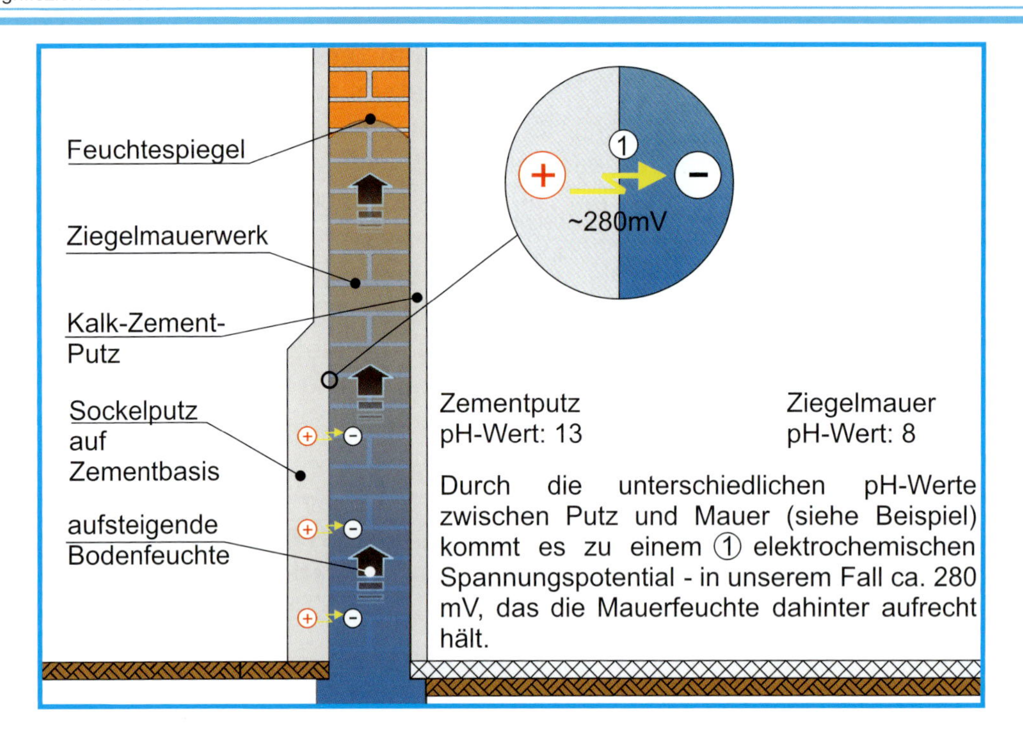

Befeuchtende bzw. feuchtigkeitsanziehende Wirkung durch unterschiedliche pH-Werte zwischen Putz und Mauer

Ähnliche Wirkungen gibt es, wenn auch nicht so stark, wenn der Putz und die angrenzende Mauer unterschiedliche Salzkonzentrationen aufweisen. Dies kann sehr leicht passieren, wenn der Putz schon älter und sehr stark versalzen ist. Dadurch entsteht ebenfalls ein elektrochemisches Störpotential (Batterieeffekt) mit feuchtigkeitsanziehender Wirkung auf den Kapillareffekt.

STARK UNTERSCHIEDLICHE SALZKONZENTRATIONEN ZWISCHEN PUTZ UND MAUERWERK HABEN EINE „BEFEUCHTENDE" WIRKUNG.

Restfeuchtigkeit / Zulässiger Durchfeuchtungsgrad

Eine zu 100 Prozent entfeuchtete Wand ist in der täglichen Praxis nicht erreichbar. Jedes Gemäuer, auch das trockenste, verfügt über eine natürlich vorhandene Restfeuchtigkeit. Dies entspricht auch den wissenschaftlich festgelegten Regeln. Im Rahmen des österreichischen Normierungsystems legt die ÖNORM mit der Nummer B 3355 die Mindestanforderungen an eine trockengelegte Wand fest. Nach Durchführung aller begleitenden Maßnahmen und nach Beseitigung aller Störfaktoren und bei Verwendung der geeigneten Sanierungstechnik darf demnach ein Durchfeuchtungsgrad von 20 Prozent nicht überschritten werden (Ausnahme: extrem hoher Salzgehalt der Mauer – wie beispielsweise in Venedig).

Ein Rechenbeispiel (siehe dazu die nachfolgende Grafik):
Ein Kubikmeter Wand aus gebrannten Ziegelsteinen wäre mit rund 300 Litern Wasser voll gesättigt, was einem Durchfeuchtungsgrad von 100 Prozent entspräche. In Gewichtsprozent würden die 300 Liter Wasser ca. 20 Gew. % des einen Kubikmeter Ziegelwand ausmachen (20 % von 1600 kg sind 320 kg = ca. 300 Liter).

Wenn ein Durchfeuchtungsgrad von 100 Prozent gleich 20 Gew. % ist, bedeutet dies, dass der Grenzwert für den maximalen Restfeuchtigkeitsgehalt von 20 Prozent gleichzusetzen ist mit 4 Gew. % (1/5 oder 20 Prozent von 20 Gew. %).

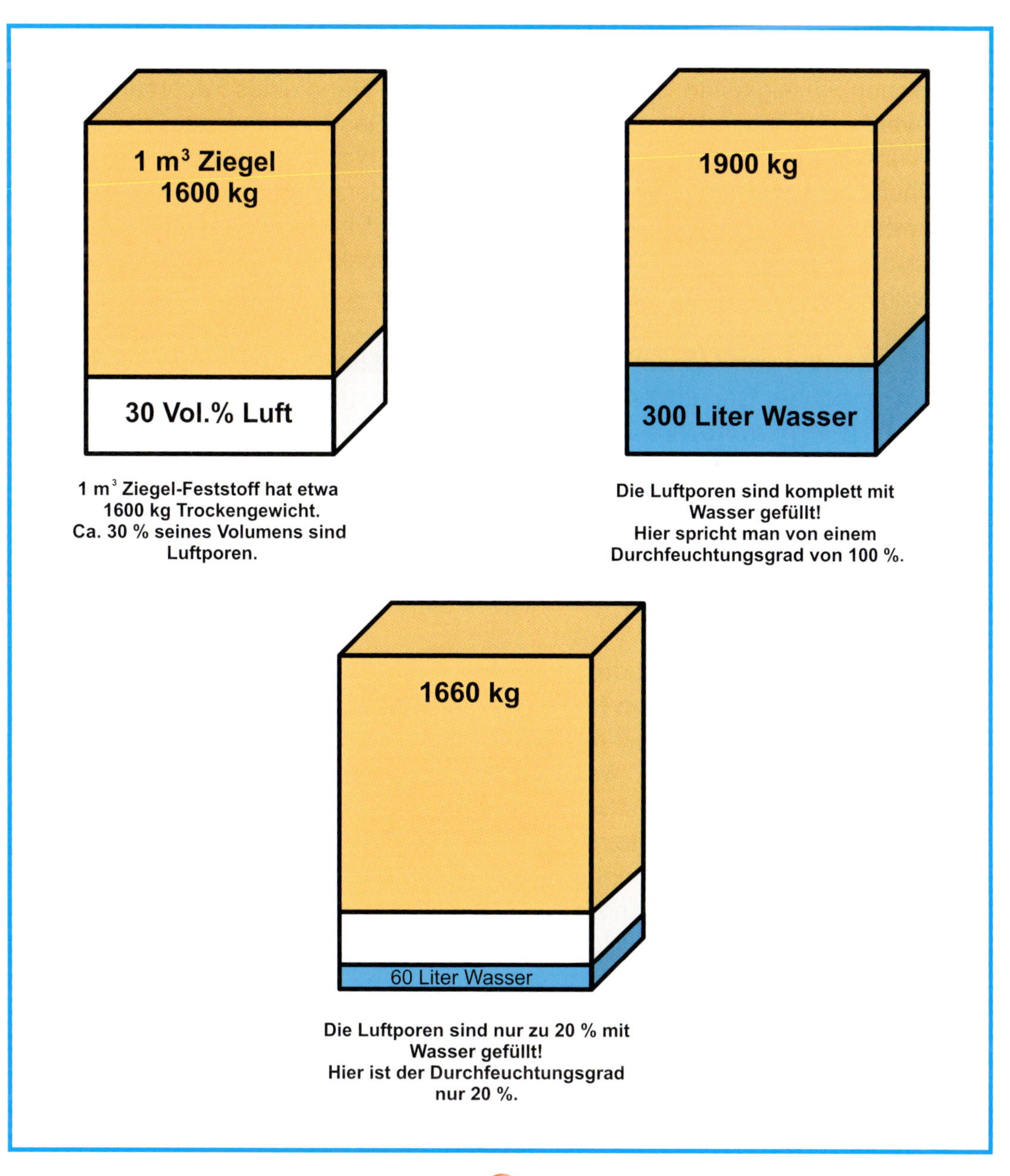
1 m³ Ziegel
1600 kg
30 Vol.% Luft
1 m³ Ziegel-Feststoff hat etwa 1600 kg Trockengewicht. Ca. 30 % seines Volumens sind Luftporen.
1900 kg
300 Liter Wasser
Die Luftporen sind komplett mit Wasser gefüllt! Hier spricht man von einem Durchfeuchtungsgrad von 100 %.
1660 kg
60 Liter Wasser
Die Luftporen sind nur zu 20 % mit Wasser gefüllt! Hier ist der Durchfeuchtungsgrad nur 20 %.

2. Kapitel
Trockenlegung von Gebäuden
oder
Der Ist-Zustand in Europa (1980-2005)

Wenn eine Bau- oder Sanierungsfirma mit Presslufthammer und schwerer Gerätschaft anrückt, hat sie gute Karten beim Bauherrn. Er freut sich, weil aus seiner Sicht etwas vorwärts geht. Die Eigentümer wollen Aktion sehen, obgleich sie natürlich einsehen, dass zur Bekämpfung von aufsteigender Mauerfeuchtigkeit kein Gerüst aufgestellt werden muss. Ein Bautrupp, beauftragt mit der Trockenlegung, fährt mit einem geschlossenen Anhänger vor. Kurz darauf werden Behälter mit chemischen Flüssigkeiten, die offenbar nur von der Hand eines Fachmanns verarbeitet werden dürfen, auf die Baustelle getragen. Das macht weiter Eindruck und weckt vor allem die Hoffnung, dass ein lang zurückreichendes Problem endlich mit modernen Mitteln der Bauchemie beseitigt wird. Überzeugend wird es spätestens dann, wenn auch noch Hochdruckschläuche vom „Einsatzfahrzeug" zum Gebäude führen. Jetzt schließlich verfestigt sich der Eindruck, dass Hightech in das gute alte Bauhandwerk Einzug gehalten hat.

Gebäude werden von Menschen – zumindest in Mitteleuropa – als eine massive Sache angesehen. Daher sind nach Überzeugung vieler auch massive Maßnahmen, notfalls Pressluftbohrer und „chemische Hämmer" erforderlich, um Schäden an Häusern zu beheben. Eine mauerschonende Entfeuchtungsmethode, die gewissermaßen die natürlichen „Regenerationskräfte" in einem Gebäude anregt, scheint nicht ganz in dieses allgemeine Denkschema zu passen. Putzabschlagen dann ein paar Monate offen stehen lassen, bis es optisch abgetrocknet aussieht und neu verputzen, ist eine der gepredigten Pseudo-Trockenlegungen.

Denn in wenigen Jahren geht das gleiche wieder los – ein „Perpetuum mobile" in der Sanierungsbranche. Wenn hingegen vor der Putzsanierung das Einbringen einer Horizontalsperre mit Dichtbeton und in Form von neuartigen chemischen Bindemitteln veranlasst wird, werden essentielle Bestandteile der verbreiteten Vorstellungswelt über richtiges Sanieren berücksichtigt. Den Preis dafür darf man jedoch nicht nennen. Hinzu kommt, dass gerade für diese Baubranche häufig HIWI (Hilfswillige) aus Billiglohnländern mit nicht ausreichenden Qualifikationen eingesetzt werden. Erschwerend kommt dazu, dass es im Moment nur in wenigen Ländern Europas eine gültige Norm gibt, die diese Arbeiten ordentlich regelt. In bautechnischen Bereichen ohne zusammengefasste Grundlagen und bewährte baupraktische Regeln herrscht eine gewisse „Anarchie" unter den Mauertrockenlegern. Fünf sogenannte „Fachleute" geben zu einem Thema möglicherweise fünf verschiedene Meinungen ab – wie ich es in meiner Berufspraxis oft erlebt habe. Das Ganze zum großen Nachteil für den Althausbesitzer, wie sich häufig später herausstellte. Diese gewiss etwas überspitzte Zustandsbeschreibung soll nur den Bezugsrahmen ins Bewusstsein rufen. Es soll nicht heißen, dass sich daran nichts ändern kann und wird.

Wer jemals an der Sanierung eines mehrstöckigen Mietshauses mitgewirkt hat, kann bestätigen, dass psychologische Aspekte eine nicht unerhebliche Rolle spielen. Daher werden gewisse Entscheidungen für die eine oder andere bauliche Maßnahme keineswegs immer nur aufgrund sachlicher Kriterien herbeigeführt. Gab es beispielsweise in einem Gebäude über Jahre hinweg Probleme mit aufsteigender Feuchtigkeit, wird so mancher Eigentümer zermürbt von den berechtigten und teils unberechtigten Klagen seiner Mieter, etwas tun müssen. Er könnte zu sich sagen, dass das Hämmern, Bohren und Betonieren endlich jedem demonstrieren wird, dass etwas getan wird. Mit welchem Erfolg?
Man muss einmal an einer Sitzung eines Verwaltungsrates einer größeren Wohnungs-Eigentümergemeinschaft teilgenommen haben. Wenn unter dem Tagesordnungspunkt „Anstehende Sanierungsvorhaben" auch noch der Architekt und ein Sachverständiger beigeladen waren, hat man eine gute Vorstellung davon, in welche nebensächlichen Diskussionen man in so einem Kreis abdriften kann. Erfahrungsgemäß bevorzugen derartige Gremien nicht von Natur aus die kostengünstigste und bautechnisch sinnvollste Lösung. Es ist sogar gut möglich, dass man das bei näherer Untersuchung allerdings unlogische Argument zu hören bekommt, dass man lieber den Schaden mit dem „etwas teureren" Verfahren gleich „richtig" beheben solle. Die preiswertere Lösung könnte ja möglicherweise nicht hinhauen und man müsste dann doch auf die aufwändigere Maßnahme zurückgreifen und hätte somit die doppelten Kosten. Dass bei einem Fehlschlag der teuren Lösung der Verlust noch größer ist, wird unter Umständen nicht einmal erwähnt oder glatt vergessen. Streng gesehen, hat ein Verwaltungsrat auf einer Funktionsgarantie zu bestehen und muss alle Wohnungseigentümer vor weiteren finanziellen Schäden schützen.

Diese in der realen Welt des Bauens durchaus nicht ungewöhnlichen Vorkommnisse werden an dieser Stelle auch nur deshalb vorangeschickt, um eine Erklärung für die zahlreichen und oft kostspieligen Sanierungssünden zu suchen, denen mein Technikerteam im Unternehmen Aquapol im Laufe der Jahre begegnet ist. Die Trockenlegung von Gebäuden wird von den meisten Baufirmen als risikobehaftete Maßnahme angesehen, nicht zuletzt deshalb, weil das fundamentale Verstehen der verschiedensten Durchfeuchtungsursachen und anderer Bereiche, wie z. B. Mauerwerksdiagnostik, Sanierungstechnik etc., fehlt. Eine Funktionsgarantie, wie sie von Aquapol gewährt wird, ist in dieser Branche einzigartig. Im günstigsten Fall geben Sanierungsfirmen eine vielleicht auf ein paar Jahre limitierte Gewährleistung für das **verwendete Material** ab. Selbst da versuchen sich unseriöse Unternehmen zu winden.

Sie brauchen einen Beweis? Wie viele Trockenlegungsfirmen existieren länger als 10 Jahre? Und wie viele gibt es nicht mehr? Schauen Sie sich genau die Garantien an, die diese Firmen abgaben bzw. abgeben.
Offenbar kennen diese die Risiken der von ihnen verwendeten konventionellen Trockenlegungsverfahren nur zu gut. Wir werden im Folgenden noch näher darauf eingehen.

Produkttransparenz, Anwendungsgrenzen, seriöse Aufklärung über die angrenzenden Bereiche „Begleitende Maßnahmen", „Sanierungstechnik", „Biologische Auswirkungen" sind eher Fremdworte in dieser Branche gewesen, obwohl sich der Zustand mancherorts ändert. Vor 20 Jahren gab es diesbezüglich wenige bis keine ausreichenden Informationen in den Werbeunterlagen – geschweige denn Grafiken zur Erklärung komplizierterer Vorgänge. Ich erinnere mich, dass wir die Ersten waren, die die vier wichtigsten, verschiedenen Zerstörungsmechanismen von feuchtem Mauerwerk grafisch in der Aquapol-Info-Service Nr. 11 dargestellt haben – die auch große Anerkennung in einem ausländischen Symposium bekommen haben. Weil das Unternehmen Aquapol von Beginn an auf immer mehr Transparenz, Anwendungsgrenzen und Aufklärung setzte, veränderte sich auch langsam der Markt in dieser Richtung. Der Mitbewerber wird dadurch veranlasst, mit immer mehr offenen Karten zu spielen. Wenn er versäumt, dies zu tun, bekommt der Kunde seine Aufklärung von anderer Seite. Ich bin der Meinung, dass der Althausbesitzer darauf ein Recht hat. Und es ist auch leichter für ihn, wenn er sich zwei oder mehrere Seiten ansehen kann, bevor er eine Entscheidung trifft!

Herkömmliche Verfahren

Die konventionellen Trockenlegungsverfahren lassen sich in drei Gruppen einteilen:

- Mechanische Verfahren
- Chemische Verfahren
- Elektrophysikalische Verfahren

Die ersten beiden Verfahren gehen von der Idee aus, dass man mit einer im Bereich des Erdniveaus eingebauten feuchtesperrenden Schicht die tiefer im Mauerwerk liegende Feuchtigkeit am weiteren Aufsteigen hindert, während die darüber liegenden Wände mit der Zeit bis zu einer erträglichen Restfeuchte austrocknen. Wie jedoch die raue Praxis zeigt, bringt man die Bodenfeuchte und deren gefährliche Komponenten, wie Sie später im Kapitel über die Gefahren bei den konventionellen Systemen lesen können, häufig nicht ganz unter Kontrolle. Bei unterkellerten Gebäuden versucht man, sie wenigstens aus den Wohnbereichen vom Erdgeschoss an aufwärts fernzuhalten. Unter der Feuchtesperre – häufig schon im Keller – beginnt eine Geschichte für Schwammerlzüchter: Denn die Mauer-

feuchte bzw. Luftfeuchte im Keller geht langsam, aber sicher seinem Höhepunkt entgegen.
Der Langzeiteffekt, besonders bei den chemischen bzw. manchen elektrophysikalischen Verfahren, ist in etwa mit dem Versuch zu vergleichen, einen Tiger ohne ausreichende Nahrung auf Dauer in einem wackligen Verschlag aus Bambusrohren und Palmblättern eingesperrt zu halten.
Die elektrophysikalischen Verfahren nutzen zwar den Dipol-Charakter der Wassermoleküle aus und versuchen sie mit Hilfe der Elektrokinese aus dem Mauerwerk heraus zu bewegen. Stehen diese Einrichtungen aber in Kontakt mit den feuchten Wänden, verschleißen sie infolge der chemischen Prozesse an den Berührungsstellen außerordentlich schnell.

Mechanische Verfahren

Bei diesen Verfahren wird eine nachträgliche horizontale Feuchtesperre ins Mauerwerk eingebracht, wenn die alte Feuchtigkeitssperre beschädigt ist oder nie eine derartige Vorkehrungsmaßnahme gegen aufsteigende Feuchtigkeit vorhanden war. Eine der älteren, aber arbeitsintensiven Techniken dieser Art ist das Maueraustauschverfahren. Dabei werden – in der Regel im Sockelbereich – mehrere Ziegelsteinschichten Stück für Stück durch neues Material ersetzt, wobei gleichzeitig eine feuchtigkeitsabsperrende Isolierung, meist aus langlebigen Kunststoffbahnen, eingebaut wird. Um Zeit und Geld zu sparen, hat man im Laufe der Zeit verschiedene Varianten dieses Prinzips entwickelt. Mit der Mauersäge wird die Wand regelrecht durchtrennt und in den Sägespalt eine Isolierbahn eingezogen.

In die gleiche Verfahrenskategorie gehören gewellte Stahlbleche, die zwischen den Ziegelreihen durchgeschossen werden und als Feuchtigkeitsbarriere fungieren sollen. Hier wurden früher nur Chrom-Nickel-Stahlbleche verwendet, die bei Vorhandensein von Chloriden im Boden nach vielen Jahren den gefürchteten Lochfraß bekamen. Diese Platten dann austauschen? Erst später gab es auch die teure Variante der Chrom-Nickel-Molybdän-Stahl-Wellenbleche, die gegen Chloride resistent sind. Jedoch muss man sie als Auftraggeber verlangen!

Die größten Risiken dieser Verfahren liegen in den möglichen Beschädigungen des Mauerwerks. Vor allem bei nicht absolut sorgfältiger Ausführung kommt es zu Statikproblemen. Nach dem Durchschießen der Wände mit Metallplatten beispielsweise steht das Haus mehr oder weniger auf einem „Gleitlager“ da. Handwerker, die in der Sanierungsbranche tätig sind, kennen die Folgeerscheinungen. Sie berichten über häufige Setzungsrisse, die mehrere Meter lang sein können, insbesondere an kritischen Stellen wie Fenster- und Türstöcken. Wenn ein Schreiner ein paarmal vor dem Problem stand, dass hinterher die Türen nicht mehr passen, hört er verständlicherweise genau zu, wenn ihm jemand von der mauerwerkschonenden, kontaktlosen Aquapol-Technologie erzählt.

Eines der sichersten, langlebigsten und teuersten mechanischen Verfahren, bei dem die Risiken wegen der Statik kleiner sind als bei anderen mechanischen Verfahren, ist das Bohrkernverfahren mit Zement und feuchtesperrenden Zusätzen.

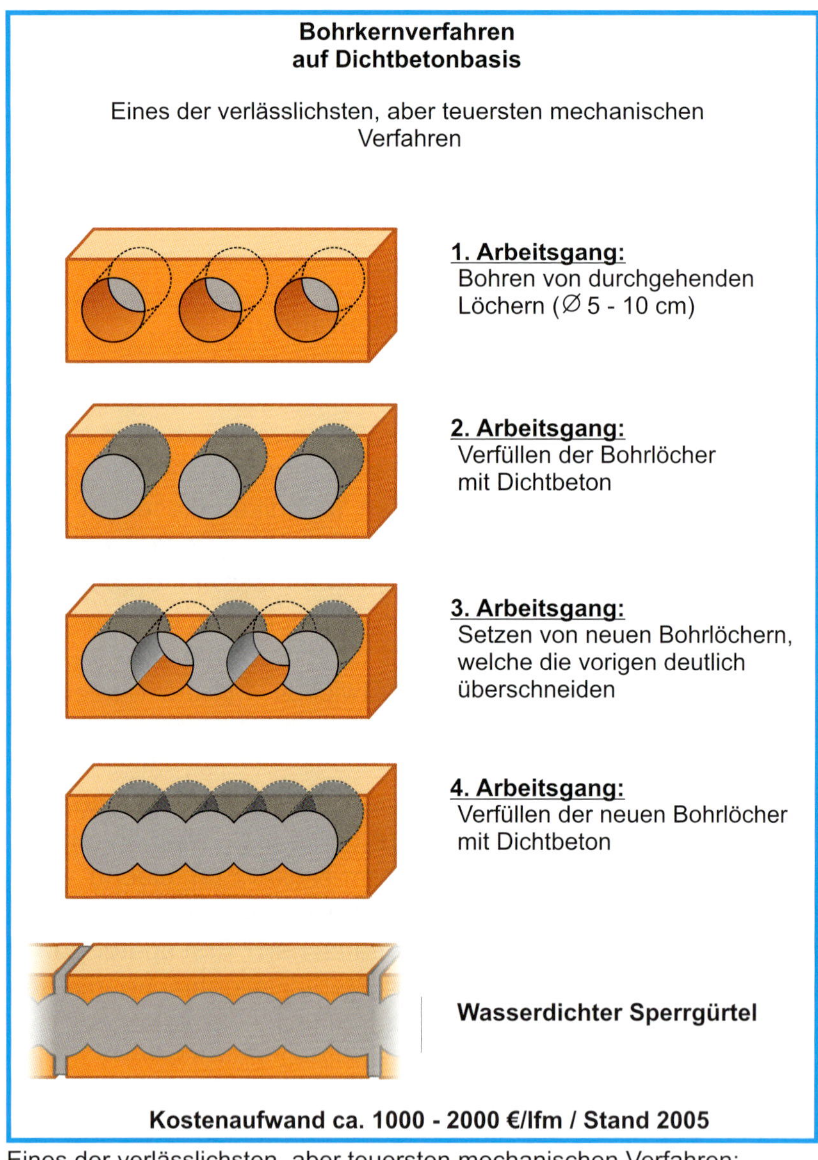

Eines der verlässlichsten, aber teuersten mechanischen Verfahren: Das Bohrkernverfahren

Chemische Verfahren

Seriöse Sanierungspraktiker stehen auch den verschiedenen Methoden, chemische Mittel in das Gemäuer zu injizieren und damit einen horizontalen Sperrgürtel gegen die aufsteigende Feuchtigkeit zu erzeugen, mit Skepsis gegenüber.

Die langfristige Beständigkeit und 100 % ige Wirksamkeit dieser Verfahren ist nicht erwiesen. Damit einhergehende Gewährleistungsprobleme können bei einem Handwerker, der diese Technik zu verwenden gedenkt, zu einer Existenzfrage werden. Insbesondere wenn er für denselben Bauträger langfristig arbeiten will und nicht nach einem schnell gemachten Profit das Weite sucht, um dem nächsten Kunden seine chemische „Wunderwaffe" zu verkaufen.

Um sachlich zu bleiben, im besten Falle (was nur unter extrem guten Bedingungen möglich ist) werden die Poren des Mauerwerks mit dem Injektagemittel ausgefüllt und somit gegen das Aufsteigen der Nässe dicht gemacht.
Die Baupraxis zeigt jedoch, dass das Injektagematerial etwas schrumpft und sich mit der Zeit ein neues Kapillarsystem bildet, wo Bodenfeuchte erneut aufsteigen kann.

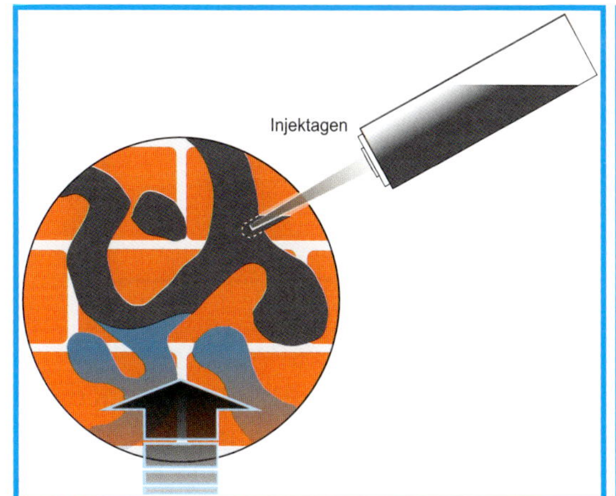

Mit einem Injektagemittel ausgefülltes Kapillarsystem

Das neu gebildete Kapillarsystem durch schrumpfende Injektagemittel

Ein weiterer Fehler, der in der Praxis ständig gemacht wird, ist der neue Putz, der ohne horizontale Feuchtesperre ausgerüstet ist und somit als Feuchtebrücke dient.

Dies kommt auch bei den mechanischen Verfahren häufig vor. Oder haben Sie schon Nirosta-Wellenbleche durch den Putz gehen sehen?

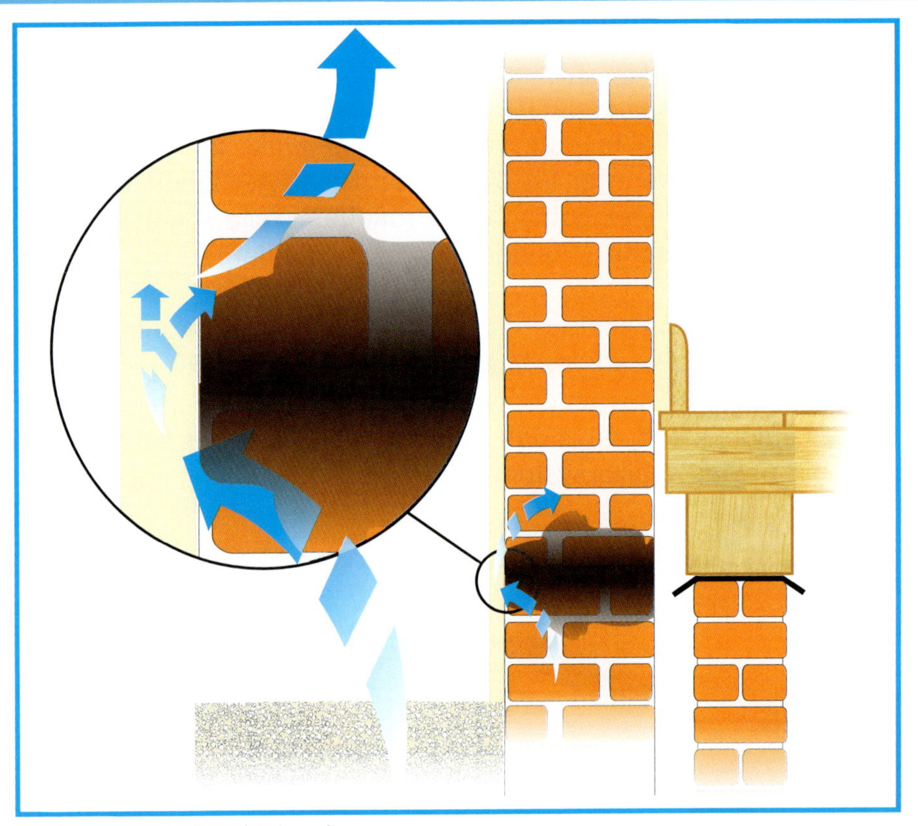

Der Verputz als Feuchtebrücke

Die unterschiedlichen chemischen Flüssigkeiten werden entweder mit Druck durch kleine vorgebohrte Kanäle in das Mauerwerk eingepresst, oder man bohrt in regelmäßigen Abständen von 10 bis 20 Zentimetern Löcher mit geringem Durchmesser in die Wand, durch die man die Substanz ohne Druck hineinfiltriert. Das Ziel bei diesen Verfahren ist, die Poren des Gemäuers mit den chemischen Flüssigkeiten zu verstopfen beziehungsweise das Innere der Wand hydrophob (wasserabweisend) zu machen und somit den Prozess der aufsteigenden Feuchtigkeit zu unterbrechen. In der Praxis funktionieren die obigen zwei Varianten nicht als Feuchtesperre, sondern bestenfalls als Feuchtebremse, wie auch eine Studie in Deutschland mit zahlreichen chemischen Materialien gezeigt hat (C. Arendt – Neue Erkenntnisse in der Mauerwerkstrockenlegung in B& B 2/94).
Die besten chemischen Injektagen sind die sogenannten Thermoinjektagen. Sie erreichen eine nahezu 100 % ige Sperrwirkung.
Das Mauerwerk wird vorher mit Heizstäben komplett ausgetrocknet und dann im warmen Zustand wird das Injektagemittel hineingefüllt, häufig auch unter Druck. Die Kosten sind jedoch extrem hoch. Eine Langzeitstudie über 15–20 Jahre ist mir jedoch auch nicht bekannt.

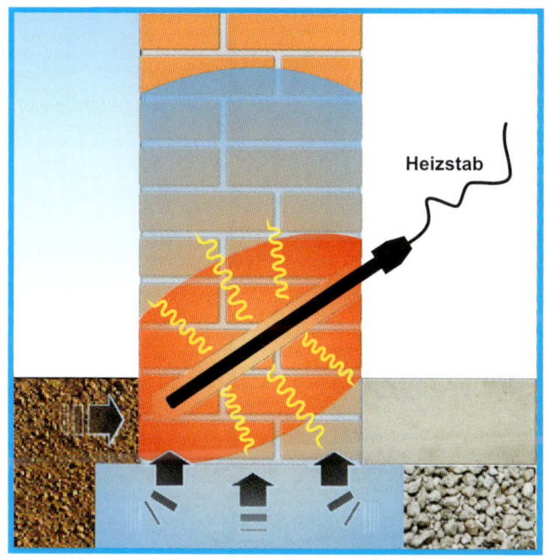

Die Mauer wird ca. alle 20-30 cm aufgebohrt. Ein Heizstab wird eingeschoben und in Betrieb genommen, um die Feuchte in wenigen Tagen komplett auszuheizen.

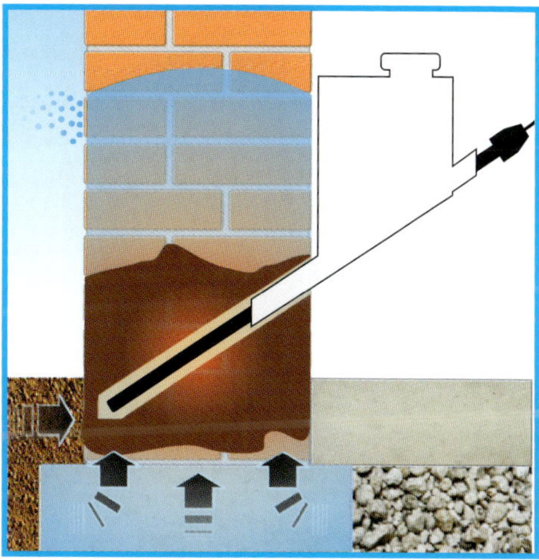

Nach der Austrocknung wird ein Injektagemittel (meist Paraffin) drucklos über einen Behälter eingefüllt.

Elektrophysikalische Verfahren

Diese Verfahrensgruppe macht sich die Tatsache zunutze, dass das Wassermolekül einen Dipolcharakter mit einer elektrisch-positiven und einer elektrisch-negativen Seite aufweist und somit durch das Anlegen einer elektrischen Gleichspannung in eine gewünschte Richtung bewegt werden kann.

Der Physiker spricht von Elektrokinese (Bewegung der Feuchte mit Hilfe von Strom). Zu diesem Zweck werden Elektroden im feuchten Mauerwerk verlegt, womit man aktiv durch Stromzufuhr aus einem speziellen Netzgerät die kapillare Feuchtigkeit zur Bewegung in Richtung negative Elektrode bringt. Siehe dazu die Grafik.

Im weitesten Sinne könnten auch „spezielle“ Geräte, die als „Sender“ funktionieren, in diese Verfahrensgruppe eingereiht werden. Da diese jedoch nicht mit Gleichstrom arbeiten, sondern mit Wechselstrom, habe ich sie unter elektromagnetische Systeme in einem der nachfolgenden Unterkapitel eingeordnet.

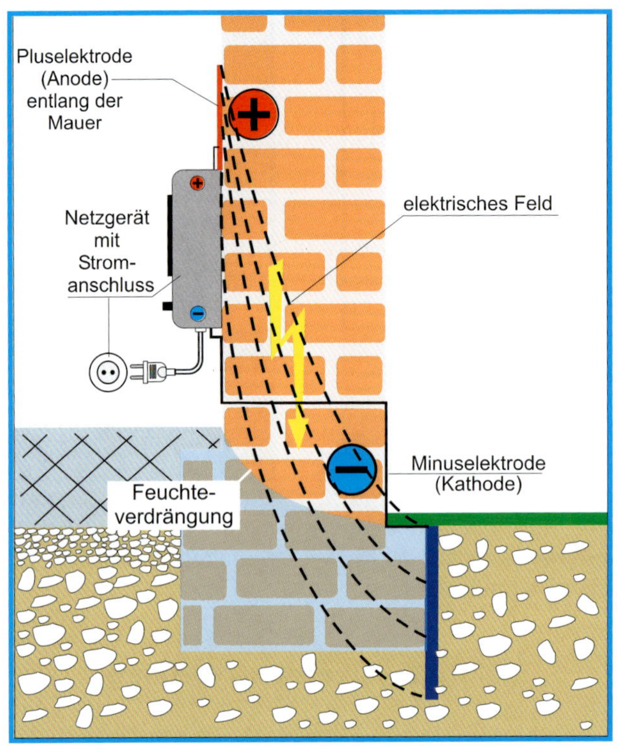

Das Wirkprinzip der elektrokinetischen Entfeuchtung

Es gibt auch noch Abwandlungen der obig genannten Methode, die ohne Strom auskommen. Sie nutzen die Tatsache aus, dass unterschiedliches Material in einem feuchten Medium wie eine Batterie wirkt und so eine Spannung im Mauerwerk aufbaut, wobei der Minuspol (die Kathode) unten ist.

Die Idee zu dieser sehr bausubstanzschonenden Methode und deren erstmalige Verwendung liegt bereits viele Jahrzehnte zurück. Der Grund, warum es das Verfahren dennoch nur zu einer begrenzten Anwendungshäufigkeit gebracht bzw. sich nicht durchgesetzt hat, findet sich in der Tatsache wieder, dass die Elektroden in das Mauerwerk eingebaut werden müssen und daher von den teils heftigen chemischen Prozessen im feuchten Mauerwerk beeinträchtigt werden. Die Elektroden korrodieren sehr schnell und legen das System lahm. Das einzige Elektrodenmaterial, welches nachweislich allen Salzen im Mauerwerk standhält, ist eine spezielle Titan-Platin-Legierung. Die Kosten sind jedoch um ein Vielfaches höher als bei den herkömmlichen Elektroden.

Erfahrungswerte & Studien

Das Ziel jeder Mauerentfeuchtung ist, die Bausubstanz auf Dauer zu erhalten. Die zur Debatte stehenden Verfahren sollten also in der Praxis möglichst auf massive Eingriffe verzichten, die das Mauerwerk unmittelbar bei der Anwendung der jeweiligen Methode schädigen oder langfristig in Form von Statikproblemen beeinträchtigen. Der Eigentümer ist zudem daran interessiert, den durch die Trockenlegung erzielten Zugewinn an Wohnwert und den durch diese Investition erhöhten Gebäudewert möglichst lange zu erhalten.

Das übergeordnete Kriterium zur Beurteilung eines Verfahrens konzentriert sich demnach auf die Frage, ob ein System in der Lage ist, das Gebäude über Jahrzehnte hinweg in dem entfeuchteten Zustand zu halten.

Diese alles entscheidende Frage nach der anhaltenden Effektivität eines Verfahrens wird von den Anbietern selbst relativ klar beantwortet, wenn man das Thema Funktionsgarantie und Gewährleistung ins Spiel bringt. Garantien im Sinne einer Haftung für den Erfolg der Trockenlegung werden für die hier dargestellten Verfahren kaum gegeben, und wenn überhaupt, nur mit Einschränkungen und dem Verweis auf mögliche gebäudespezifische Besonderheiten, für die der Anbieter des jeweiligen Systems sich nicht in die Haftung nehmen lassen will.

Aus der praktisch ausgeschlossenen Gewährleistung darf man wohl schließen, dass die Anbieter und Verfechter herkömmlicher Trockenlegungssysteme im Wissen um die Schwächen oft selbst nicht an deren Funktionstauglichkeit und Dauerhaftigkeit glauben.

Um den geringsten Schaden zu haben, bieten Firmen mit chemischen Injektagemitteln deren Produkte auf den diversen Baumärkten für den Do-it-yourself Bereich an, wodurch sie aus der Haftung voll draußen sind. Die wenigsten Häuslbauer sind Mauerwerks-Diagnostiker und können ihr feuchtes Mauerwerk fachmännisch untersuchen, um die Anwendungsgrenzen des Verfahrens zu ermitteln. Die Fehlschläge sind vorprogrammiert und wir haben diesbezüglich viel Erfahrung gesammelt.

Auf der anderen Seite – es gibt beispielsweise in Österreich keine Trockenlegungsfirmen, die mehr als 10 Jahre mit dem exakt gleichen chemischen Verfahren auf dem Markt sind. Das sagt eigentlich alles.
Interessant ist auch der Tatbestand in Österreich, dass die Anbieter der Injektagemittel nicht bei allen Gebäuden – wie sie es in der ÖNORM festlegten – einen Erfolgsnachweis erbringen, um dem Althausbesitzer den Erfolg auch tatsächlich messtechnisch zu dokumentieren.

Wie überzeugt müssen sie von deren Funktionstauglichkeit sein?

Vielleicht können Sie sich als Leser nun einen Reim darauf machen, warum es so lange gedauert hat, überhaupt eine Norm in diesem Bereich zu machen. In den meisten Ländern – wie z.B. in Deutschland und der Schweiz – existiert bis heute keine Norm.

Bei den chemischen Verfahren beispielsweise reichen die Anwender-Firmen lediglich die Gewährleistung, die von den Herstellern der chemischen Injektionsmittel auf die Substanz selbst gegeben wird, an den Kunden weiter. Diese Herstellergarantie geht in der Regel nicht über fünf Jahre hinaus. Eine tatsächliche Funktionsgarantie jedoch, wie sie bei Aquapol seit langem selbstverständlich ist, verweigern die Anbieter der chemischen Verfahren oder geben sie bestenfalls stark eingeschränkt mit dem Hinweis auf möglicherweise unbekannte physikalische Besonderheiten des jeweiligen Objekts. Eine Garantie ohne praktischen Wert.

Ein in der Gebäudesanierung tätiger Handwerker aus dem bayerischen Raum machte auf den größten Problemherd bei chemischen Injektage-Methoden aufmerksam. Wenn mit Druck injiziert wird, können alte Ziegel im Innern des Gemäuers teilweise platzen. Alten, stark durchnässten Mauerwerken fehlt häufig die für dieses Verfahren nötige Konsistenz. Dadurch, dass Steine regelrecht gesprengt werden, entstehen im Innern neue, unbekannte Problemzonen. Damit einhergehende Gewährleistungsprobleme stellen nach Erfahrung jenes Handwerkers ein erhebliches Risiko dar.

Bei den mechanischen Verfahren kommen zu den eingeschränkten Gewährleistungen die Statikprobleme, die nach den teilweise heftigen Eingriffen ins Mauerwerk auftreten, wie Sanierungspraktiker immer wieder berichten. Die Ursachen dieser Probleme erläutert die nachfolgende Zusammenstellung der größten Gefahren im Zusammenhang mit herkömmlichen Trockenlegungs-Methoden. Ich wurde vor vielen Jahren mit einem Schloss im Weinviertel/ Niederösterreich konfrontiert, welches versucht wurde durchzuschneiden. Gleich zu Beginn traten die ersten Probleme auf. Ein riesiger Setzungsriss ging bis in den ersten Stock und war nicht mehr rückgängig zu machen.

Es gibt relativ wenige Langzeitstudien zu diesen 3 konventionellen Verfahrensgruppen. Eine jedoch, die Simmlinger gemacht hat und auf den 11. Wiener Sanierungstagen am 27. und 28. März 2003 vorgestellt hat, möchte ich mit einem Auszug aus der Zusammenfassung kurz vorstellen. Hier wurden zahlreiche Gebäude untersucht, die vor der Trockenlegung vor etwa 10-20 Jahren von einer Prüfanstalt genau untersucht worden waren, und anlässlich der Studie wurden Feuchtemessungen an denselben Stellen im Mauerwerk wiederholt, um einen Funktionsnachweis zu erbringen:

„Ein umfangreiches Untersuchungsprogramm zeigte, dass nachträgliche Maßnahmen gegen aufsteigende Feuchtigkeit insgesamt schlechte Erfolge aufweisen. Die mechanischen Verfahren erzielen zufriedenstellende Ergebnisse, wenn die anerkannten Regeln der Technik beachtet und eingehalten werden. In erster Linie sind Ausführungsmängel für das Nichterreichen der Zielkriterien und somit des Trocknungserfolges verantwortlich.

Bei den Injektionsverfahren sind einerseits der Durchfeuchtungsgrad (freier Porenraum) und andererseits die Ausführungsqualität für die erfolgreiche Ausbildung der Abdichtung und damit für den Trocknungserfolg hauptverantwortlich. Eine entscheidende Rolle spielt die auch nachlassende Wirkung der Injektionsmittel über die Zeit. Bei den elektrophysikalischen Verfahren konnte kein Bezug zwischen Mauerwerkstrocknung und Funktion der Anlage hergestellt werden.“ Ende des Zitats.

Aus dem Referateband der 11. Wiener Sanierungstage/2003
Veranstalter: Institut für Bauschadensforschung

Die meisten Gebäude, die „chemisch behandelt wurden“ bzw. „elektrophysikalisch“, wurden wieder feucht. Warum dies so ist, erfahren Sie im Kapitel „Gefahren bei herkömmlichen Systemen“.

Erwähnt werden sollte ein weiteres Forschungsprojekt in Deutschland, das mit staatlichen Mitteln finanziert wurde. Hier wurden nur chemische Injektagen untersucht mit dem Ergebnis, dass keine einzige den Erfordernissen entsprach. Das beste System war hier eindeutig die Thermoinjektage, aber auch sie war nicht 100-prozentig wirksam.

Ein Auszug aus der Zusammenfassung sagt eigentlich alles:

„Mechanische Verfahren sind aufgrund ihrer seit Jahren bekannten Wirksamkeit unbestritten. Andere Verfahrensgruppen (Anm. der Redaktion: bezieht sich im Speziellen auf die chemischen, die hier getestet wurden) beinhalten noch eine Reihe von Unwägbarkeiten. In diesem Bereich ist großer Forschungsbedarf vorhanden.“

Aus „Neue Erkenntnisse in der Mauerwerkstrockenlegung?“ C. Arendt B& B 2/94

Öffentlich zugängliche Langzeitstudien sind auf diesem Gebiet sehr rar, wie Sie sich vielleicht selbst zusammenreimen können. Wer sollte daran schon wirklich Interesse haben?

Gefahren bei herkömmlichen Systemen – Zusammenfassung

Der Grundtenor lautet nun folgendermaßen, wenn man die jahrzehntelange Erfahrung der herkömmlichen Systeme in Betracht zieht:
Die nachträgliche Installation von mechanischen, chemischen und elektrophysikalischen Feuchtigkeitssperren birgt erhebliche Risiken, sowohl für die Gebäude selbst, als auch für die zur Trockenlegung verwendeten Materialien in sich.

Schädigung der Bausubstanz durch statische Veränderungen

Bei nicht absolut sorgfältiger Ausführung oder bei nicht sachgemäßer Anwendung sind vor allem die mechanischen Verfahren (Mauersäge usw.) eine große Gefahr für die Bausubstanz. Die oftmals tiefen Eingriffe ins Mauerwerk, kombiniert mit späteren Erschütterungen, können zu irreparablen Setzungsrissen führen.
Vor allem das Einschießen von Metallplatten zwischen die Ziegelreihen führt nach den Erfahrungen von Handwerkern, die lange Zeit in der Bausanierung tätig sind, nicht selten zu Folgeschäden. Anschließend sitzt das Gebäude wie auf einer großen Rutschfläche oder einem „Gleitlager“, wenn alle Mauern durchgeschnitten werden. Das Kräftegleichgewicht wird zerstört. Wiederum ist die Gefahr der Rissbildung sehr groß, insbesondere an Stellen mit ungewöhnlicher Belastung, wie an Fenstern, Türen und an tragenden Elementen. Verschobene Zargen und klemmende Türen nach einer Trockenlegungsmaßnahme sind für das Vertrauensverhältnis zwischen Handwerkern und Bauherrn wohl alles andere als förderlich.

Irreparable Setzungsrisse durch die statischen Veränderungen

Chemische Zerstörungskräfte

Alle Materialien, die als horizontale Feuchtigkeitsperren ins Mauerwerk eingebaut werden, sind den chemischen Zerstörungskräften der Salze im Mauerwerk ausgesetzt. Da die Feuchtigkeit in den Wänden kein pH-neutrales Wasser ist, sondern in Lösungsform erscheint (sauer oder alkalisch), kommt es mit den neu installierten Materialien häufig zu heftigen chemischen Reaktionen mit meist ungewissem Ausgang. Die neue Isolierschicht wird ebenso angegriffen wie die Elektroden, die im Rahmen des elektrophysikalischen Verfahrens in die Wände eingebaut worden sind.

Bei der Injektage chemischer Mittel bilden diese zusammen mit der aggressiven Feuchte ein neues Kapillarsystem (Sekundärsystem), durch das dann erneut die Feuchtigkeit aufsteigen kann. So genannte „Nirosta-Bleche" (Chrom-Nickel-Stahl) werden, wie Langzeit-Beobachtungen zeigen, von Chloriden regelrecht durchlöchert (Lochfraß); Teerpappe wird durch die Salzeinwirkung spröde und feuchtedurchlässig. Die Elektroden – vor allem die Anoden (Pluspole) – werden durch die hohe Salz- und Säurekonzentration zerstört und damit unwirksam.

Da die Grundfeuchte kein pH-neutrales Wasser ist, sondern in Lösungsform erscheint (sauer od. alkalisch), kommt es unter der Isolierschicht zu chemischen Reaktionen.

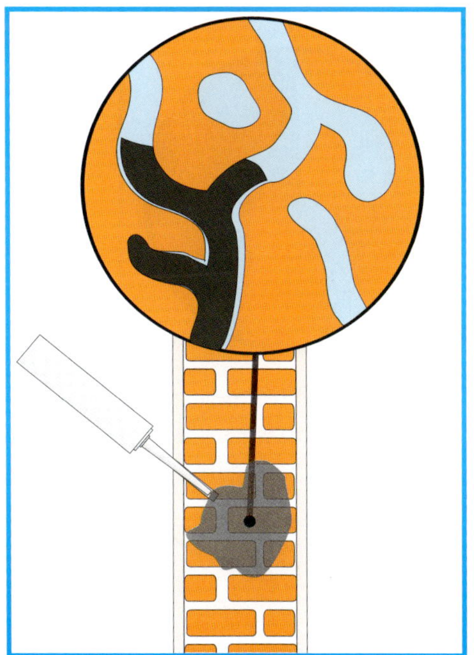

Die oft aggressive Feuchte bildet z.B. bei der chemischen Injektageschicht ein neues sekundäres Kapillarsystem. Grundfeuchte steigt erneut hoch.

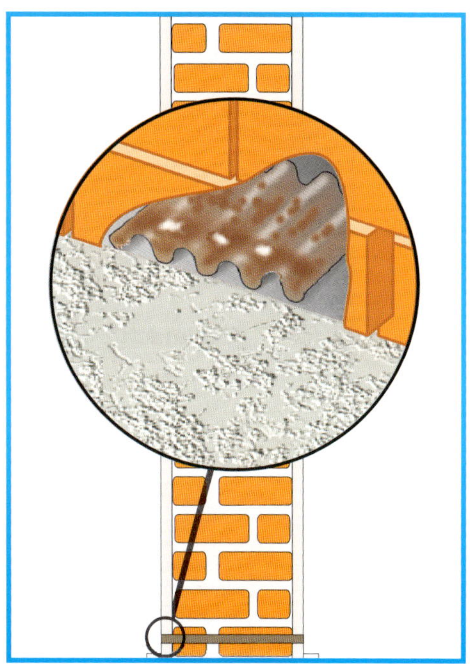

Sogenannte „Nirostableche" (Cr-Ni-Stahl) z.B. werden durch Chloride regelrecht durchlöchert (Lochfraß).

Physikalische Zerstörungskräfte

Durch die Einwirkung von Frost und ständigen Kälte-Wärmeschwankungen wird das Isoliermaterial der horizontalen Feuchtigkeitssperre vor allem im äußeren Mauerbereich stärker beansprucht, wodurch es rascher ermüdet. Dies kann zu

Rissen und Versprödungen führen, wodurch die feuchtigkeitsabsperrende Wirkung des Isoliermaterials beeinträchtigt und schließlich zerstört wird.

Biologische Zerstörungsmechanismen

Im feuchten Fundament unter der Isolierschicht gibt es Leben in kleinster Form: Die Mikroorganismen. Ihre Lebensgrundlagen sind Feuchtigkeit, Kohlenstoff und verschiedene chemische Verbindungen. Infolge ihrer winzigen Größe gelangen sie in die feinsten Haarrisse so mancher Isolierschichten und können das Isoliermaterial biologisch abbauen, wie es bei den Teerpappen auch teilweise passiert. Angesammelte Feuchtigkeit unter dem mit feinsten Haarrissen ausgebildeten Abdichtungsstoff, wo ungehindert Mikroben eindringen können und „biologischen Materialabbau" betreiben.

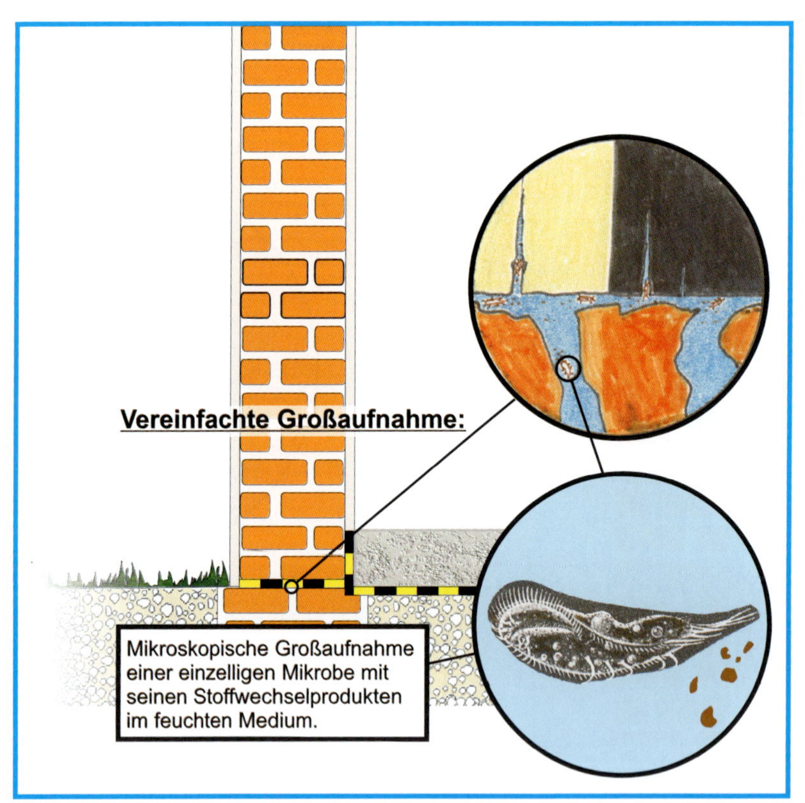

Kleinste Mikroorganismen, deren Hauptlebensgrundlage Wasser ist, zerstören über die feinsten Haarrisse in den Abdichtungsmaterialien auf lange Sicht so manche horizontale Feuchteabdichtung im Mauerwerk.

Andere energetische Zerstörungsprozesse

Unterschiedliche Baustoffe weisen unterschiedliche pH-Werte auf. Die dadurch entstehenden Energiepotenziale bewirken einen Energiefluss und einen Materialabbau an den Grenzschichten, wodurch die Isolierschicht geschwächt wird.

Geologische Einflüsse

Große Anomalien im Erdfeld, hervorgerufen beispielsweise durch unterirdische Wasseradern, bewirken erhöhte Mauerpotenziale, die messtechnisch nachgewiesen werden können. In einigen Mauerteilen wirken sich diese Potenziale besonders störend auf die horizontale Isolierschicht aus. Es ist bekannt, dass derartige geologische Einflüsse auch zu Rissbildungen im Mauerwerk führen können.
In erdbebengefährdeten Gebieten sind nicht nur die Gebäude an sich einer erhöhten Gefahr ausgesetzt. Bereits leichtere mechanische Erschütterungen können die Isoliermaterialien beschädigen, während das betreffende Haus äußerlich intakt bleibt. Metallische Isolierbleche mit einer glatten Oberfläche wirken wie Gleitlager. Vibrationen führen zu einer Rutschgefahr, die zu Rissen im darüber befindlichen Mauerwerk führen können.

Beschleunigter Material-Alterungsprozess durch Radioaktivität

In den vergangenen Jahrzehnten hat die Radioaktivität in der Atmosphäre, vor allem nach den zighundert Atombombenversuchen auch noch Jahre danach (= Fallout in der Atmosphäre) zugenommen. Über die Niederschläge gelangen die radioaktiven Stoffe auch in die Fundamente und steigen mit der Kapillarfeuchte zu den horizontalen Isolierschichten auf. Radioaktive Strahlung hat die Eigenschaft, auf andere Atome eine starke ionisierende Wirkung auszuüben und dadurch die Kohäsionskräfte (innerer Zusammenhalt) in den Molekülen zu schwächen. Bei den Isoliermaterialien, die als horizontale Feuchtesperre fungieren, kann es über längere Zeit zu feinsten Haarrissen kommen, nachdem die radioaktive Strahlung den molekularen Zusammenhalt der Moleküle teilweise zerstört hat.
Auch wenn der letztere Faktor nicht kurzfristig wirkt – langfristig hilft er mit, den Zerstörungsprozess der Isolierschichten zu beschleunigen.

Zusammenfassung

Zusammenfassend kann man feststellen, dass die konventionellen Feuchtigkeitssperren einer Reihe von Gefahren gleichzeitig ausgesetzt sind. Die Wirkung dieser Einflüsse beschleunigt den Alterungs- und Zerstörungsprozess der Feuchtesperre. Die mit mechanischen und chemischen Verfahren verbundenen Risiken – vor allem wegen der teilweise massiven Eingriffe in die Bausubstanz – unterstreichen den zukünftigen Bedarf an mauerschonenden, kontaktlosen Entfeuchtungssystemen, wie sie in den nächsten Kapiteln behandelt werden.
Das innovative Aquapol-Verfahren beispielsweise geht nicht nur den dargestellten Gefahren aus dem Weg, sondern wirkt teilweise aktiv gegen deren Ursache, indem es etwa geologische Störfelder messbar dämpft. Das Wichtigste aber ist, dass es mit der Mauer selbst nicht verbunden ist und sich nur dem eigentlichen Problem der aufsteigenden Mauerfeuchte zuwendet.

Elektromagnetische Systeme

In Zeiten der drahtlosen Kommunikation, wo via Funk Abertausende von Informationen übertragen werden, liegt es doch nahe, das Problem Mauerfeuchte quasi mit „Funk“ zu bekämpfen. Noch dazu eignet sich das Medium Wasser sehr gut, es energetisch zu beeinflussen. Vor 20 Jahren schüttelte jeder den Kopf, wenn er bei uns am Messestand vorbeikam. Auch heute gibt es noch viele Leute, die es nicht „glauben“ können.

Wie soll denn ein Gerät ohne Chemie, Durchschneiden etc. Mauern austrocknen? Das klingt wie Hokuspokus!

Meine einzige Abhilfe war, diesen „neuartigen Effekt“ (der übrigens schon im vorigen Jahrhundert von dem Russen Reuss entdeckt wurde) den Interessenten zu demonstrieren. Ich ließ ein Versuchsmodell anfertigen, mit dem man einen Versuch aus der Physikstunde leicht veranschaulichen konnte. Wasser kann ohne direkten Kontakt, also drahtlos, in seiner Fließrichtung gelenkt werden.

Mohorns Demonstrationsstand für die Veranschaulichung der energetischen und kontaktlosen Wasserstrahlablenkung

Das Experiment für Sie zum Nachvollziehen

Man gehe zu einer Wasserleitung, drehe den Hahn leicht auf, so dass ein sehr dünner Strahl gleichförmig nach unten fließt. Nun nehme man ein glattes Plastiklineal oder ein Kunststoffrohr wie es der Elektriker benötigt, wenn er „Ober Putz“ elektrische Leitungen in diesem Rohr verlegen will. Ein Stoff mit synthetischen Fasern ist auch gleich zur Hand, oft reicht der eigene Pullover aus. Nun wird das Lineal mit dem Stoff sehr stark gerieben, sodann nähert man sich damit langsam dem dünnen Wasserstrahl und beobachte seine Reaktion in ein paar Zentimetern Abstand. Sie werden verblüfft sein, wenn Sie es korrekt machen! Der Wasserstrahl wird nahezu im rechten Winkel abgelenkt! (siehe Foto)

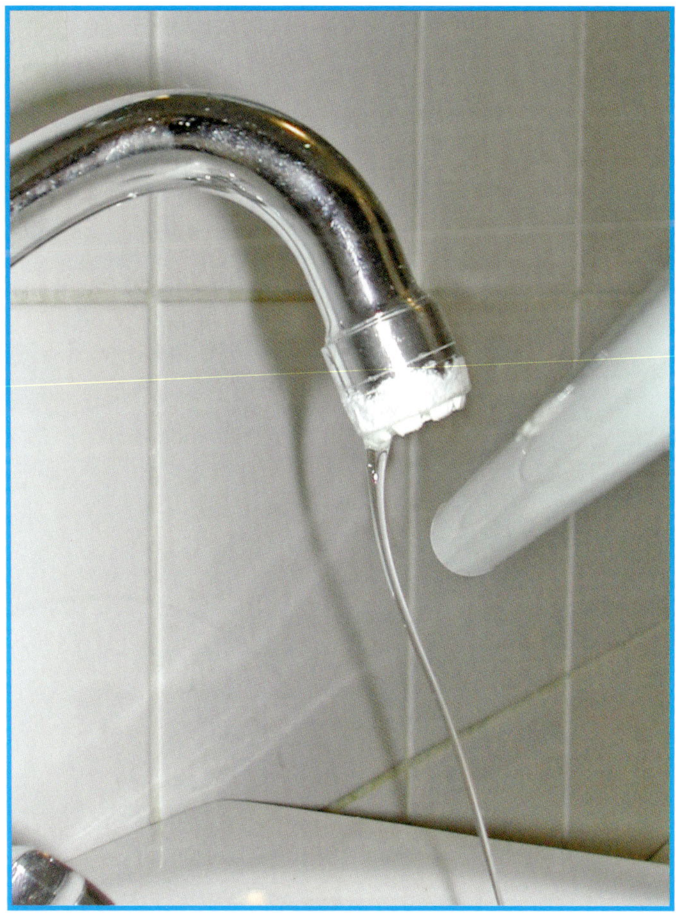

Energie kann kontaktlos Wasser ablenken.

Natürlich ist das kein elektromagnetisches Feld, das hier erzeugt wird, wie die Fachleute unter Ihnen wissen werden. Stimmt! Es ist natürlich ein elektrostatisches Phänomen, das wir auch von der Schule kennen, wo wir kleine Stückchen Löschblatt mit einem aufgeladenen Lineal angezogen haben.
Der Versuch soll nur veranschaulichen, dass man scheinbar drahtlos mit Energie Wasser ablenken kann.
Diese energetisch lenkbare oder beeinflussbare Eigenschaft des Wassers machen sich elektromagnetische Trockenlegungssender seit mehr als einem Jahrzehnt nutzbar. Es gibt etwa 7 verschiedene Mechanismen, wie man mittels elektromagnetischer Wellen ein Gebäude austrocknen kann und dann auch weiter damit trocken hält. Einer davon ist, dass die Anziehungskräfte zwischen Kapillarwasser und dem umgebenden Baustoff (= Adhäsionskräfte) durch bestimmte Frequenzen so gestört werden, dass die kapillare Feuchte nach unten absackt.

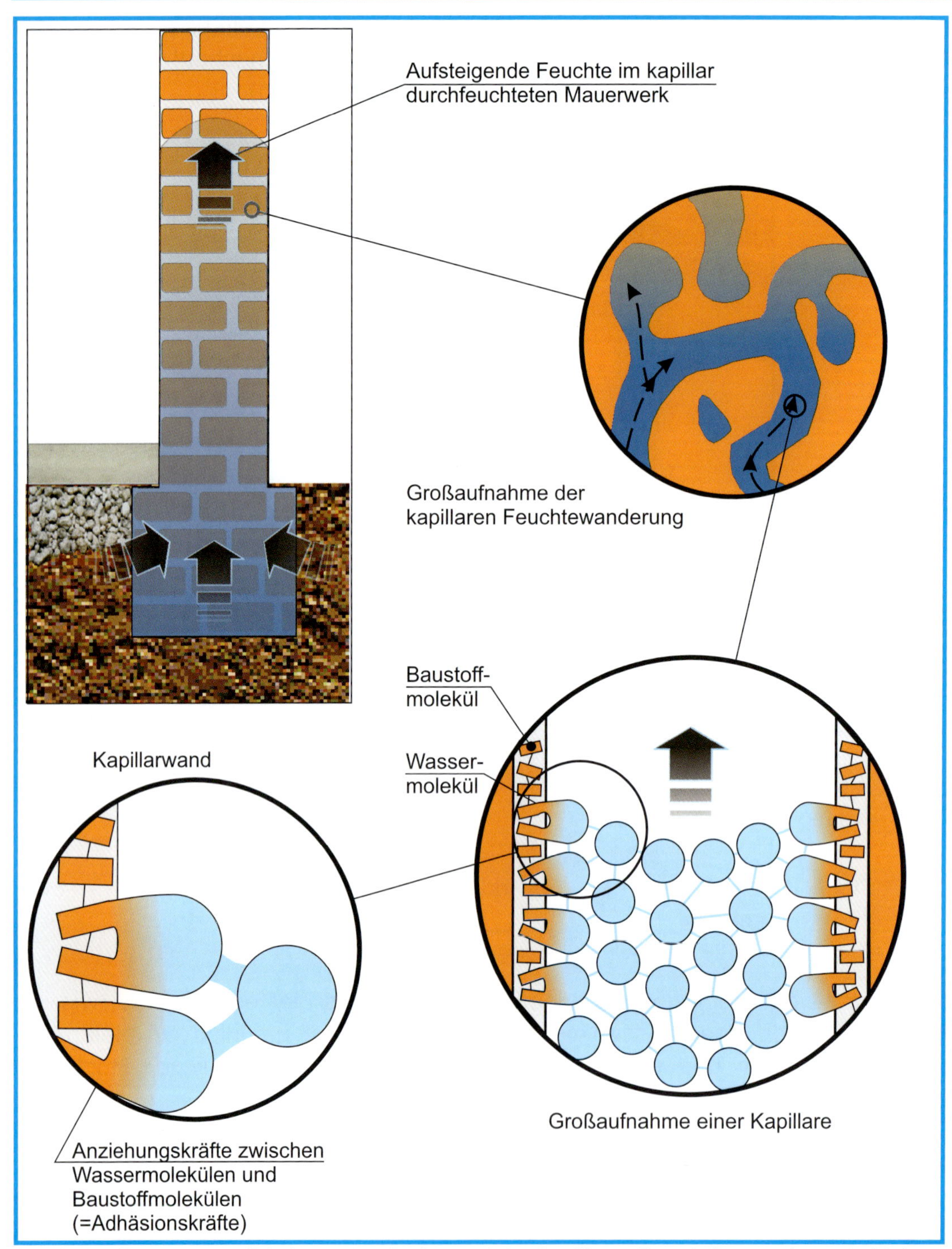

Durch den Benetzungseffekt kommt es in den meisten kapillaren Baustoffen zu einem Aufsteigen der Feuchte aus dem Erdreich, da zwischen den Baustoffmolekülen und Wassermolekülen Anziehungskräfte wirksam sind.

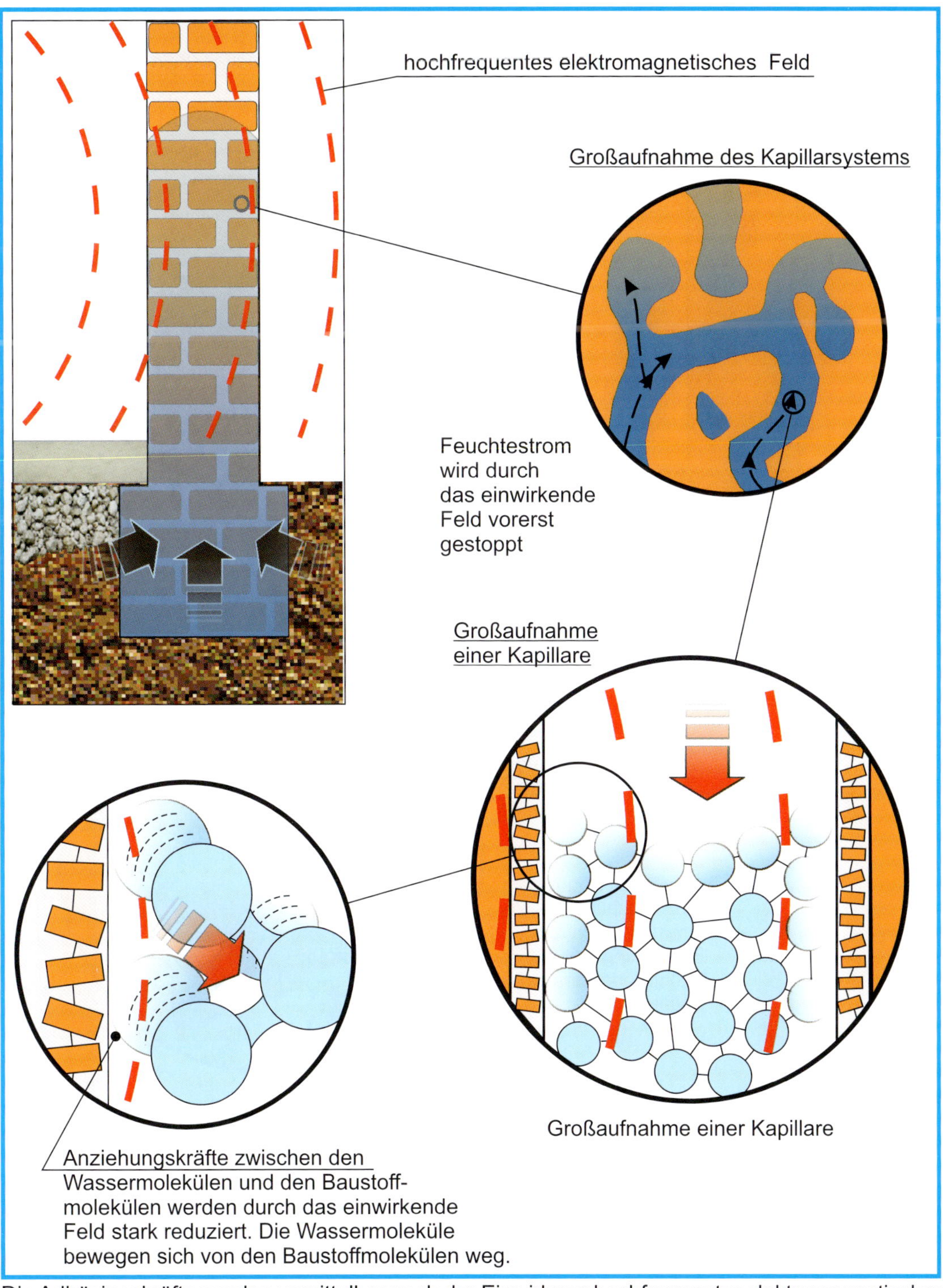

Die Adhäsionskräfte werden unmittelbar nach der Einwirkung hochfrequenter elektromagnetischer Felder reduziert bis aufgehoben, abhängig von der Frequenz und Stärke des Feldes. Die kapillare Feuchte beginnt nach unten zu wandern.

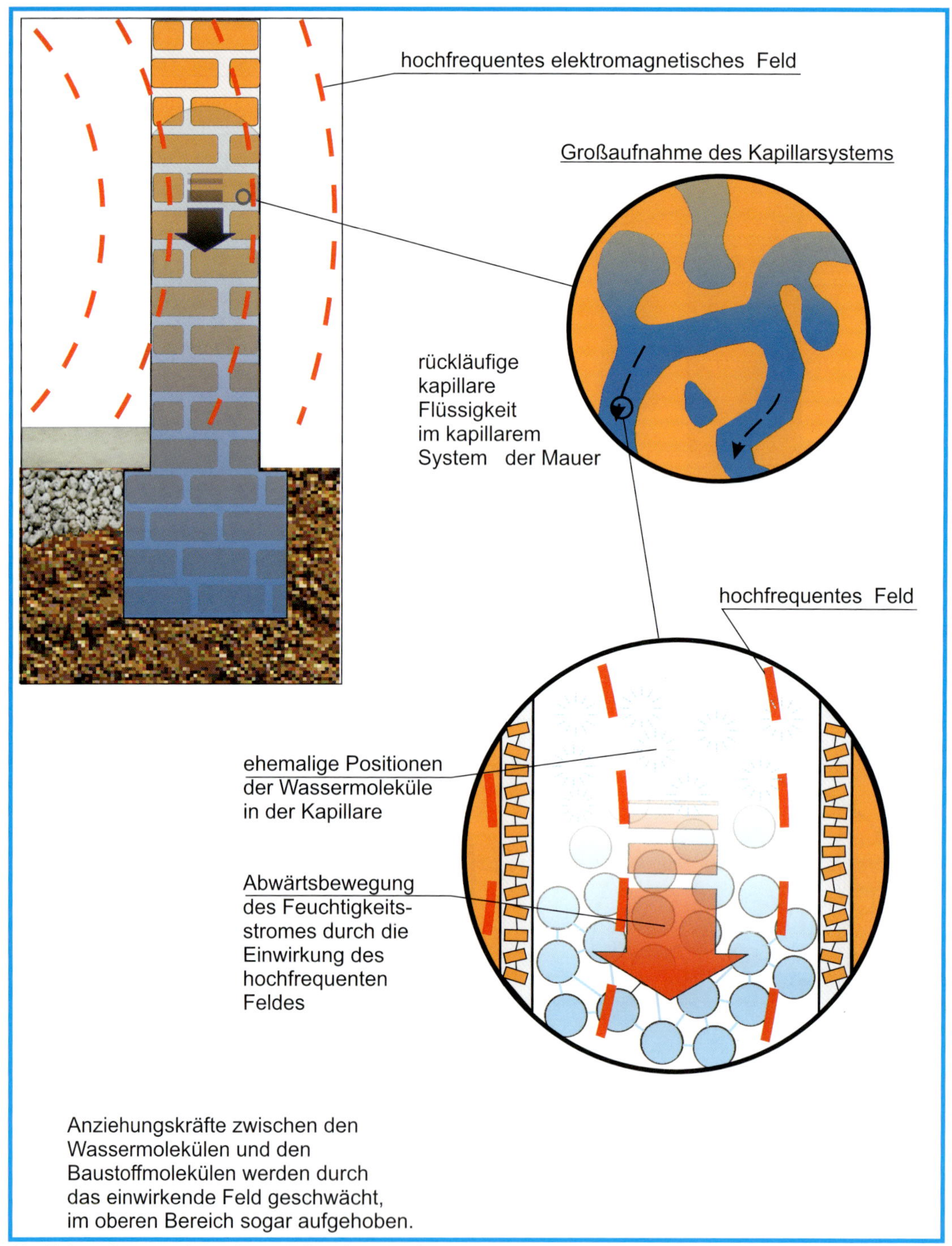

Als Folge der geschwächten Adhäsionskräfte durch bestimmte hochfrequente elektromagnetische Felder wandert der Feuchtestrom nach unten, womit die kapillare Steighöhe absinkt.

Wie bei allen Beurteilungen, ob ein System gut oder schlecht ist, sollte man auf mehrere Punkte achten, wofür eine Checkliste am Ende des 2. Kapitels zusammengestellt wurde. Damit kann man die wichtigsten Anforderungen an ein gutes Trockenlegungssystem selbst einigermaßen überprüfen, ohne ein Fachmann sein zu müssen.
Da ich die Branche seit fast 23 Jahren kenne, habe ich viele Firmen und Produkte kommen und gehen sehen. Auch Namensänderungen bei ein und demselben Produkt standen auf der Liste der Möglichkeiten. Einige wesentliche Kriterien sind sicher:
a) Langzeiterfahrung. Einem Unternehmen, das mehr als 10 Jahre mit ein und demselben Produkt durchgehend am Markt ist, kann man sicher nähertreten.
b) Erfolgsnachweis: sollte nur mit Mauerfeuchtemessungen vor, während und nach der Trockenlegung geführt werden. Der Service zeichnet ein gutes Unternehmen aus.
c) Messmethode. Die objektivste und am Gebäude durchführbare, ist die Darrmethode, die auch in manchen Normen verankert ist.
d) Rücknahmegarantie bei Nichtfunktion.
e) Dokumentationen von Kunden, sogenannte Fallbeispiele, mit trockengelegten Objekten.
f) Gesundheitsgefährdung. Es sollten wissenschaftliche Untersuchungen existieren, die eindeutig bestätigen, dass das System viel mehr Nutzen als Schaden für den Menschen bringt.

Einige Tipps

Man hört sehr oft von den Anbietern, „Mein Produkt A ist besser und weiter ausgereift als Produkt B".

Lösung:

Glauben Sie das von vorne herein nicht einfach, prüfen Sie es!

Die Checkliste am Ende des Kapitels wird Ihnen dabei behilflich sein.

Oder „Mein Produkt A ist viel billiger als B".
Das mag stimmen, jedoch einen Mercedes werden Sie nicht zum gleichen Preis bekommen wie einen Trabi. Und oft gilt „Wer billig kauft, kauft teuer".

Lösung:

Der Preis sollte nur ein Kriterium von vielen sein!

Die übrigen Kriterien können Sie der Checkliste entnehmen.

Wenn ein Anbieter über den Mitbewerb herzieht, dann können Sie mit Sicherheit davon ausgehen, dass er:
1) keine besseren sachlichen Argumente gegenüber dem Produkt des Mitbewerbers hat (somit ist sein Produkt minderwertiger);
2) Ihnen, sein Produkt betreffend, etwas verheimlicht, was Sie eigentlich als Konsument wissen sollten (z. B. Misserfolge am laufenden Band, ein Konkurs läuft bereits...).

Die Lösung:

Lassen Sie sich nicht in die Irre führen, verwenden Sie Ihren Hausverstand und prüfen Sie anhand der Checkliste!

Wenn Sie Ihren Baufachmann um Rat fragen, und als Antwort hören: „Diese Systeme sind umstritten, kann Sie nicht empfehlen“, so fragen Sie ihn: „Hast Du irgendein System selbst getestet oder eines irgendwo im Einsatz gesehen?“ Die Antwort lautet oft: „Nein, aber......“

Die Lösung:

Nehmen Sie die Sache selbst in die Hand und prüfen Sie das eine oder andere System anhand der Checkliste!

Diese einfachen Tipps werden Ihnen weiterhelfen.

Falsche Methoden zur Bekämpfung aufsteigender Feuchte

Die sicherlich verbreitetste Methode in Mitteleuropa ist die, den Altputz zu entfernen und einen neuen „Spezialputz Lungo de Luxe“ aufzubringen.
Warum? Wie soll denn ein Verputz das Aufsteigen der Feuchte verhindern?
Im 1. Kapitel können Sie nochmals die Bilder betrachten, auf denen man sieht, wie derartige „atmungsaktive Putze“ zum Sperrputz „mutierten“ und die Feuchte stieg noch höher auf.

Eine weitere sehr verbreitete Methode, die auch häufig von offiziellen Stellen empfohlen wird, ist neben den aus dem Erdreich herausragenden Mauern seitlich abzugraben und mit Kies oder Rollschotter aufzufüllen.

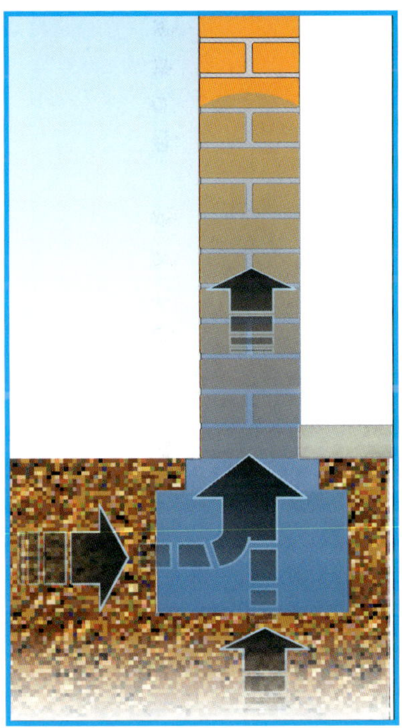
Aufsteigende Feuchte seitlich und von der Fundamentsohle.

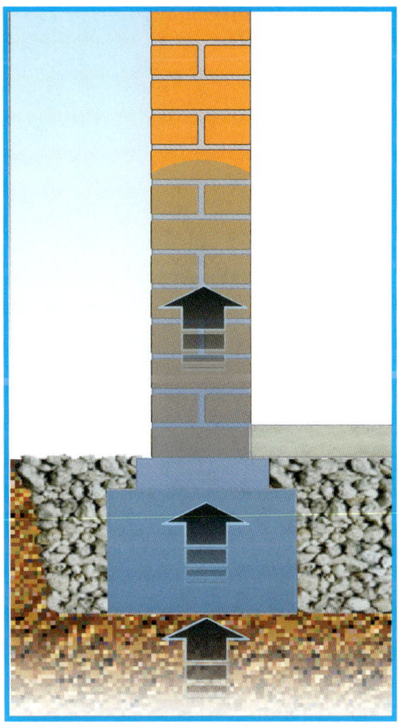
Aufsteigende Feuchte, nur mehr von der Fundamentsohle her, noch immer vorhanden, trotz seitlichem Graben.

Wie Sie schon auf den Grafiken sehen können, bringt das seitliche Abgraben nur sehr wenig. Vor allem löst es nicht das Aufsteigen der Feuchte vom Fundament her. Ich habe in meiner Berufspraxis viele derartige Gebäude vermessen, die trotz Abgraben vor einigen Jahren immer noch feucht waren.

Eine beliebte Methode ist auch das Ausheizen der Mauern. Die Idee wurde von irgendeinem „Schlaumeier" aus dem Neubau übernommen. Hierbei muss man natürlich die Baufeuchte 2–3 Jahre lang ausheizen, bis sie vollständig verschwunden ist. Bei einem Altbau, dessen horizontale Isolierung fehlt oder schadhaft ist, wirkt Ausheizen wie der Dochteffekt bei der Kerze.

Aufsteigende Feuchte wird von der Mauer wie ein Docht verstärkend nach oben gezogen und somit kommen Salze schneller vermehrt hoch, die den Verputz noch schneller zerstören. Auf dem umseitigen Foto erkennt man deutlich, dass in der Nähe des Heizkörpers die Verputzschäden eindeutig am stärksten sind.

Ausheizen der Mauer fördert aufsteigende Feuchte und deren Salztransport. Dies zerstört den Putz rascher.

Ein ähnlicher Effekt entsteht bei einem derartigen Mauerwerk, in das ständig Feuchte nachkommt bzw. ein Luftentfeuchter eingesetzt wird. Abgesehen von dem enormen Stromverbrauch, regelmäßigem Wasserkübelwechseln etc., verbessert sich zwar das Raumklima, jedoch verschlechtert sich der Mauerzustand. Zunehmend mehr Salze werden hochtransportiert und zerstören Verputz und die Bausubstanz immer schneller.

Vor 20–30 Jahren waren auch die sogenannten Mauerlungen oder „Knappschen Röhrchen" der große Verkaufsschlager in dieser Branche.

Hier wurden außen Löcher gebohrt und diese mit einem Kunststoffröhrchen versehen, damit „Feuchte aus der Mauer entweichen kann". Bei hoher Luftfeuchte außen passierte genau das Gegenteil. Das Mauerwerk wurde zusätzlich von außen befeuchtet.

Im Winter gab es häufig, bedingt durch das bereits geschwächte Mauerwerk, dahinter Kondensfeuchteschäden, weil dieser Mauerteil viel schneller abkühlte als der nichtangebohrte!

Die „Mauerlungen" – der größte Betrug in dieser Branche

„Hinterlüftete" Vorsatzschalen oder Sockel waren und sind teilweise noch immer ein „Standard-Feuchtekaschierungsprodukt" der Baufirmen „Husch und Pfusch AG". Dem Althausbesitzer wurde das Märchen erzählt, dass ein stetiger Luftstrom durch die Luftsiebe die Mauerfeuchte entfernt bzw. das Mauerwerk austrocknen kann oder andere zauberhafte Varianten. Der sogenannte „Kamineffekt" sollte hier zum Einsatz kommen.

Ein Test mit dem Feuerzeug bei den oberen Sieben ergab nie irgendwelche kaminartige Luftturbulenzen. Aus der Praxis weiß man, dass der Kamin viele Meter hoch sein muss, um einen leichten Zug, z. B. beim Ofen, zu spüren.

Im Fassadenbereich, bei vorgesetzten, hinterlüfteten Sockeln kühlte das Mauerwerk im Winter in diesem Bereich viel rascher aus, was Kondensfeuchte wiederum im Innenbereich förderte.

Sockel mit „Belüftungssieben"

Wand mit „Belüftungssieben"

Für die Freunde der Ästhetik gab es die Methode des Verfliesens der Sockel, wie das folgende Bild illustriert.

Fliesensockel gegen Mauerfeuchte wird zur absoluten Feuchtesperre – und schon steigt die Feuchte noch höher.

Die Liste der Fehlanwendungen und falschen Methoden könnte noch fortgesetzt werden, jedoch würde das den Rahmen hier einfach sprengen. Grundsätzlich wurde häufig eine nachträgliche horizontale Feuchtesperre nicht berücksichtigt. Sie ist dafür geeignet, den aufsteigenden Feuchtestrom zu stoppen oder umzukehren.

Was passiert bei jeder Austrocknung der Mauer?

Dieser Thematik muss etwas Aufmerksamkeit geschenkt werden. Immer wieder hörte ich in der Baupraxis etwa folgenden Satz: „Wir werden den Putz abschlagen, das Mauerwerk durchschneiden und in einigen Wochen ist die Mauer trocken und dann kann man wieder mit einem Sanierputz verputzen!“. Nicht selten empfahl dies auch ein Baufachmann.
Nun – abhängig vom Baustoff des Mauerwerks, kann bis zu 500–600 Liter Wasser pro m^3 Mauer enthalten sein. Bei einem Ziegelmauerwerk ist dies leicht möglich. Wie lange braucht es, wenn Sie 1 Liter Wasser ins Freie stellen, bis der Liter vollständig verdunstet ist?

Das kann Tage bis Wochen dauern, abhängig von Temperatur, Luftfeuchtigkeit, Sonneneinstrahlung etc.

Nach einigen Wochen kann die Oberfläche des Mauerwerks nach dem Putzentfernen trocken aussehen. **Dies ist jedoch nur die Oberfläche!**

Ein einfacher Test

Man kann dies leicht demonstrieren, indem man eine Bohrmaschine nimmt und 10–20 cm tief langsam drehend in die Wand bohrt (am besten in den unteren Bereich der Mauer) und das herauskommende Bohrmehl untersucht. Staubt es? Dann ist die Mauer sicher bis zu dieser Tiefe trocken. Macht es kleinere bis größere Bröckchen oder bleibt gar am Bohrer das nasse Bohrmehl haften und bildet sogenannte „Bohrwürstchen"?

In den zuletzt genannten Fällen ist das Mauerwerk sicher noch feucht. Genauere Aussagen bekommt man über eine exakte Mauerfeuchtemessung nach der DARR-Methode. In ca. 5–15 Minuten hat man einen exakten Feuchtegehalt.

Muss die Mauer trocken sein, bevor man putzsaniert?

Die bestehenden Normen sagen hier definitiv ja. Es hat einen bestimmten Grund, den ich anschließend mit Grafiken erläutern werde.
Was passiert genau bei der Austrocknung der Mauer?
Ist der Austrocknungsmechanismus bei allen Verfahren gleich?

Wo bleiben die in der Feuchtigkeit gelösten aggressiven Salze, die oft jahrzehntelang vom Erdboden ins Mauerwerk hochtransportiert wurden?
Wird bei jedem Verfahren das gelöste Salz mit herausgelöst?
Wo wandern die Salze eigentlich hin?

Wenn man das Mauerwerk horizontal mit einer Feuchtesperre versieht, wie bei den mechanischen, chemischen und wenigen elektrophysikalischen, als auch elektromagnetischen Verfahren, so muss die gesamte Mauerfeuchte über die beiden Wände **verdunsten**. Das heißt, Feuchte und die darin gelösten Salze wandern an die Wandoberfläche.

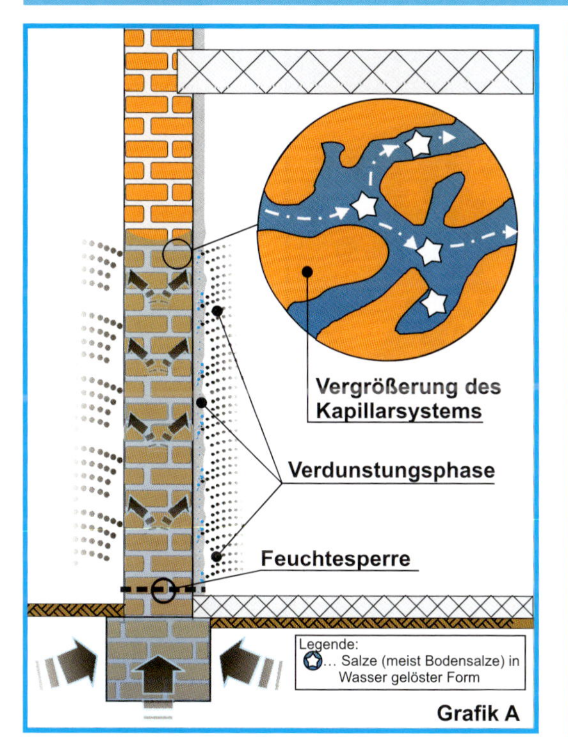

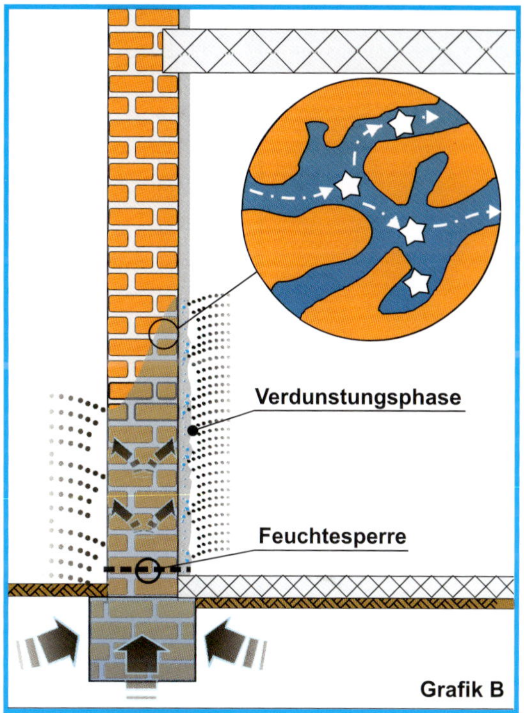

Wie Sie aus Grafik A erkennen, erfolgt die Entfeuchtung der Mauer ausschließlich über die Verdunstung der Feuchte an der Wandoberfläche. Diesen Vorgang nennt man auch Verdunstungsphase. Und dies kann Jahre dauern! Abhängig von Mauerstärke, Feuchtesteighöhe, Menge der Durchfeuchtung, Sonnen- und Windeinwirkung etc.

Wo der Putz abgeschlagen ist, geht es etwas schneller, aber es braucht auch seine Zeit. Das gesamte gelöste Salz wandert nun im Laufe der Verdunstungsphase in den alten Verputz hinein oder, wenn er abgeschlagen wurde, kristallisiert das Salz an der Oberfläche der Wand aus und muss dann auf alle Fälle gründlich entfernt werden, wenn der neue Putz nicht wieder dadurch geschädigt werden soll.

Der alte Putz wird durch den Verdunstungsvorgang salzhaltiger und somit hygroskopischer, das heißt, er zieht Feuchte noch leichter an, z.B. auch aus der Luft und kann dadurch noch hässlicher aussehen (siehe nachfolgende Grafik).

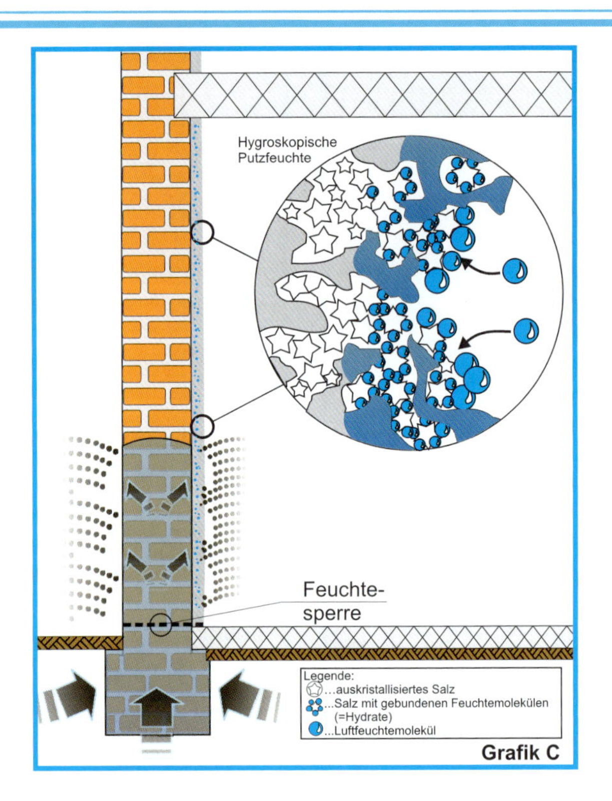

Grafik C

Wenn nun feuchtesperrende Flächen angebracht sind, kann natürlich keine Feuchte nach außen verdunsten, wie es oben in der Grafik C dargestellt ist. Ein Betonsockel außen und Fliesen auf der Innenseite sind nahezu wasserdicht. Sie verhindern auf alle Fälle die Verdunstungsphase, wodurch der Feuchtespiegel im Mauerwerk lange so bleiben wird, auch wenn von unten keine Feuchte mehr nachkommt. Natürlich wird auch so ein Mauerwerk vielleicht in 10–15 Jahren extrem langsam austrocknen können, da nach oben eine leichte Verdunstung stattfinden kann – aber es dauert. Wenn das Sperrflächenmaterial außerdem noch einen viel höheren pH-Wert hat als die Mauer, dann wird die Mauer trotz horizontaler Sperre nie trocken. Warum, lesen Sie im übernächsten Abschnitt zum Thema „Chemische Risikofaktoren".

Konsequenz: Sperrflächen müssen in der Regel entfernt werden, wenn eine trockene Mauer wirklich gewünscht wird. Fragen, die weiter zu stellen sind:

Gibt es andere Austrocknungsmechanismen?
Sind andere Verfahren schneller in der Austrocknung der Mauer?
Gibt es andere Wege, wobei nicht das gesamte gelöste Salz an die Wandoberfläche wandert und nicht den gesamten Putz großflächig zerstört?

Ja, ich kann Sie damit überraschen. Bei den meisten elektrophysikalischen Verfahren, auch bei manchen elektromagnetischen Verfahren, aber sicher beim magnetophysikalischen Aquapol-Verfahren ist das der Fall. Aus Platzgründen und Gründen der Technologie werde ich vorwiegend den magnetophysikalischen Austrocknungsprozess näher beleuchten. In Kürze gesagt, bloß ein Gerät übernimmt die Arbeit der Mauerentfeuchtung. Es wird an der Zimmerdecke montiert und legt maximal 500 m² verbaute Grundfläche trocken, ohne die Mauern zu berühren etc.

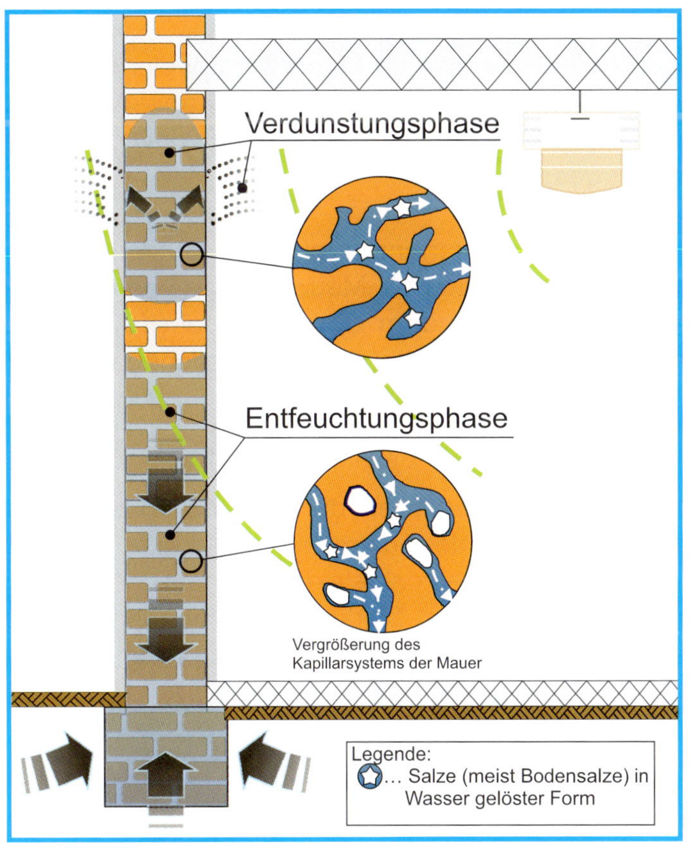

Die zwei unterschiedlichen Phasen der Austrocknung

Der Austrocknungsprozess bei dem magnetophysikalischen Aquapol-Verfahren läuft in zwei verschiedenen Phasen ab. Im oberen Bereich der Mauer – etwa 1/4 bis 1/3 der gesamten Feuchtesäule – verdunstet die Mauerfeuchte wie bei den anderen konventionellen Verfahren. Das ist die eigentliche Verdunstungsphase. Die Feuchte wandert mit den darin gelösten Salzen in die Verputzzone, wodurch der Putz sich nun hygroskopischer verhält und mehr Feuchte aufnimmt.

Der weitaus größere Anteil der Mauerfeuchte – etwa 2/3 bis 3/4 – wandert im Kapillarsystem der Mauer wieder zurück in das Erdreich, von wo er auch gekommen ist. Das ist die sogenannte Entfeuchtungsphase. Die darin gelösten Salze wandern auch mit hinunter und belasten somit nicht die unteren Putzschichten, die möglicherweise noch in einem guten Zustand sind. (In der Verdunstungszone im oberen Bereich sind die Putzschäden bekanntlich am stärksten!)

Die Verdunstungsphase dauert in der Regel zwischen 3–12 Monate abhängig vom Feuchtegehalt, Mauerstärke, Feuchtesteighöhe, mit oder ohne Putz, etc.
Die Entfeuchtungsphase kann 6–36 Monate dauern, wiederum von obigen Faktoren abhängig.

Durch die energetischen Prozesse im Mauerwerk, welche durch die Wellen des Aquapol-Aggregats (mehr darüber im nächsten Kapitel) ausgesendet werden, läuft der Austrocknungsprozess viel schneller ab als bei den konventionellen Verfahren, wodurch Zeit gespart wird.

Bei den elektrophysikalischen Verfahren, die mit Mauerelektroden arbeiten, läuft der Austrocknungsprozess ähnlich ab. Mauerfeuchte und darin enthaltene positiv geladene Teilchen (= Ionen) wandern zum Minuspol (Kathode) in die Nähe des Erdreiches, der Rest, vor allem positiv geladene Teilchen wie Salzionen, wandert zum positiven Pol (Anode). Das bedeutet, dass die Salzkonzentration an der Elektrode im Mauerwerk extrem zunimmt und im Regelfall die Elektrode zerstört.

Bei den elektromagnetischen Verfahren, die mit Netzstrom gespeist werden, kann es in einer oder in zwei Phasen der Austrocknung ablaufen, abhängig von der Frequenz und anderen Eigenschaften des elektromagnetischen Feldes der Entfeuchtungssender. Die meisten auf dem Markt befindlichen Geräte arbeiten auch mit zwei Entfeuchtungsphasen und sind daher auch schneller als die konventionellen Verfahren.

Elektrophysikalische Störfaktoren

Was sind Störfaktoren?

Störfaktoren sind Einflüsse verschiedenster Art, die einen Entfeuchtungsprozess stören, oder ihn sogar verhindern können. Dies gilt grundsätzlich für nahezu jedes Verfahren der Mauertrockenlegung.

In der nachfolgenden Grafik sind 5 verschiedene Beispiele für physikalische bzw. elektrophysikalische Störfaktoren dargestellt.

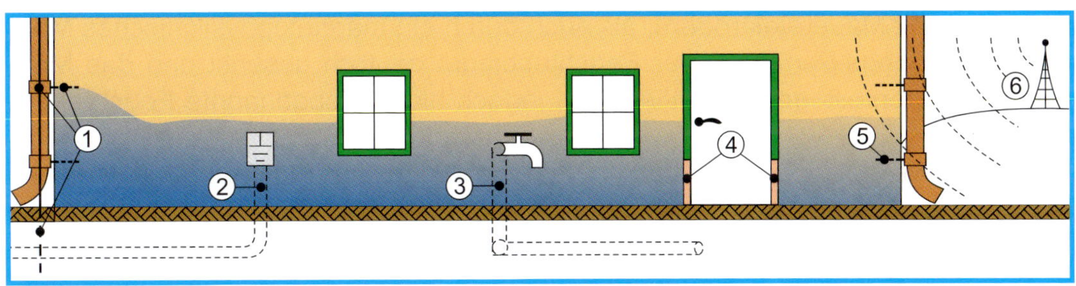

Verschiedene physikalische oder elektrophysikalische Störfaktoren

In der rauen Baupraxis kommen immer wieder diese Fehler vor: Die Dachabflussverankerung führt unisoliert ins Mauerwerk, wobei das Rohr mit einem Blitzableiter verbunden ist, und in die Erde (1). Dies nennt man Erdschluss und der verursacht in diesem Falle Feuchteanstiege im Mauerwerk.

Unisolierte metallische Leitungen, wie z. B. das Erdungsband (2) oder die Wasserleitung (3), die beide ins Erdreich gehen (= Erdschluss) und ins Mauerwerk nur eingeputzt wurden, ohne es zu isolieren, werden bei jeder Trockenlegung Probleme verursachen (siehe nächste Grafik).

Rostende Eisentürzargen (4) erzeugen ein elektrochemisches Spannungspotenzial aufgrund der Korrosion und des feuchten Mauerwerks. Auch hier bleiben sogenannte Feuchtekeile zurück (nächste Grafik), wenn hier nicht geschickt saniert und auf diesen Störfaktor Rücksicht genommen wird.

Ein metallisches, zur Mauer nicht elektrisch abisoliertes Regenrohr (5) wirkt für den umweltbedingten Elektrosmog, der von Sendern (6) verursacht wird, wie eine Antenne. Der empfangene E-Smog verstärkt in der Regel den Auftrieb der Mauerfeuchte, da er die physikalischen Eigenschaften des Wassers verändert.

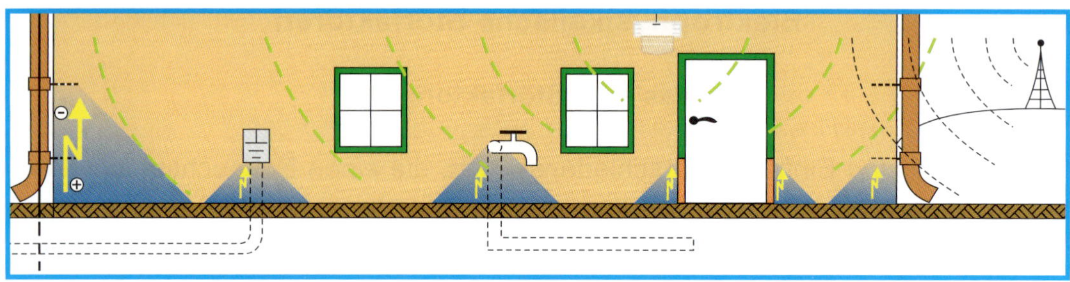
Zurückbleibende Feuchtekeile bedingt durch die physikalischen Störfaktoren

Wie in obiger Grafik sichtbar, kann durch ein elektromagnetisches, elektrophysikalisches (mit Mauerelektroden), als auch durch ein magnetophysikalisches Mauertrockenlegungs-Verfahren der Feuchtespiegel deutlich gesenkt und das Mauerwerk größtenteils getrocknet werden, jedoch bleiben sogenannte Feuchtekeile zurück.
Ein Mauerwerksdiagnostiker kann immer eine elektrische Störspannung in diesen Bereichen zwischen dem Metall und dem angrenzenden Mauerwerk messen, die für den Feuchtekeil verantwortlich ist. Metallische Leitungen müssen elektrisch gegen das Mauerwerk isoliert werden, wie Sie anhand des Beispiels des eingeputzten Erdungsbandes aus der nächsten Grafik genau ersehen können.

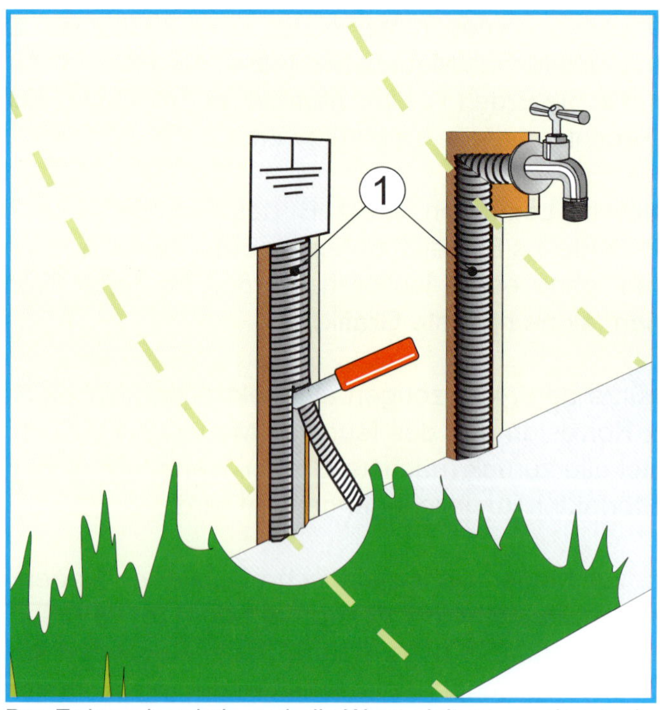

Das Erdungsband als auch die Wasserleitung werden nachträglich mit einem Kunststoffschlauch ① gegen die Mauer isoliert.

Wenn anschließend alle Störfaktoren fachmännisch beseitigt sind, kann das Mauerwerk weiterhin durch das Verfahren austrocknen. Auf diese Störfaktoren muss auch bei den anderen Verfahren Rücksicht genommen werden, da sonst stellenweise die Mauer aus „unerklärlichen Gründen“ feucht bleibt und beim neuaufgebrachten Verputz wieder lokal einen Schaden verursacht.

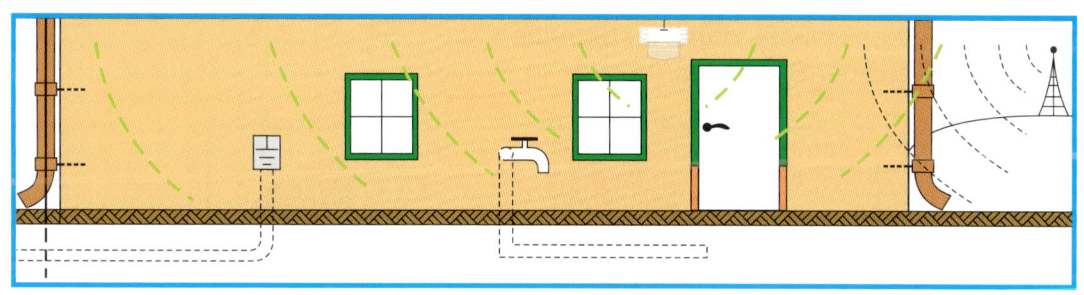

Vollkommen trockene Mauern durch die Beseitigung der physikalischen Störfaktoren

Es gibt natürlich noch andere physikalische Störfaktoren wie Beheizung, Belüftung der Räume etc. die z. B. dazu führen, dass über den Winter im Mauerwerk Feuchte entsteht und dann bildet sich oberflächig Schimmel. Dies wurde im Kapitel 1 schon sehr ausführlich behandelt unter: „Ein Dutzend weiterer Ursachen für Mauerfeuchte“.

Chemische Störfaktoren

Welche sind es?

In einer vorigen Grafik wurde ein chemischer Störfaktor schon dargestellt. Unterschiedliche pH-Werte zwischen den einzelnen Baustoffen führen zu einem regelrechten Minikraftwerk im Mauerwerk. Leider reicht der Strom nicht aus, um die Beleuchtung des Hauses damit zu betreiben.

Ein Beispiel aus der Baupraxis:

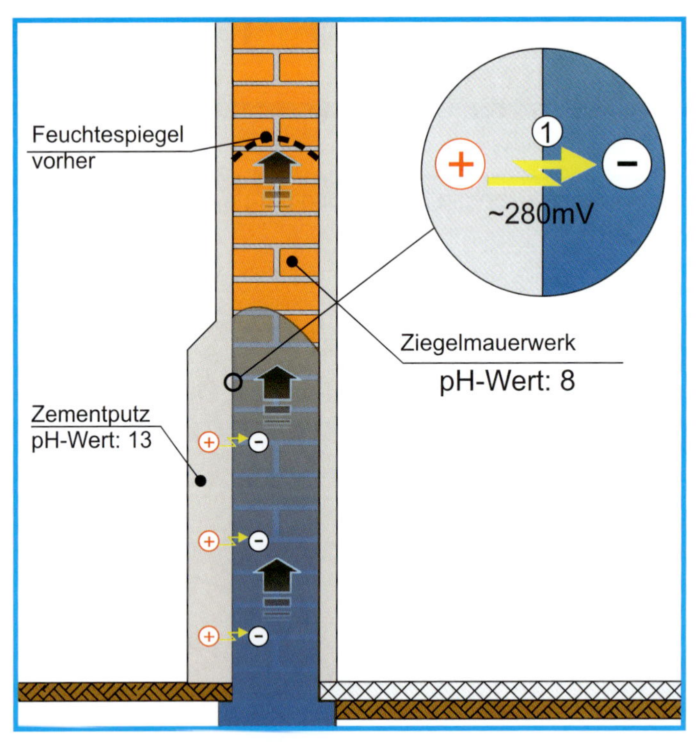

Ein „Minikraftwerk" verhindert die vollständige Austrocknung.

Ziegelmauerwerk hat in der Regel einen pH-Wert von etwa 8 Punkten, also ist leicht alkalisch (pH = 7 wäre neutral – etwa Wasser). Ein Zementputz bewegt sich etwa um einen pH-Wert von 13. Der Unterschied von 5 pH-Wertpunkten ergibt ungefähr eine messbare elektrische Spannung von ungefähr 280 mV. Das bezeichnet man auch als elektrochemisches Potenzial zwischen diesen beiden Stoffen.

Nebenbei bemerkt: Wenn unterschiedliche Salzkonzentrationen im Putz und im angrenzenden Mauerwerk vorhanden sind, gibt das einen weiteren chemischen Störfaktor, den es zu beachten gibt.

Es gibt dabei einen Pluspol (Zementputz) und einen Minuspol (Ziegelmauer). Dieser sogenannte Batterieeffekt hält nun die Feuchte aufrecht. Seitdem die Zementindustrie ihren Siegeszug durch Europa angetreten hat, bei dem viele Kalkwerke aufgekauft und stillgelegt wurden, hat man viele Altgebäude zu Tode putzzementiert. Und da helfen auch keine Schlagworte wie „Sanierputz", „Offenporige Entfeuchtungsputze auf Zementbasis", „Chemische Porenbildner für Zementputze", etc. Auf den pH-Wert des Putzes kommt es an. Das wurde bei der Sanierung derartiger alter Gebäude komplett von der Industrie verschwiegen. Der alte Kalk-Sandputz hat in der Geschichte schon seine Berechtigung gehabt. Bei dieser Putztechnologie hat es diese Probleme nicht gegeben, denn ich führte viele Messungen bei derartigen Mauerwerken durch und konnte mich von den viel geringeren gemessenen elektrischen Spannungen zwischen Kalkputz und Mauer überzeugen. In diesen Fällen waren die Putze kein Störfaktor für die vollständige Austrocknung.

Ich hörte es oft im Volksmund sagen: „Der Zement zieht Feuchte", wenn sich ein Häuslbauer darüber geärgert hat, den vor Jahren aufgebrachten Zementputz wieder zu entfernen, da der Zustand der Feuchte schlechter wurde.
Was tun, wenn trotzdem ein wasserabweisender Zementsockel erwünscht ist?
Wie kann man der Falle des „pH-Wertunterschiedes" entgehen?
Mehr dazu im nächsten Kapitel „Die Aquapol-Technologie".

System-Checkliste

Auf den nachfolgenden Seiten finden Sie eine System-Checkliste. Mit ihr können Sie relativ leicht nach den verschiedensten Kriterien Systeme gegenüberstellen, wenn Sie zwischen ein oder mehreren Systemen schwanken und sich darüber im Zweifel sind.
Ein System nur nach den Gesichtspunkt „Bestbieter" zu wählen, kann ins Auge gehen. Schließlich geht es meist um Ihr Haus, Ihr Wohnklima, Ihre Nerven und vor allem um Ihre Gesundheit bzw. die Ihrer Mitbewohner. Eine Trockenlegung kauft man nicht alle paar Jahre wie ein Auto.

Wie gehen Sie mit der Checkliste vor?

Sie haben nun Unterlagen von der Firma A, B und C.
Sie tragen im Kasten „System bzw. Firma" in die offenen 4 Spalten unter A, B und C Ihre Firmen bzw. Systeme ein.
Nun gehen Sie jeden einzelnen Abschnitt Punkt für Punkt durch und bewerten das System bzw. die Firma mit Punkten. Sie geben 3 Punkte, wenn es völlig zutrifft, einen Punkt, wenn es teilweise zutrifft, 0 Punkte, wenn es überhaupt nicht zutrifft.

Den ersten Abschnitt A: Trocken gelegte Gebäude, Nachweise, Langzeit-Nachweise sollten Sie besonders genau bewerten, da dies die wichtigste Aufgabe eines Systems ist, nämlich dass es funktioniert. Daher multiplizieren Sie Ihren ermittelten Wert (0,1,3) mal 3 und tragen diese Ziffer ein.

So gehen Sie Abschnitt für Abschnitt durch. Bewerten Sie die Systeme anhand der Unterlagen, einiger Telefonate und zusätzlicher Daten, die Sie hartnäckig bei der Firma anfordern, sollten sie noch fehlen.
Auf diese Weise können Sie innerhalb 2–3 Wochen mit einigen Stunden Zeitaufwand eine für Sie befriedigende Lösung ausarbeiten, ohne dass Ihnen ein Verkäufer im Nacken sitzt.
Auch wenn Sie nicht alle Punkte überprüfen wollen oder können, ist es noch immer besser, anhand von mehreren Kriterien zu entscheiden, als nur vom „Bestbieter".

Zählen Sie dann die Punkte für die jeweilige Spalte (= System, Firma) zusammen. Derjenige, der die meisten Punkte hat, sollte den Zuschlag bekommen.
Sie ersparen sich auf diese Weise eine Menge Ärger, Geld und in der Zukunft auch Schmutz durch eine „erneute Trockenlegung".

Gutes Gelingen!

SYSTEM-CHECKLISTE

ZWECK

Der Zweck dieser Checkliste ist es, durch Gegenüberstellung der verschiedenen Mauertrockenlegungssysteme und persönliche Bewertung einiger Kriterien eine Systementscheidung für Sie herbeizuführen.

BEWERTUNGSSCHEMA

Bewerten Sie die verschiedenen Kriterien (unterteilt in die Abschnitte A bis G) mit Punkten:

3 Punkte:	völlig zutreffend
1 Punkt:	trifft teilweise zu
0 Punkte:	trifft nicht zu

Schreiben Sie die Punkteanzahl in die jeweilige Spalte der entsprechenden Firma bzw. des entsprechenden Systems. Beim Abschnitt A sollten Sie die Punkteanzahl immer mit 3 multiplizieren. Hier wird die **Funktionstauglichkeit** des Systems und der **Nachweis der Tauglichkeit** abgefragt!

Denn darauf kommt es Ihnen an:

Die Trockenlegung soll sicher und lange funktionieren!

	SYSTEM bzw. FIRMA	A:	B:	C:	D: ....
ABSCHNITT A: TROCKENGELEGTE GEBÄUDE, NACHWEISE, LANGZEITNACHWEISE					
A1.	Die Firma kann eine Reihe von Dokumentationen, sogenannte Fallbeispiele, mit trockengelegten Objekten vorweisen - trockengelegte Objekte, nicht installierte Systeme!				
A2.	Für den Nachweis der Trockenlegung wurden die Objekte vor der Systeminstallation und auch nach der Trockenlegung mit der wissenschaftlich anerkannten DARR-Methode lt. ÖNORM B 3355 und im Beisein des Kunden vor Ort vermessen. Der Feuchtegehalt wird an mehreren Messstellen überprüft und protokolliert. Nicht anerkannt werden elektrische Messmethoden und die Karbid-Methode (siehe ÖNORM).				
A3.	Die Firma kann ein Langzeitprojekt vorweisen, wo eine neutrale Prüfanstalt zumindest punktuell kontrollierte.				
A4.	Über anerkannte Messmethoden auf der Baustelle können Sie sich auch bei öffentlichen Instituten erkundigen, wie z.B. Bauinstitute, Versuchsanstalten, Fachhochschulen, Techn. Universitäten, etc.				

ABSCHNITT B: FIRMA - SERVICE - INTERNATIONALE ERFOLGE

B1.	Die Firma hat in der Vergangenheit weder Konkurs noch Ausgleich angemeldet - auch nicht unter einem anderen Namen. Information z.B. beim Kreditschutzverband.				
B2.	Die Kunden der Firma sind mit dem **Service** zufrieden. Umfragen lesen, bei Bedarf Kontrollanrufe.				
B3.	Das Produkt wird wegen seiner guten Funktionstauglichkeit und Qualität auch im Ausland vertrieben. Lassen Sie sich Unterlagen zeigen. Besuchen Sie die Homepage!				
B4.	Die Firma erstellt bei der Montage eine begleitende Maßnahmencheckliste um alle nur möglichen Störfaktoren bei der Austrocknung zu erfassen.				
B5.	Auch für den Sanierungsschritt bietet die Firma genügend Infomaterialien (auch Film).				

ABSCHNITT C: PREIS - LEISTUNG - GARANTIE

C1.	Die Kosten für die gesamte Gebäudeentfeuchtung (ohne Verputzsanierung!) und dem gesamten Leistungsverzeichnis (Service) sind im Vergleich zu den Kosten anderer Systeme sehr gering.				
C2.	Das System besitzt die kundenfreundlichste und transparenteste Garantie.				

ABSCHNITT D: TECHNIK - PATENT - MARKENSCHUTZ

D1.	Die Vorteile überwiegen gegenüber anderer Systeme. Listen Sie die Vorteile der einzelnen Systeme und stellen Sie sie gegenüber.				
D2.	Es gibt zu diesem System ein Europapatent, nicht nur eine Anmeldung zum Patent. Lassen Sie sich die Patenturkunde zeigen. Akzeptieren Sie nicht den häufig verwendeten Verkaufstrick des "verbesserten System", ohne nach dem Patent zu verlangen.				
D3.	Das Produkt genießt - auch wegen seiner Auslandstätigkeit - einen internationalen Markenschutz. Urkunde zeigen lassen.				

ABSCHNITT E: GUTACHTEN UND BIOLOGISCHE WIRKUNG

E1.	Die Firma hat mindestens Prüfberichte von einer Prüfanstalt. Gutachten von einem beeideten Ziviltechniker, bzw. Bausachverständigen.				
E2.	Die Firma besitzt ein Gutachten von einem Institut oder TÜV-Prüfzeugnis, welches die biologische Unschädlichkeit des Systems bestätigt - Einsicht nehmen.				
E3.	Die Firma besitzt sonstige Unterlagen über die biologischen Auswirkungen des Systems auf Menschen, z.B. wissenschaftliche Studien.				

ABSCHNITT F: INFORMATION UND AUFKLÄRUNG

F1.	Die Firma bzw. die Mitarbeiter versorgen Sie mit genügend mündlichen und schriftlichen Informationen bzw. informellen Videos.				
F2.	Die Information war verständlich und aufklärend.				
F3.	Die Firma unterscheidet genau zwischen Mauertrockenlegung, begleitenden Maßnahmen und Verputzsanierung (wichtig!).				
F4.	Die Firma bzw. deren Fachberater äußern sich nicht negativ über den Mitbewerb.				

ABSCHNITT G: SONSTIGES

GESAMTPUNKTEZAHL DER EINZELNEN SYSTEME:				

3. Die Aquapol-Technologie

Anwendungsgebiete von Aquapol

Jedes System hat seine Grenzen und Wunder gibt es bekanntlich keine.
Oder doch?
Das Aquapol-System hat in vielleicht 1/3 der Fälle dem Kunden soviel gebracht, dass er bis auf kleine Malereiausbesserungen sonst nichts zu tun hatte. Beim größeren Teil jedoch war zusätzlich etwas zu tun, um den Wünschen der Kunden gerecht zu werden. Der eine war schon froh, als der Modergeruch nach wenigen Wochen komplett verschwand, der andere war bereits zufrieden, als die relativ neue Wandoberfläche nach Monaten sicht- und fühlbar trocken wurde. Der Nächste hatte seit Jahren keine Schlafstörungen mehr, was ihm wichtiger war als der Mauerfeuchtezustand. Letzteres kam einem kleinen Wunder gleich, da er damit eigentlich nicht gerechnet hatte. Meinen Sie nicht auch?

In der nachfolgenden Darstellung sehen Sie auf einen Blick, inwieweit das Aquapol-Aggregat bei den verschiedenen Feuchteursachen helfen kann.

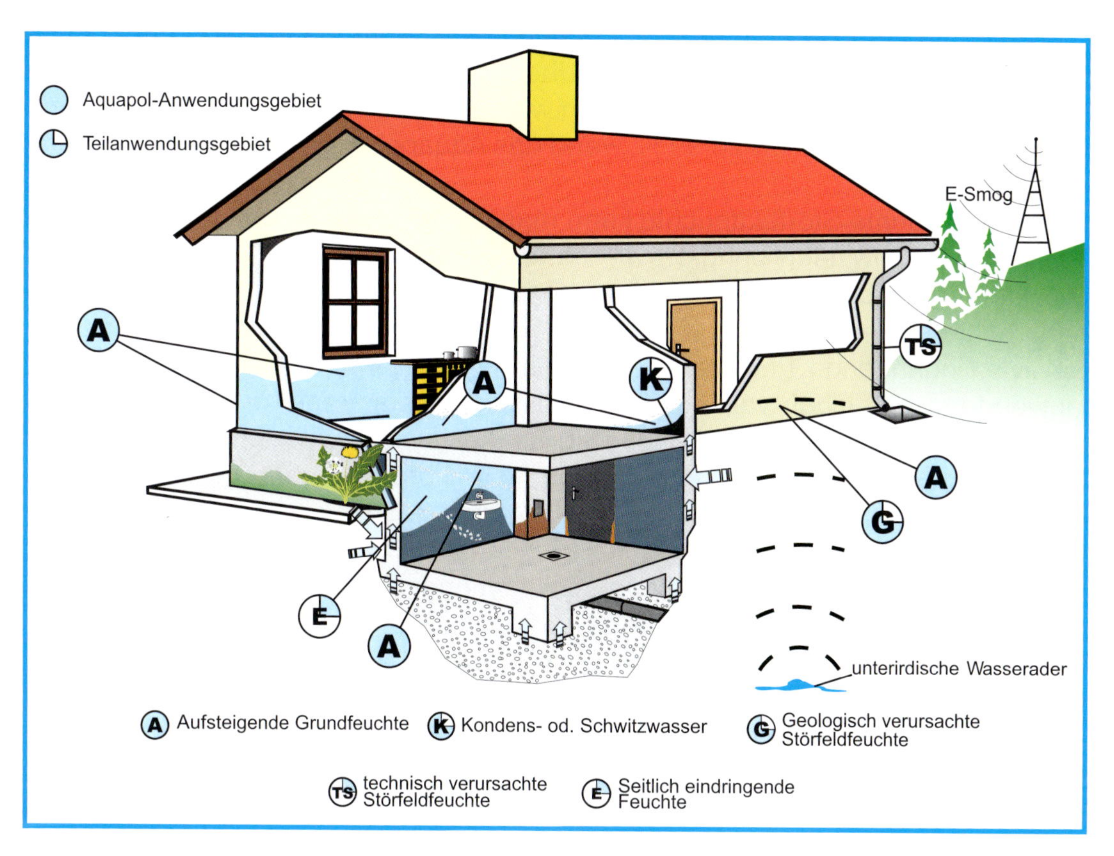

Das Hauptanwendungsgebiet von Aquapol ist aufsteigende Feuchte, wie Sie es in der Grafik mit „A" ablesen können. Aufsteigende Feuchte ist eine typische Alterserscheinung bei einem Altbau im Erdgeschoss. Über die Wirkmechanismen der aufsteigenden Feuchte und deren Symptome wurde im 1. Kapitel ausführlich berichtet.

Wenn das Mauerwerk nun trocken ist, besitzt es eine verbesserte Wärmedämmung. In diesem Fall kann auch Kondensationsfeuchte „K" ganz oder teilweise beseitigt werden. Teilweise nur deshalb, weil neben einer feuchten Mauer noch andere Faktoren eine Rolle spielen können, wie z.B. richtige Belüftung, Beheizung des Raumes usw. Das erste Kapitel beschreibt den Bereich Kondensation sehr ausführlich.

Gemeinsam mit unseren Kunden haben wir oft beobachtet, dass der normalerweise schwarze Schimmel nach dem Einsatz des Aquapol-Aggregates nach mehreren Monaten grau wurde und somit weniger aktiv wurde.

Geologische Störfelder „G", die durch unterirdische Wasseradern verursacht werden, gehören zum zweiten großen Anwendungsbereich von Aquapol. Diese Störfelder verursachen oft enorme Feuchteanstiege im Mauerwerk, ganz abgesehen von den unangenehmen gesundheitlichen Folgen für die Bewohner des Gebäudes. Soweit nachweisbar, können wir diese geologischen Störfelder enorm reduzieren, manchmal bis zu 99 %, wenn das Aquapol-Aggregat nur einige Meter entfernt ist.
Diese sogenannte Störfeldfeuchte kann man durch Aquapol zum überwiegenden Teil zum Verschwinden bringen, wie es die jahrzehntelange Praxis zeigt. Auch das ist ein kleines Wunder, da es die Schulphysik bis heute nicht physikalisch erklären kann.
Seitlich eindringende Feuchte „E" im Kellerbereich gehört eindeutig zu den Teilanwendungsbereichen von Aquapol. Hier sind in der Regel die Kräfte der von außen eindringenden Feuchte häufig viel stärker, als sie Aquapol dagegen setzen kann. Es gelingt manchmal unter bestimmten Umständen, die Wandoberfläche sicht- und spürbar zum Austrocknen zu bringen, jedoch ist das kein 100% iger Standard. Faktoren wie Mauerstärke, Aufbau des umgebenden Bodens um das Gebäude, Hanglage, Ebene, Niederschlagsmengen etc. spielen natürlich eine große Rolle!

Grundsätzlich kann gesagt werden: Je dicker die Außenwände, desto größer ist die Chance, die Wandoberfläche trocken zu bekommen. Warum? Das Aquapol-Gerätefeld bewirkt eine Bewegung der Feuchte in den Mauerkapillaren nach unten, was bedeutet, dass der seitlich langsam eindringende Feuchtestrom am Aufsteigen behindert wird und teilweise nach unten abgelenkt wird, je mehr es zu der Innenwand geht. Das beste Beispiel dafür ist die Vinothek Stift Klosterneuburg, welches im Kapitel „Erfolge und Vorteile der Aquapol-Technologie“ näher beschrieben wird.

Technisch verursachte Störfelder „TS“, die sich auf das feuchte Mauerwerk häufig negativ auswirken, können in ihrer Auswirkung geringfügig beeinflusst werden. Einflüsse des E-Smogs von außen auf das feuchte Mauerwerk können in Verbindung mit einigen Tricks gut gelöst werden (siehe elektrophysikalische Störfaktoren im Kapitel 2). Steht jedoch hinter der Mauer ein unabgeschirmter Elektromotor, so kann dessen Einfluss auf das durchfeuchtete Mauerwerk durch das Aquapol-Aggregat nur unwesentlich behindert werden. Hier sind einfach Abschirmmaßnahmen erforderlich.

Physikalische Wirkungsweise

Wollte man an die Sache naiv herangehen, könnte man sagen, dass es nach allgemeiner Erfahrung mit der Schwerkraft auf diesem Planeten einfacher ist, einen Stoff – und sei es nur ein Wassermolekül – dem Erdmittelpunkt näher zu bringen oder fallen zu lassen, als ihn entgegen der Gravitationskraft nach oben zu heben. Aufgrund seiner einzigartigen Molekularstruktur verfügt Wasser offenbar über ganz spezielle Kräfte. Sie zeigen sich unter anderem bei dem im Kapitel 1 bereits beschriebenen Benetzungseffekt mit der Folge, dass Wasser auch gegen die Schwerkraft in porösen Baustoffen im Kapillarsystem aufzusteigen vermag und zwar über relativ weite Strecken. Eine allgemein beobachtbare Tatsche ist also, dass Feuchtigkeit „aus eigener Kraft” in Gemäuern, aber auch in anderen Stoffen, die Schwerkraft überwindet und nach oben wandert. Und dass es offensichtlich Kräfte in der Natur gibt, die die Steighöhe der Mauerfeuchte verdoppeln, ja sogar verdreifachen können, sollte uns zumindest zum Nachdenken anregen. Schließlich sind das häufig einige Hundert Liter Wasser pro Kubikmeter Mauerwerk, die noch einige Meter mehr nach oben entgegen der Schwerkraft in den Kapillaren der Mauer hinauf transportiert werden müssen. Interessant nicht?

Nun, wenn es Kräfte gibt, die entgegen der Schwerkraft „Schwerstarbeit“ im Mauerwerk vollbringen, so muss es doch umso leichter sein Kräfte zu mobilisieren, die zusammen mit dem Verbündeten „Schwerkraft“ die paar Tonnen Wasser im feuchten Mauerwerk wieder nach unten befördern.

Und genau dies bewerkstelligt das Aquapol-Aggregat!

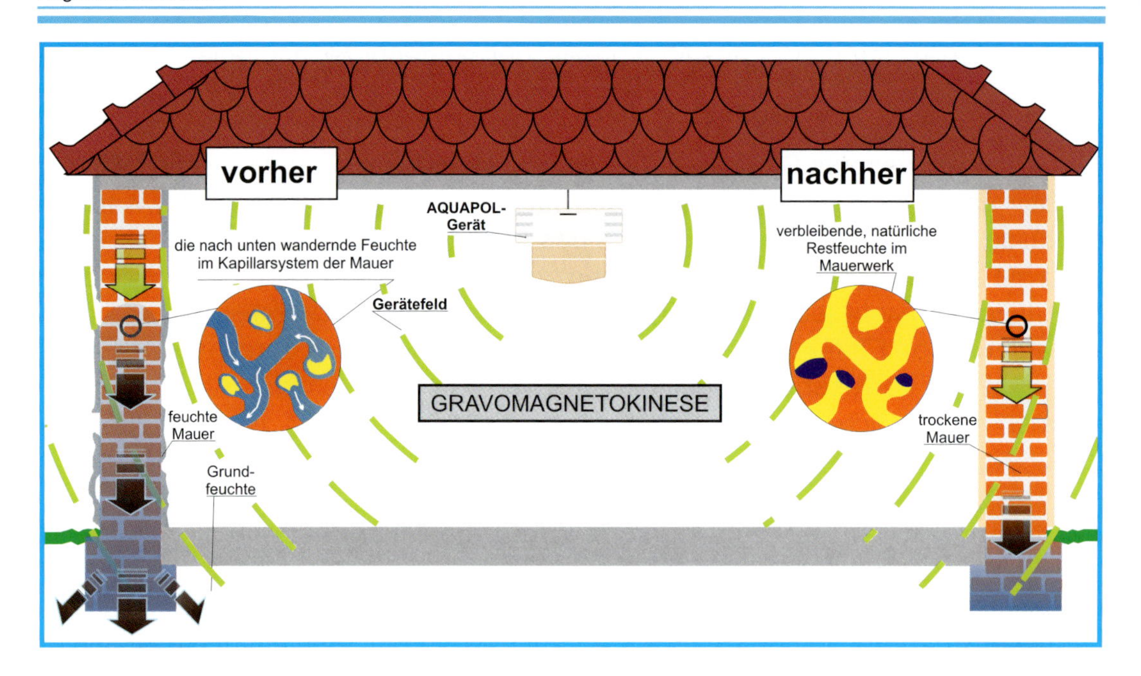

Wie Sie aus dem Wirkprinzip erkennen, bewirkt ein Gerät, das wie ein Lampenschirm auf der Zimmerdecke montiert wird, die Austrocknung der Mauern. Es erzeugt ein Gerätefeld **gravomagnetischer** Natur.

Herkunft des Namens „gravomagnetisch“
(gravo von Gravitation = Schwerkraft; Herkunft aus „Gravität“, das auf lateinisches Gravitas „Schwere; würdevolles Wesen“ zurückgeht. Magnetisch von Magnet; Herkunft aus dem Griechischen: magnetis „Magnetstein“, eigentlich „Stein aus Magnesia“, vermutlich nach dem Namen einer Landschaft oder Stadt in Kleinasien, die im Altertum für das natürliche Vorkommen von Magnetsteinen bekannt sein musste.

(Auszug aus dem Duden – Das Herkunftswörterbuch)

Die Struktur einer gravomagnetischen Welle ähnelt der elektromagnetischen Wellenform, jedoch gibt es Unterschiede, wie Sie aus dem folgenden Abschnitt ersehen können. Dieses **gravomagnetische** Feld bewirkt eine **Abwärtsbewegung** der Feuchtemoleküle im Kapillarsystem der Mauer (siehe auch die linke Großaufnahme in der Grafik).

Aus vorher genannten physikalischen Vorgängen habe ich es **Gravomagnetokinese** bezeichnet (Kinese; Herkunft aus dem Griechischen: kinema „Bewegung“ ... Auszug aus dem Duden – Das Herkunftswörterbuch).

Also eine Bewegung der Feuchtemoleküle durch ein gravomagnetisches Feld mit bestimmten Eigenschaften.

Somit wandert die Feuchte wieder langsam zurück in das Erdreich, von wo Sie schließlich gekommen ist. Das Mauerwerk trocknet auf diese Art und Weise aus. Die zweite Funktion ist natürlich die anschließende Trockenhaltung durch das Gerätefeld. Demnach muss das Aquapol-Gerät ein fester Bestandteil im Gebäude bleiben. Die Restfeuchte stellt sich dann ein und schwankt aufgrund des Klimas und anderer Faktoren (siehe dazu 1. Kapitel – „Ein Dutzend weiterer Ursachen und Arten von Mauerfeuchte“).

Anwendungsbeispiele grafisch dargestellt

Ich werde für Sie in diesem Abschnitt die 4 häufigsten Anwendungsbeispiele bringen, die in der Praxis am meisten vorkommen. Der Einfachheit halber wird bei allen Beispielen vorrausgesetzt, dass alle anderen Durchfeuchtungsursachen – ausgenommen die der aufsteigenden Feuchte und alle chemischen und physikalischen Störfaktoren – beseitigt wurden (wie es im Kapitel 2 genauer beschrieben ist). Auch setzt es voraus, dass alle von uns eventuell vorgegebenen begleitenden Maßnahmen (wie z. B. einen schadhaften Kanal reparieren) und empfohlenen Sanierungstechniken durchgeführt wurden. Mehr dazu im Abschnitt über „Aquapol – das ganzheitliche System” in diesem Kapitel.
Der Einfachheit halber wird die Mauerfeuchte in einer gleichmäßig durchgehenden Feuchtesäule dargestellt, die eine gewisse Feuchtesteighöhe erreicht.
Ein helleres Blau sollte darstellen, dass an dieser Stelle die Mauerfeuchte geringer sein wird als im dunkleren Bereich.
Die schwarzen Pfeile signalisieren einerseits, aus welcher Richtung Feuchtigkeit aus dem Erdreich in das Fundament bzw. ins aufgehende, erdberührte Mauerwerk eindringt und andererseitig im feuchten Mauerwerk die Bewegungsrichtung der Feuchte.

Das vierfarbig dargestellte Hygrometer zeigt die ungefähre relative Luftfeuchte, wobei Grün „zu trocken”, Gelb „normal” und Rot „kritisch” bedeutet. Es soll nur eine grobe Idee von den Luftfeuchteverhältnissen geben. Man muss hierbei bedenken, dass das Außenklima wesentlich das Innenklima beeinflusst, vor allem, wenn die Fenster im Keller- oder Wohnbereich geöffnet sind.
Druckwasser, welches bei Hanglagen sicher vorkommt und auch möglicherweise im flachen Gebiet unter Erdniveau oder nach starken Niederschlägen, wird mit einem weißen Pfeil dargestellt.
Das Aquapol-Gerät ist in verschiedenen Formen einfach gezeichnet.
Das Gerätefeld ist in Grün gestrichelter Form dargestellt.
Der Druck, den das Gerätefeld auf die Feuchtemoleküle ausübt, ist richtungsmäßig mit einem grünen Pfeil nach unten ausgeführt. Als Fachbetrieb verpflichten wir uns zu einer „Abdichtungsebene“ mit Garantie. Sie ist in den Bereichen schwarzpunktiert angegeben. Dies sollte jeder seriöse Fachbetrieb durchführen, damit es für den Kunden klar ist, wo die definierte, horizontale Abdichtungsebene im

Mauerwerk durch sein Verfahren ist. Hier hat sich Aquapol an die einmalige österreichische Norm ÖNORM B3355 angelehnt.

Entschuldigen Sie, lieber Fachmann, wenn wir die vertikale Feuchteabdichtung unter Erdniveau nicht gestrichelt zeichnen, sondern eine durchgehende schwarze Linie verwenden.

Zur deutlichen Übersicht ist im unteren Kasten eine Zusammenstellung bzw. Legende der oben beschriebenen Symbole wiedergegeben.

Wenn Sie etwas Zeit sparen wollen, empfehle ich Ihnen, sich nur das Anwendungsbeispiel auszusuchen, das genau auf ihren Anwendungsfall zutrifft und dazu den Text zu lesen. Es gibt nämlich einige gleiche Situationen und dadurch kommt es zu Wiederholungen.

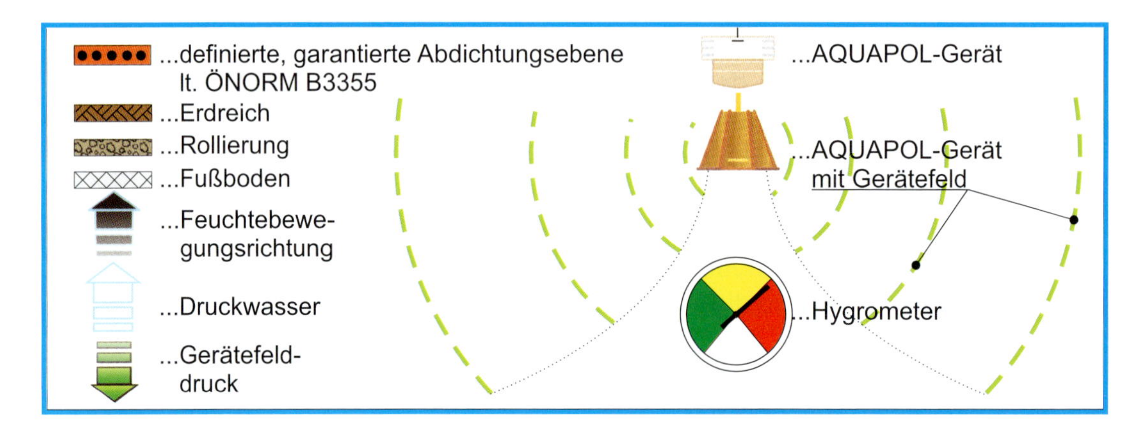

Anwendungsbeispiel 1
Komplett unterkellertes Gebäude

Ausgangssituation:
Linke Außenmauer: Sie hat keine oder eine schadhafte vertikale als auch horizontale Abdichtung. Es gibt daher seitlich eindringende und aufsteigende Feuchte im erdanliegenden Mauerwerk und aufsteigende Feuchte über das Fundament der Kelleraußenmauern.
Im darüber befindlichen Erdgeschoss gibt es nur aufsteigende Feuchte.

Die Mittelmauer: Sie hat keine oder eine schadhafte horizontale Abdichtung, somit kann über das Fundament Erdfeuchte eindringen und im aufgehenden Zwischenmauerwerk aufsteigen. Die Feuchte steigt in diesem Fall bis ins Erdgeschoss hinauf.

Rechte Außenmauer: Sie hat keine oder eine schadhafte horizontale Abdichtung, aber eine funktionierende vertikale Abdichtung bis zur Fundamentsohle. Es gibt daher nur aufsteigende Feuchte über das Fundament der Kelleraußenmauern.

Im darüber befindlichen Erdgeschoss gibt es nur aufsteigende Feuchte. Man beachte den etwas niedrigeren Feuchtespiegel im Erdgeschoss im Vergleich zur linken Außenmauer (so manch einer meint, dass durch das seitliche Abgraben und vertikale Abdichten das Problem der Mauerfeuchte gelöst ist). Dies ist nur in jenen Fällen sinnvoll, bei denen die horizontale Abdichtung noch 100 % intakt ist.
Relative Luftfeuchte: Im Erdgeschoss verdunstet Mauerfeuchte über die Wände auch in den Raum, wodurch die relative Luftfeuchte hoch ist. Unangenehmer Modergeruch wird spürbar sein. Im Winter vielleicht sogar Schimmelbildung in den unteren Bereichen der Außenmauer.

Im Kellergeschoss ist die Verdunstungsmenge im linken Kellerbereich noch stärker, da hier die seitlich eindringende Feuchte zusätzlich die Feuchtemengen im Mauerwerk erhöht. Im rechten Keller, wo es außenseitig eine vertikale Abdichtung gibt, ist die relative Luftfeuchte etwas geringer.

In beiden Kellerbereichen ist die Luftfeuchte durch die Sporen in der Luft in der Regel kritisch und stark gesundheitsgefährdend. Für Lagerzwecke sind beide Kellerbereiche kaum geeignet.

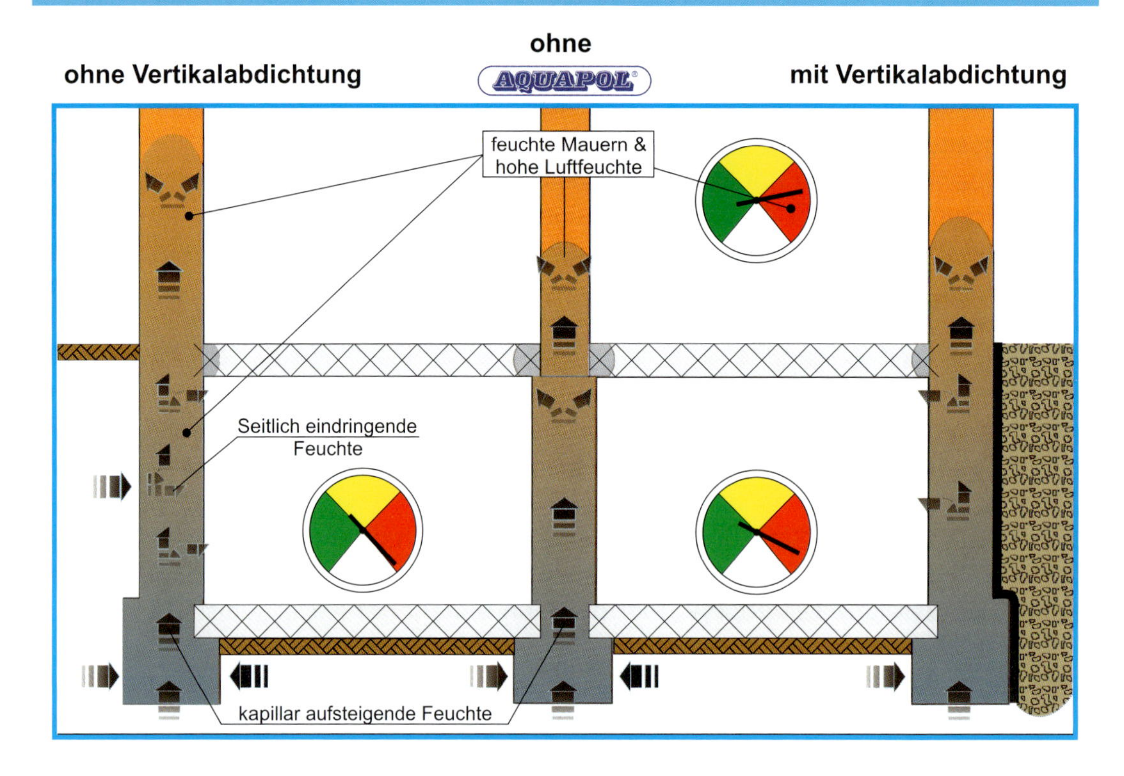

Endsituation mit dem Aquapol-System:
Linke Außenmauer: Die aufsteigende Feuchte wird im Erdgeschoss bis etwa Erdniveau (siehe garantierte Abdichtungsebene) durch das Aquapol-System (empfohlenermaßen im Keller montiert) beseitigt. Im erdanliegenden Mauerwerk kann eine wesentliche Verbesserung erfahren werden, wenn der seitliche Feuchtenachschub nicht zu stark ist.
Die Mittelmauer: Sie trocknet komplett bis etwa zum Kellerfußboden aus – abhängig vom Feuchtedruck des Grundwassers.
Rechte Außenmauer: Die aufsteigende Feuchte wandert ebenfalls zurück bis etwa Kellerfußbodenniveau – wieder abhängig vom Feuchtedruck des Grundwassers.
Relative Luftfeuchte: Im Erdgeschoss wird die relative Luftfeuchte normal werden. Unangenehme Modergerüche sind möglicherweise nach wenigen Wochen schon verschwunden. Im Winter wird eine Schimmelbildung in den unteren Bereichen der Außenmauern nicht mehr vorhanden sein. Im rechten Kellerraum sind ähnliche Verhältnisse wie im Erdgeschoss (abhängig von der Kellertemperierung). Im linken Kellerraum gibt es noch eine höhere Luftfeuchte, wegen der noch seitlich eindringenden Feuchte. Beide Kellerbereiche sind für Lagerzwecke wieder geeignet, der rechte Kellerraum ist auch für Wohnzwecke total unbedenklich. Den linken Kellerraum könnte man mit bestimmten begleitenden Maßnahmen und Sanierungstechniken von innen bewohnbar machen.

mit AQUAPOL®

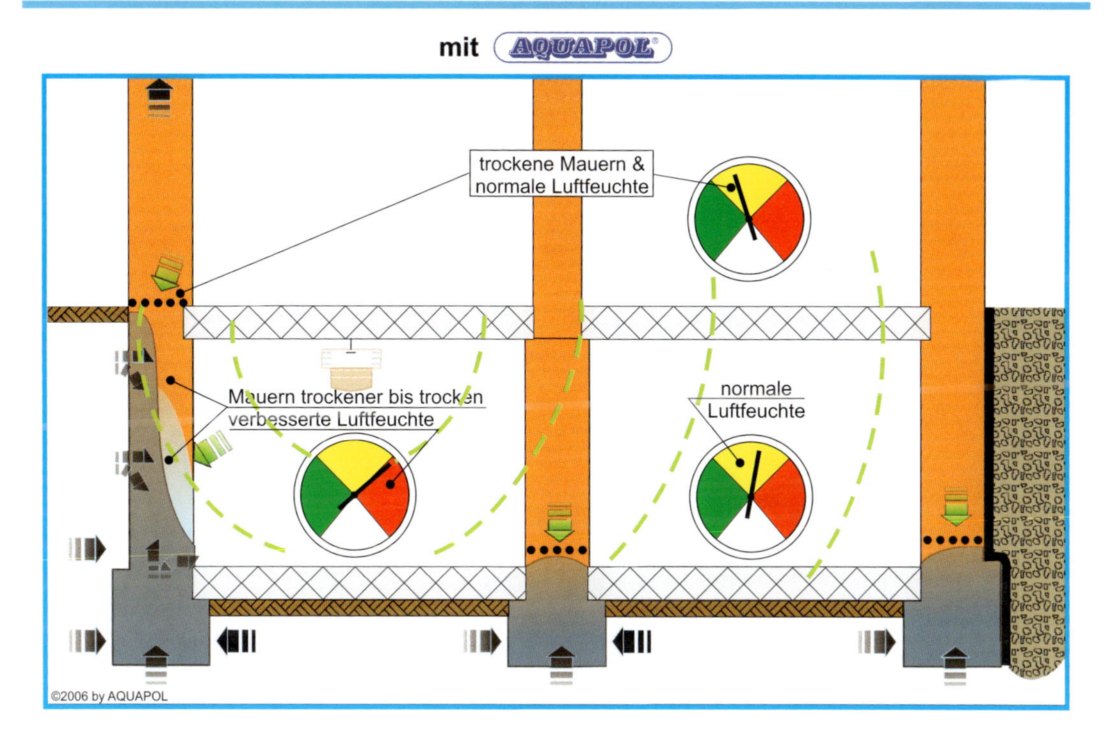

Anwendungsbeispiel 2
Teilunterkellertes Gebäude

Ausgangssituation:
Linke Außenmauer: Sie hat keine oder eine schadhafte vertikale als auch horizontale Abdichtung. Es gibt daher seitlich eindringende und aufsteigende Feuchte im erdanliegenden Mauerwerk und aufsteigende Feuchte über das Fundament der Kelleraußenmauern. Im Erdgeschoss gibt es nur aufsteigende Feuchte.

Die Mittelmauer: Die Situation ist ähnlich wie bei der linken Außenmauer.

Rechte Außenmauer: Sie hat keine oder eine schadhafte horizontale Abdichtung. Es gibt daher aufsteigende Feuchte im Erdgeschoss über das Fundament, welches Erdfeuchte von der umgebenden Erde aufnimmt (das seitliche Abgraben und vertikale Abdichten der Fundamente senkt bestenfalls den Feuchtespiegel ein wenig, ist jedoch keine Gesamtlösung).

Relative Luftfeuchte: Im Erdgeschoss verdunstet Mauerfeuchte über die Wände auch in den Raum, wodurch die relative Luftfeuchte hoch ist. Unangenehmer Modergeruch wird spürbar sein. Im Winter vielleicht sogar Schimmelbildung in den unteren Bereichen der Außenmauer. Im Kellergeschoss ist die Verdunstungsmenge stärker, da hier die seitlich eindringende Feuchte die Feuchtemengen im Mauerwerk zusätzlich erhöht.
Die Luftfeuchte ist in der Regel durch die Sporenbildung in der Luft kritisch und stark gesundheitsgefährdend. Für Lagerzwecke ist der Kellerbereich kaum geeignet.

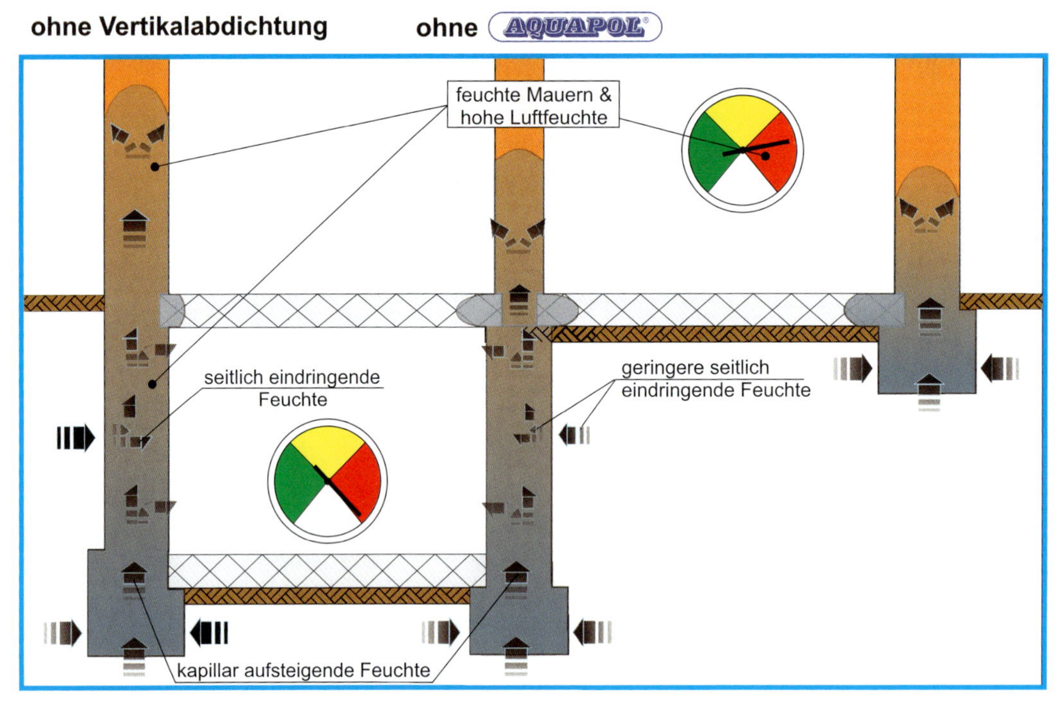

Abschlusssituation mit dem Aquapol-System:
Linke Außenmauer: Die aufsteigende Feuchte wird im Erdgeschoss bis etwa auf Erdniveau (siehe garantierte Abdichtungsebene) durch das Aquapol-System (empfohlenermaßen im Erdgeschoss montiert) beseitigt. Im erdanliegenden Mauerwerk kann es eine Verbesserung erfahren, wenn der seitliche Feuchtenachschub nicht zu stark ist.

Die Mittelmauer: Sie trocknet komplett bis etwa zum Erdgeschossfußboden aus. Im Kellerbereich kann sie etwas trockener als die linke Kelleraußenmauer werden, da ein geringerer Feuchteschub von außen durch den darüber befindlichen Bau die Erdfeuchte etwas reduzieren könnte.
Rechte Außenmauer: Die aufsteigende Feuchte wandert ebenfalls zurück bis Erdgeschoss-Fußbodenniveau, etwa bis zur eingezeichneten garantierten Abdichtungsebene.

Relative Luftfeuchte: Im Erdgeschoss wird die relative Luftfeuchte normal werden. Unangenehme Modergerüche sind möglicherweise nach wenigen Wochen schon verschwunden. Im Winter wird eine Schimmelbildung in den unteren Bereichen der Außenmauern nicht mehr vorhanden sein.
Im Kellerraum gibt es noch eine höhere Luftfeuchte wegen der noch seitlich eindringenden Feuchte. Für Lagerzwecke ist dieser Raum nur beschränkt auf das jeweilige Lagergut geeignet. Den Kellerraum könnte man mit bestimmten begleitenden Maßnahmen und Sanierungstechniken von innen bewohnbar machen.

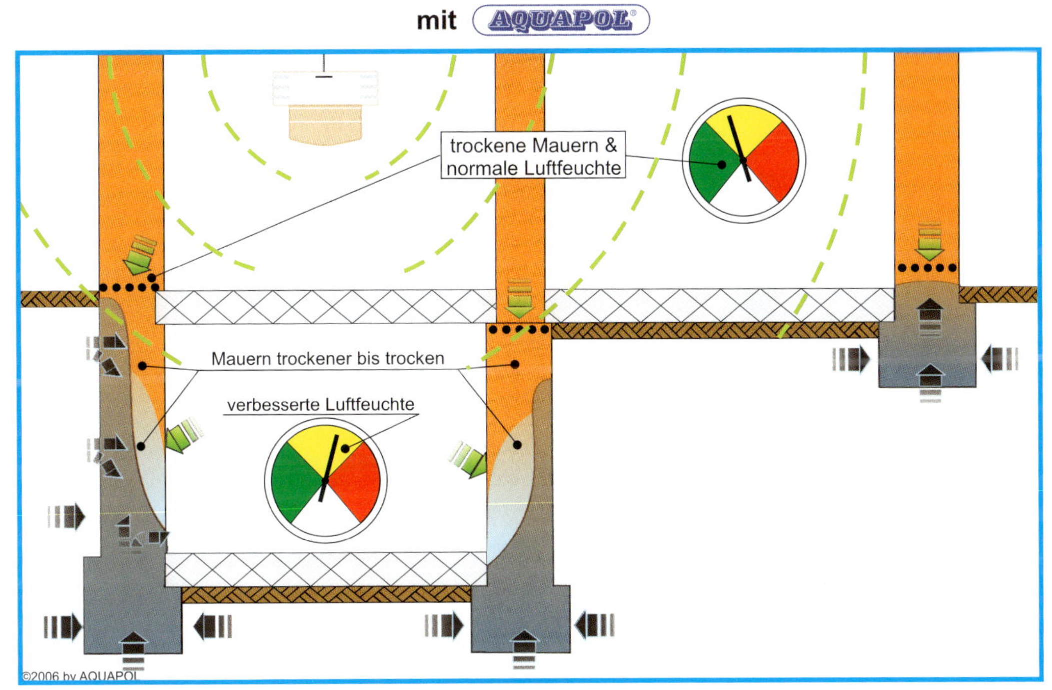

Anwendungsbeispiel 3
Nicht unterkellertes Gebäude mit leichtem Außenniveau-Unterschied

Ausgangssituation:
Linke Außenmauer: Sie hat keine oder eine schadhafte innere vertikale als auch horizontale Abdichtung. Es gibt daher von innen etwas seitlich eindringende Feuchte im erdanliegenden Bereich und von unten aufsteigende Feuchte über das Fundament. Ab Erdgeschossniveau gibt es nur aufsteigende Feuchte.

Die Mittelmauer: Sie hat keine oder eine schadhafte horizontale Abdichtung. Somit kann über das Fundament Erdfeuchte eindringen und im aufgehenden Mauerwerk aufsteigen.

Rechte Außenmauer: Sie hat keine oder eine schadhafte horizontale Abdichtung. Auch der kleine Bereich der aufgehenden Mauer unter Außenniveau hat keine oder eine schadhafte vertikale Feuchteabdichtung. Es gibt daher aufsteigende Feuchte über das Fundament, als auch seitlich eindringende Feuchte unter Außenniveau, welches Erdfeuchte von der umgebenden Erde aufnimmt (die Wirkung von seitlichem Abgraben → siehe vorige Beispiele).

Relative Luftfeuchte: Die Mauerfeuchte verdunstet über die Wände auch in den Raum, wodurch die relative Luftfeuchte hoch ist. Unangenehmer Modergeruch wird spürbar sein. Im Winter vielleicht sogar Schimmelbildung in den unteren Bereichen der Außenmauer. Die Luftfeuchte ist in der Regel durch die Sporenbildung in der Luft kritisch und gesundheitsgefährdend.

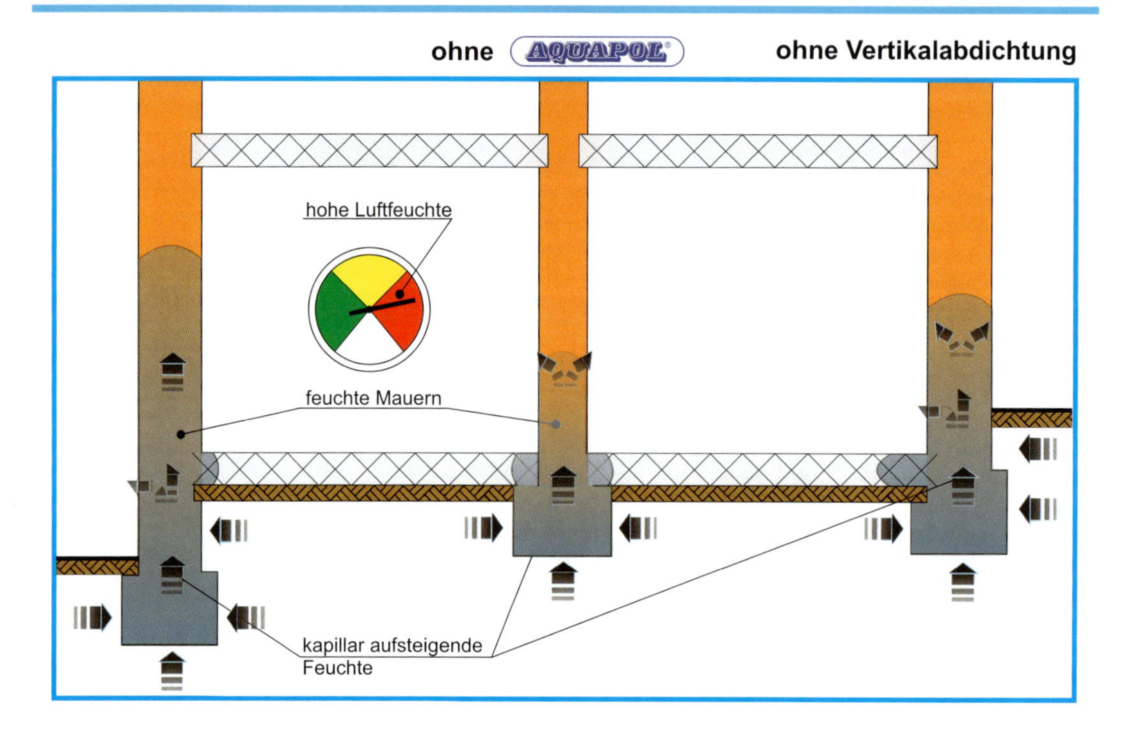

Endsituation mit dem Aquapol-System:
Linke Außenmauer: Die aufsteigende Feuchte wird bis etwa auf Erdgeschossniveau (siehe garantierte Abdichtungsebene) durch das Aquapol-System beseitigt. Im darunter liegenden, erdanliegenden Mauerwerk kann es fassadenseitig zu einer Verbesserung kommen, wenn der seitliche Feuchtenachschub von innen nicht zu stark ist.

Die Mittelmauer: Sie trocknet komplett bis etwa Erdgeschoss-Fußboden aus.

Rechte Außenmauer: Die aufsteigende Feuchte wandert ebenfalls zurück bis Außenniveau, etwa bis zur eingezeichneten garantierten Abdichtungsebene. Darunter kann es innenseitig trockener bis ganz trocken werden, abhängig vom umgebenden Feuchtedruck.

Relative Luftfeuchte: Die relative Luftfeuchte wird normal werden. Unangenehme Modergerüche sind möglicherweise schon nach wenigen Wochen verschwunden. Im Winter wird eine Schimmelbildung in den unteren Bereichen der Außenmauern nicht mehr vorhanden sein. Und wenn, dann nur gering an der rechten Außenmauer. Mit geeigneten begleitenden Maßnahmen bzw. den erforderlichen Sanierungstechniken von innen kann der rechte Raum absolut bewohnbar gemacht werden.

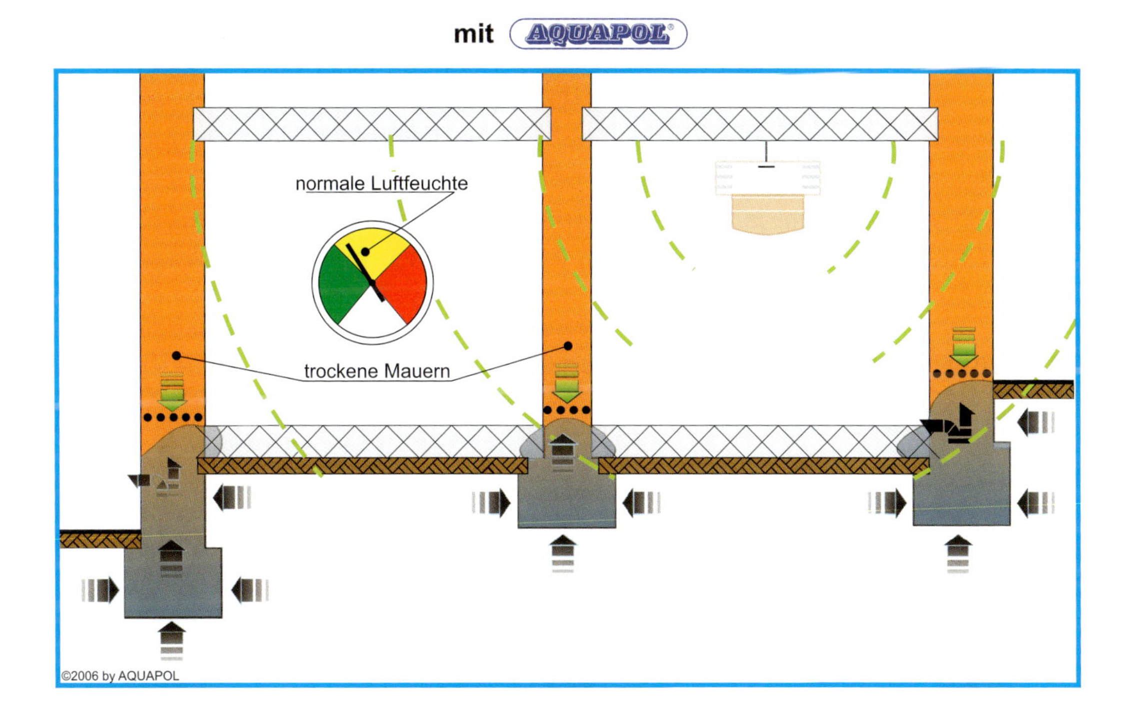

Anwendungsbeispiel 4
Gebäude in Hanglage

Ausgangssituation:
Linke Außenmauer: Sie hat keine oder eine schadhafte vertikale als auch horizontale Abdichtung. Es gibt daher seitliches Druckwasser und sehr geringe aufsteigende Feuchte über das Fundament der Außenmauern.

Die Mittelmauer: Sie hat keine oder eine schadhafte horizontale Abdichtung. Somit kann über das Fundament Erdfeuchte bzw. Druckwasser eindringen und im aufgehenden Zwischenmauerwerk aufsteigen.

Rechte Außenmauer: Sie hat keine oder eine schadhafte horizontale Abdichtung, aber eine funktionierende vertikale Abdichtung bis zur Fundamentsohle incl. einer funktionierenden Drainage. Es gibt daher nur aufsteigende Feuchte über das Fundament der Außenmauern, wobei geringes Druckwasser vom Hang her nicht 100%ig ausgeschlossen werden darf (das seitliche Abgraben und vertikale Abdichten Drainagieren wird das Mauerfeuchteproblem nicht zu 100 % lösen).

Relative Luftfeuchte: Mauerfeuchte verdunstet stark über die Wände auch in den Raum, wodurch die relative Luftfeuchte sehr hoch ist. Unangenehmer Modergeruch wird spürbar sein. Im Winter tritt vielleicht sogar Schimmelbildung in den unteren Bereichen der Außenmauer auf. Im rechten Raum, in dem sich außenseitig eine vertikale Abdichtung mit Drainage befindet, ist die relative Luftfeuchte etwas geringer. Die Luftfeuchte ist durch die Sporenbildung in der Luft in der Regel kritisch und stark gesundheitsgefährdend. Problematisch auch für Lagerzwecke.

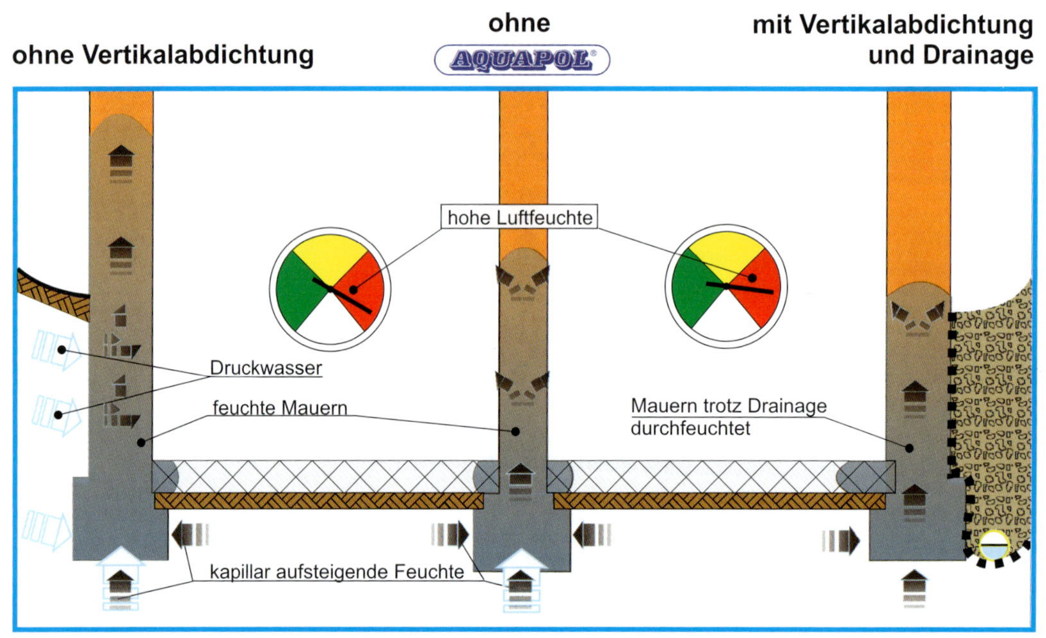

Endsituation mit dem Aquapol-System:

Linke Außenmauer: Der Feuchtespiegel wird nur minimal durch das Aquapol-System abgesenkt (siehe garantierte Abdichtungsebene).

Die Mittelmauer: Sie trocknet etwas herunter – abhängig vom restlichen Feuchtedruck vom Hangwasser.

Rechte Außenmauer: Die aufsteigende Feuchte wandert zurück bis etwa Kellerfußboden-Niveau – wieder abhängig vom noch vorhandenen Feuchtedruck des Hangwassers.

Relative Luftfeuchte: Im rechten Raum wird die relative Luftfeuchte einigermaßen normal werden. Unangenehme Modergerüche sind möglicherweise nach wenigen Wochen schon stark reduziert. Im Winter wird eine Schimmelbildung in den unteren Bereichen der Außenmauern nicht mehr vorhanden sein.
Im linken Raum gibt es noch eine höhere Luftfeuchte wegen des noch seitlich eindringenden Druckwassers. Beide Bereiche sind für Lagerzwecke mehr oder weniger geeignet, der rechte Raum ist auch für Wohnzwecke total unbedenklich. Den linken Raum könnte man mit bestimmten begleitenden Maßnahmen und Sanierungstechniken von außen bewohnbar machen.

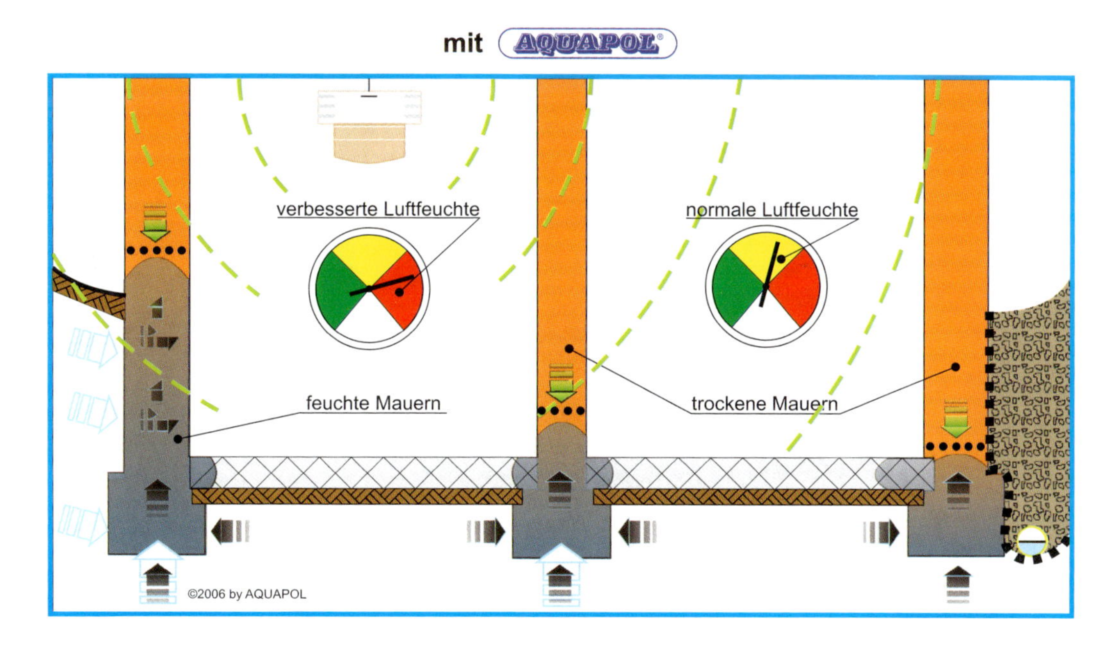

Detailwissen für Baupraktiker

Für Baupraktiker und Hausrenovierer haben wir eine Detailmappe zusammengestellt, in der wir alle 18 genauen Details ausgearbeitet haben, um die exakte Anwendung bzw. Teilanwendung darzustellen. Sie können die Detailmappe gegen einen Unkostenbeitrag mit der beiliegenden Karte anfordern oder der authorisierte Aquapol-Fachberater kann sie Ihnen auf Ihren Wunsch bei einem Fachgespräch präsentieren.

Die Symptome des Austrocknungsvorganges

Viele Kunden fragten immer wieder „Wie erkenne ich, dass euer Gerät arbeitet?" Oder: „Woran kann ich mich orientieren, da weder eine Lampe leuchtet noch sonst irgendetwas am Gerät blinkt?" Der besondere Skeptiker fragte: „Wie weiß ich, dass die Trockenlegung überhaupt funktioniert?"
Die Fragen waren natürlich berechtigt.
Anfänglich kamen wir tatsächlich in einen kleinen Erklärungsnotstand, da sich unsere Erfahrung damals nur auf wenige Versuchsobjekte beschränkte. Aber wir machten eine interessante Erfahrung: Den „Versuchskaninchen" unter unseren früheren Kunden fielen einige Beobachtungen auf, die wir dann im Laufe der Zeit auf einer Liste zusammenfassten. Durch unsere Mitarbeiter wurde diese Sammlung immer länger und heute ist sie etwa zwei ganze Seiten lang.

So entdeckte beispielsweise Frau Brigitte F. nach einigen Wochen in ihrem Schlafzimmer, dass sich ihre Bettwäsche nicht mehr so klamm anfühlte. Sie meinte auch, dass der Modergeruch im Zimmer mehrere Wochen nach der Installation des Aquapol-Systems besser geworden sei. In dem alten Gewölbekeller hatte sich ein vollkommen feuchter Lehmboden befunden und Mücken haben in diesem „Feuchtbiotop“ ihr Unwesen getrieben. Frau F. bemerkte weiter, dass der Lehmboden nach einigen Monaten trockener wurde. Tatsächlich ging dieser Lehmboden bereits nach ein bis zwei Jahren in einen Trockenbereich über und wurde dann ziemlich hart. Beim Begehen des Bodens wurden früher immer deutliche Fußspuren hinterlassen. Dies war jetzt vorbei. Für Fahndungszwecke am Tatort der Trockenlegung ist dies doch eine ideale Beobachtung, oder nicht?

Bei anderen Kunden erlebten wir gemeinsam, dass aus dem Putz zahlreiche millimeterlange Salzkristalle herauswuchsen, während die Mauer zunehmend trockener wurde. Ein typisches Zeichen der Verdunstung von Feuchtigkeit aus dem Mauerwerk, wobei die in der Mauerfeuchte gelösten Salze an die Oberfläche transportiert wurden und natürlich bei der Verdunstung der Feuchte herauskristallisieren und meist schöne weiße Kristalle bilden.

Bei einem Fall (es handelt sich um einen ehemaligen Schweinestall) waren die Kristalle etwa 1cm lang! Für die Mauer ist dies natürlich optimal; denn je weniger Salze im Mauerwerk bleiben, desto geringer wird die Restfeuchte.

In der Vinothek des Stiftes Klosterneuburg Österreich, deren Gewölbekeller etwa aus dem 13. Jahrhundert stammt, rieselte es nach der Montage monatelang von der etwa 6 Meter hohen Gewölbedecke herunter. Die Feuchtigkeit war ursprünglich in diesem Bereich etwa 4 bis 6 Meter hoch gestiegen. Das Herabrieseln von Teilchen wurde somit als typisch für einen Austrocknungsvorgang erkannt.

Häufig kann man beobachten, dass der Wandanstrich abzublättern beginnt, vor allem in der Verdunstungszone. Wenn der Anstrich nicht sehr grobporig ist, wird er von den nachkommenden Salzen des Feinputzes weggedrückt. Dies geschieht vor allem bei Dispersionsanstrichen. Bei alten Fresken, die mit Erdfarben gemalt wurden, konnte immer wieder von uns beobachtet werden, dass die Salze durch die Farbschicht durchwandern und erst an der Oberfläche auskristallisieren. Ein kürzlich im Fernsehen gezeigter Kulturbeitrag in der Sendung „Niederösterreich heute“ über das Schloss Ulmerfeld verdeutlichte dieses Phänomen noch mehr. Man konnte genau sehen, wie der Restaurator das Salz von den Fresken, ohne jedoch die Malerei austauschen zu müssen, entfernen konnte. Die Trockenlegung des Schlosses Ulmerfeld ist ein laufendes Aquapol-Projekt. Was will man mehr?

Dies waren alles Austrocknungs-Indikatoren! Ein Austrocknungsindikator zeigt an, dass der kapillare Entfeuchtungsprozess im Gebäude abläuft. Dies passiert vor allem im ersten Jahr sehr auffällig und reduziert sich dann mit fortschreitender Zeit auf null.

Unten wird eine Austrocknungs-Indikatorliste abgebildet, die Sie für Ihre Beobachtung bei einer Austrocknung eines feuchten Gebäudes verwenden können.

Eine kurze Liste der Austrocknungs-Indikatoren

A. Optische Austrocknungs-Indikatoren
- Sichtbare Aufhellungen – teilweise oder ganz (bei geringer oberflächiger Salzbelastung)
- Feuchtefleckenbildung durch vermehrte Salzeinwanderung (vor allem im oberen Bereich der Mauer = Verdunstungszone)
- Vermehrte Salzaustritte, vor allem im oberen Verdunstungsbereich
- Minimales Ansteigen des Feuchtespiegels am Anstrich Feinputz (1–3 cm bei stärkerer, oft unsichtbarer Salzbelastung)
- Mineralische Anstriche (z.B. Kalk) lösen sich im oberen Verdunstungsbereich vom Putz
- Vermehrte Putzabsprengungen durch die Salzkristallisationsdrücke
- Entstehung von Austrocknungs-Schwindrissen am Putz
- Feuchte Tapeten können sich durch die Austrocknung von der Wand lösen
- Tapeten können vor allem im oberen Verdunstungsbereich durch die Erhöhung der Salzkonzentration feuchter erscheinen

B. Riechbare Austrocknungs-Indikatoren
- Der oft unangenehme Modergeruch hat nachgelassen oder ist komplett verschwunden (von Fäulniserregern, z. B. im alten Holz, abhängig)

C. Tastbare Austrocknungs-Indikatoren
- Mineralische Anstriche bröseln bei Berühren leicht ab
- Der Feinputz sandet beim Berühren leicht ab
- Der Putz könnte mit der Zeit hohl klingen

Revolutionäre Energienutzung

Wie eine kürzliche Blitzumfrage in Österreich zeigte, können es sich noch immer einige Leute nicht vorstellen, dass man mit einem Gerät ein Gebäude vollkommen trockenlegen kann.

Für viele erscheint es als ein Wunder, dass ein Gerät ohne Stromanschluss und ohne Batterien funktionieren kann. Phantasten meinen „Ein typisches Perpetuum mobile“. Das ist es allerdings nicht, denn das würde voraussetzen, dass es mit „Nichts“ angetrieben wird. Dies wiederum ist nicht wahr. Man könnte in diesem Fall aber die Behauptung aufstellen, dass das „Nichts“ ein **Etwas** ist. Die allge-

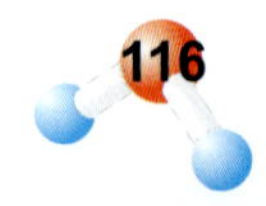

meine Schulphysik kennt es entweder ganz einfach nicht oder sie ignoriert es vielleicht, obwohl aus unserer Sicht großer Handlungsbedarf bei neuen natürlichen Energieformen besteht. Wir postulieren aber einfach eine neue Definition von **„Nichts“**, um hier einen Anfang zu setzen.

Welcher wichtige Gedankengang steht am Anfang?

Grundsätzlich sind Erfinder Visionäre, die neue Realitäten für die Zukunft erschaffen.

Bei dieser Erfindung wurde das Ziel gesteckt, eine vom Standort relativ unabhängige, jedoch natürliche Energiequelle für unser Aquapol-Aggregat brauchbar zu machen.
Möglicherweise könnte es sogar einen Zusammenhang mit den sogenannten „Erdstrahlen“ geben, die leider bis heute noch nicht wissenschaftlich ausreichend definiert und erfasst wurden.
Es stellte sich heraus, dass das elektrokinetische Wirkprinzip auch mit anderen, beispielsweise magneto-physikalischen Kräften erreicht werden konnte, und zwar mit vorhersagbarem Erfolg, bemerkenswerterweise vor allem ohne die negativen Begleiterscheinungen von elektrischen Spannungen bzw. zusätzlichen E-Smog.
Das Wichtigste aber: Es war ein kontaktloses Verfahren. Zur Trockenlegung einer Mauer wurde kein Eingriff ins Mauerwerk mehr notwendig, von minimalen Bohrungen bei der Probenentnahme zur Feuchtigkeitsbestimmung und zur laufenden Überwachung des Trocknungsprozesses einmal abgesehen.
So geschah es denn auch.
Aquapol nutzt heute weltweit als einziges System dieser Art zwei „neuartige“ Energiequellen, die überall, soweit unsere Untersuchungen reichen, auf der Erde vorhanden sind.

1. Eine Geo-Energie

Eine vom Aquapol-System genutzte Energieform stammt offensichtlich aus der Erde (Geo-Energie) – nicht unähnlich den sogenannten „Erdstrahlen“. Soweit erforscht, ist diese Energie gravomagnetischer Natur. Dieser Name wurde 1991 von mir geprägt, da sich die von mir erforschte Wellenstruktur aus zwei wesentlichen Komponenten zusammensetzt: Nämlich aus einer magnetischen Welle und einer gravitatorischen Welle (siehe Grafik 1).

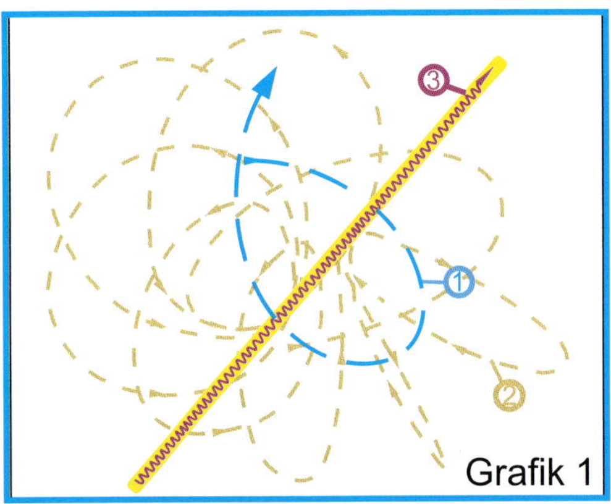

Strukturaufbau einer gravomagnetischen Welle, linkspolarisiert (linksdrehend):
1) magnetische Wellenkomponente
2) gravitatorische Wellenkomponente
3) Trägerwelle; die Raumenergie als Träger für die beiden Wellenkomponenten

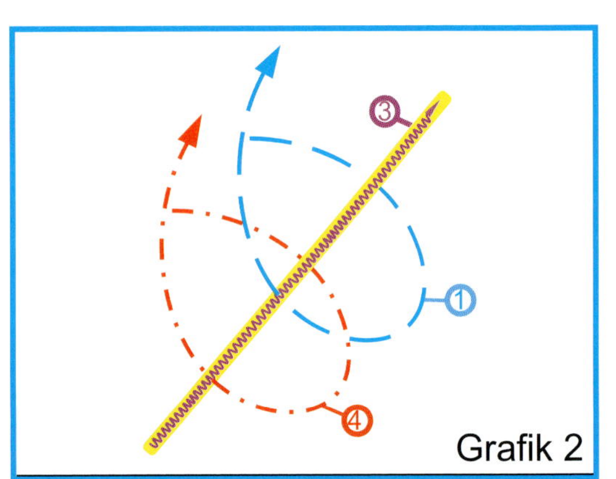

Strukturaufbau einer elektromagnetischen Welle, linkspolarisiert (linksdrehend):
1) magnetische Wellenkomponente
3) Trägerwelle; die Raumenergie als Träger für die beiden Wellenkomponenten
4) elektrische Wellenkomponente

Wie man auf dem Bild erkennt, kreist um die Ausbreitungsachse, die auch noch eine andere Funktion erfüllt, die magnetische Wellenkomponente. Um diese wiederum, und das ist neu im Wissensbereich der Physik, kreist eine gravitatorische Wellenkomponente. Getragen wird die ganze Energiestruktur von einer Trägerwelle, die eine Form der Raumenergie darstellt. Mehr noch darüber im nächsten Unterkapitel.

Im Vergleich dazu eine elektromagnetische Welle (siehe Grafik 2), deren magnetische Wellenkomponente die der des gravomagnetischen Modells gleicht. Nur statt der gravitatorischen gibt es die elektrische Wellenkomponente. Bis dahin ist das Wissen über die Struktur einer elektromagnetischen Welle bekannt. Was neu ist, ist die Idee eines Trägers wie bei der gravomagnetischen Welle.

Die gravomagnetischen Wellen kommen offensichtlich in der Natur vor. Sie verursachen, soweit es ersichtlich wurde, viele spiralartige Erscheinungen (siehe Kasten auf der folgenden Seite).

Welche Erdenergie nutzt das AQUAPOL-System?

Ist diese natürliche Energie nachweisbar?

Vereinfachte Darstellungen bzw. Vergrößerungen von den rechts- bzw. linksdrehenden Erdfeldern besonderer Eigenschaften. Nähere Details zu der Wellenstruktur siehe Seite 9.

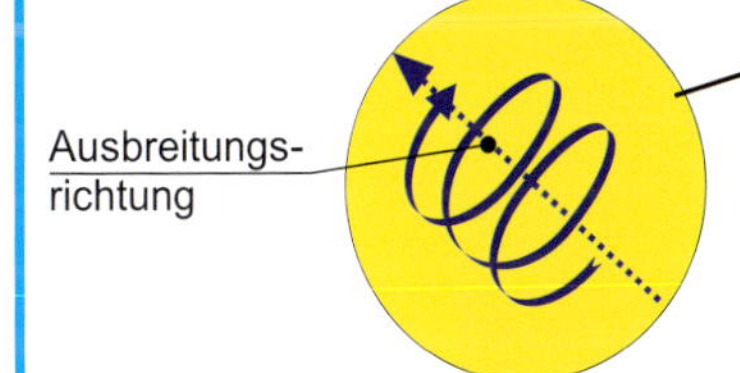

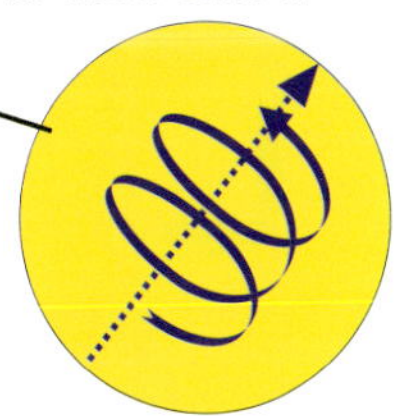

← ... Fließrichtung

1. Die Lehrphysik sagt:
Aufgrund der Erdrotationskraft (Corioliskraft) entstehen drehende Energiefelder, die Wirbelphänomene hervorrufen. So beobachten wir beim Abfließen von Wasser einen Wasserwirbel. Von oben betrachtet soll Wasser laut gängiger Lehrmeinung nördlich des Äquators linksdrehend ◎, also gegen den Uhrzeigersinn, abfließen, südlich davon umgekehrt ◎.

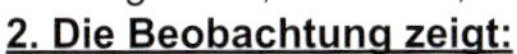

2. Die Beobachtung zeigt:
Wasserwirbel zeigen häufig ein atypisches Verhalten, sie drehen sich in eine andere Richtung als es laut Lehrmeinung sein sollte (siehe Grafik).

3. Die Erklärung ist:
Es gibt gemäß unserer Grundlagenforschung eine spezielle Energieform, die die Erde aussendet. Diese „Erdenergie" kommt sowohl in links- als auch rechtsdrehender Form vor. Sie besteht aus zwei Komponenten, einer magnetischen Komponente und einer gravitatorischen (von Gravitation = Schwerkraft). Dieses Feld wirkt stärker als die Corioliskraft und verursacht so das atypische Verhalten der Wasserwirbel.

4. Ein Versuch beweist:
Lässt man in einen mit Wasser gefüllten Glasbehälter mit darunter befindlichem Magneten feinstes Eisenpulver hineinfallen, so entsteht eine spiralförmige Anordnung der Eisenspäne! Erwartet wird laut Lehrmeinung eine streuende Form (rote Punkte). Dieser physikalische Effekt wird offensichtlich durch eine drehende Kraft ausgelöst, die stärker als das Magnetfeld des Magneten wirkt.

5. Eine weitere Beobachtung:
Spiralartige Galaxien – sie werden ebenfalls durch enorme drehende Kräfte aufrecht erhalten.

rechtsdrehend in Fließrichtung

Wasserwirbel

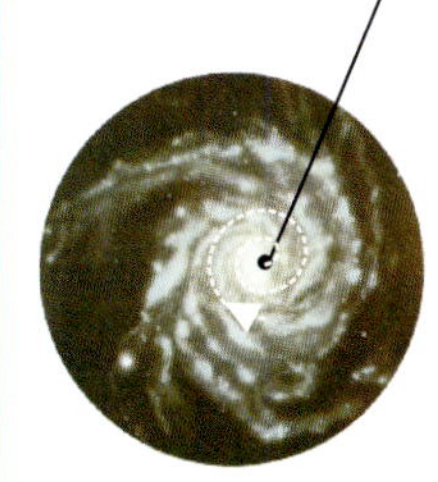

Spiralnebel Galaxie NGC 1232

linksdrehend in Fließrichtung

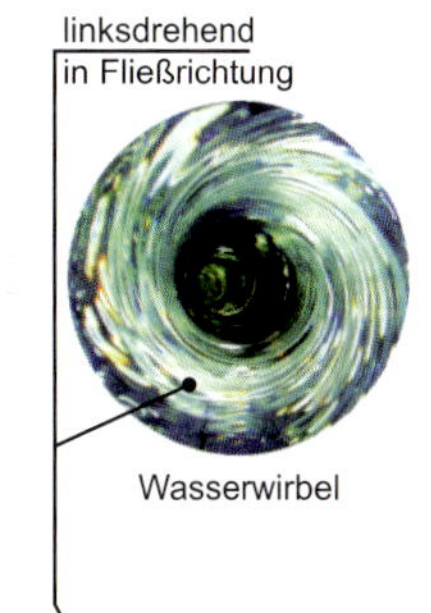

Wasserwirbel

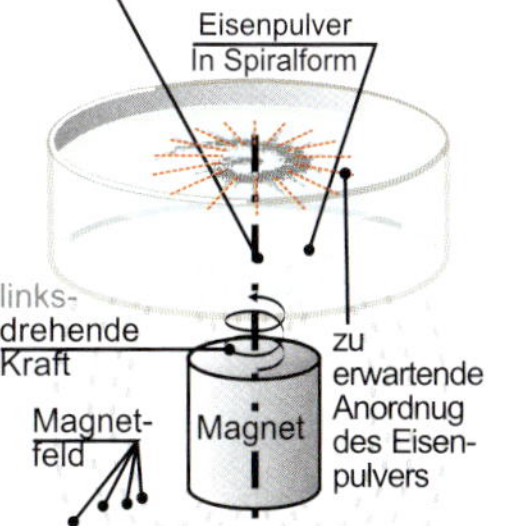

Nur eine kreisende bzw. spiralisierende Kraft kann gemäß des Ursache-Wirkungsgesetzes Spiralformen hervorrufen!

Versuch: Quelle „RQF-Magnetik"-Magazin
Bildnachweis für Wasserwirbel: Gesellschaft zur Förderung naturgemäßer Technik

Sie verursachen auch ein erhöhtes Ansteigen der Feuchtigkeit im Mauerwerk (Störfeldfeuchte) und wirken sich besonders auf Wassermoleküle aus. Sie haben auch etwas mit den sogenannten „Erdstrahlen“ zu tun, und zwar in der Form, dass sie an jenen Stellen verstärkt aus der Erde austreten. Mit Sicherheit kann angenommen werden, dass diese Art der verstärkten gravomagnetischen Wellen, welche man auch als Anomalien (nicht normal) des Erdfeldes bezeichnen kann, auf den menschlichen Körper eher negativ einwirken.
Mehr zu diesem Thema kann in dem Büchlein „Die Kräfte des Universums“ nachgelesen werden.

Überreichung des Ehrenpreises vom Wissenschaftsministeriums für die Wellenstrukturforschung und der dazugehörigen Antenne an Ing. Wilhelm Mohorn, 1995

2. Die Raumenergie

Bereits in den heiligen Schriften der altindischen Religion „Weda“ (Veda) **Weden**, man spricht von den ältesten Aufzeichnungen über den Kosmos, wird über das Vorhandensein einer kosmischen Energie berichtet, die das ganze Weltall ausfüllt. Sie wird als Urenergie des Universums bezeichnet und ist an allen anderen physikalischen Energieformen in kleinerem oder größerem Ausmaß beteiligt. Sie ist überall vorhanden (daher Raumenergie – da sie jeden Raum durchdringt).
Sie durchdringt die Materie mühelos, ist von hochfrequenter Natur, ist sicher schneller als Licht und geht offensichtlich mit Materie, beispielsweise einem Planeten oder auch mit Maschinen und Geräten usw. eine Wechselwirkung ein, um sich in andere Energieformen umzuwandeln und zu manifestieren. Diese Energie scheint auch unerschöpflich zu sein, was sie von den uns bisher bekannten Energieformen vollkommen unterscheidet.
Dies besonders im Hinblick auf den Energieerhaltungssatz. Dieser sagt aus, dass sich eine Energie in eine andere nur umwandeln kann, wenn die ursprüngliche Energieform irgendwann vollkommen verschwinden würde.
Es ist nicht einsehbar, dass die Raumenergie weniger wird, geschweige denn verschwunden ist nach vielen Milliarden Jahren. Die Erde dreht sich natürlich

noch immer, daher auch die Sonne und alle anderen Himmelskörper. Ohne eine ständige „Energiezufuhr" wäre dies allein kaum vorstellbar!
Vor allem ist diese Kraft 24 Stunden am Tag verfügbar und dürfte zudem, soweit angenommen, noch ein gigantisches Energiepotenzial besitzen. Das Problem des Physikers ist der Umstand, dass man nicht direkt messen kann und unseres Erachtens auch nie direkt wird messen können, sondern jeweils nur die typischen Erscheinungsformen.

Diese Energie ist ursächlich – und die Erscheinungsformen sind ihre Wirkungen. Dieses Thema kann aus unserer Sicht nur philosophisch gelöst werden. Die Japaner bezeichnen sie daher als Schattenenergie.
Im folgenden Kasten haben wir einige Beispiele der verschiedensten Erscheinungsformen dargestellt.

Die Raumenergie und deren Erscheinungen

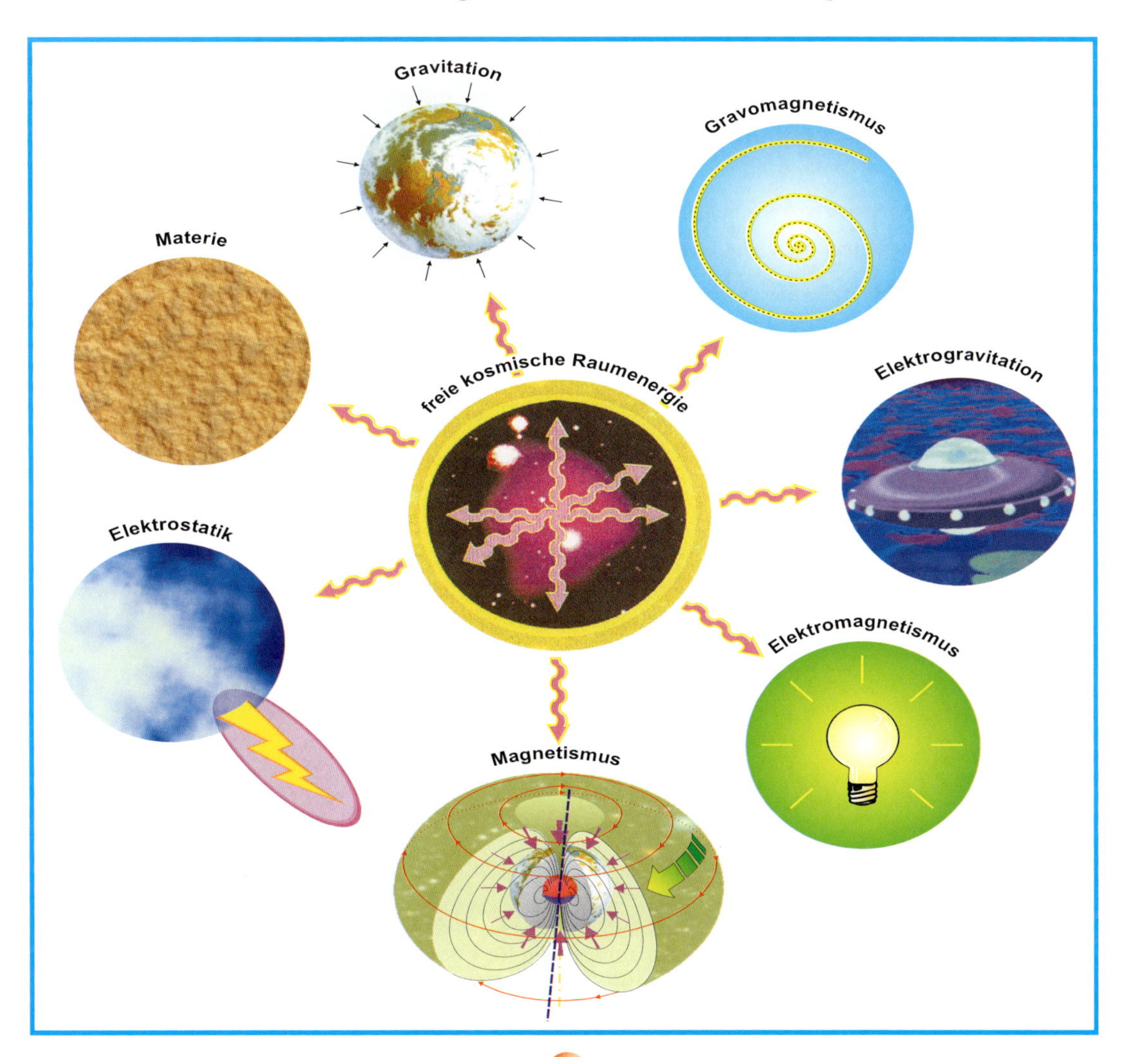

In den vorher genannten elektromagnetischen und gravomagnetischen Wellen tritt sie sozusagen als Trägerwelle „in Erscheinung“ bzw. besser in Funktion.
Nikola Tesla, einer der bedeutendsten Erfinder und Physiker des 19. und 20. Jahrhunderts, betitelte die heute so bezeichnete Raumenergie mit dem Begriff „Tachionenenergie“.

Herkunft des Namens Tachionen
Das griechische Wort „tachys“ bedeutet „schnell“ und das ebenfalls aus dem Griechischen stammende Wort „ion“, abgeleitet von „ienai“ (gehen), bedeutet eigentlich „wanderndes Teilchen“.

Auszug aus dem Duden – Das Herkunftswörterbuch

Mehr zu diesem speziellen Thema gibt es in dem Buch „Die Kräfte des Universums“ zu lesen. Diese Schrift wurde ergänzend zum gleichnamigen Dokumentationsfilm verfasst.
Das Aquapol-Aggregat nutzt eine Energieform, die von oben in das System einfließt und es somit in seiner Wirkung wesentlich verstärkt.

Ohne diese Raumenergie könnte es kaum zwei Meter weit wirken und würde kaum einen Einfluss auf die Feuchtigkeit in einer Mauer ausüben, geschweige denn eine austrocknende Wirkung verursachen.

Überreichung der begehrten Kaplanmedaille für erfolgreiche Forscher und Erfinder durch Minister Edlinger /1995 an Ing. Wilhelm Mohorn

Elektromagnetische versus gravomagnetische Wellen

Ein durchgeführter Versuch im Forschungslabor bestätigte eine erstaunliche Entdeckung betreffend der unterschiedlichen Eigenschaften dieser beiden Wellenarten bei gleicher Frequenz.

Die Versuche zeigten, dass elektromagnetische Wellen viel stärker durch Mauern gedämpft (abgeschwächt) werden, als natürliche gravomagnetische Wellen von gleicher Frequenz. Physikalisch gesehen, stellt das Mauerwerk vor allem im durchfeuchteten Zustand ein Medium dar, das der Ausbreitung der Wellen einen Widerstand entgegensetzt. Die beim Aquapol-Verfahren verwendeten gravomagnetischen Wellen sind demnach in der Lage, Mauern besser zu durchdringen und somit in einem größeren Umkreis ihre entfeuchtende Wirkung zu entfalten.

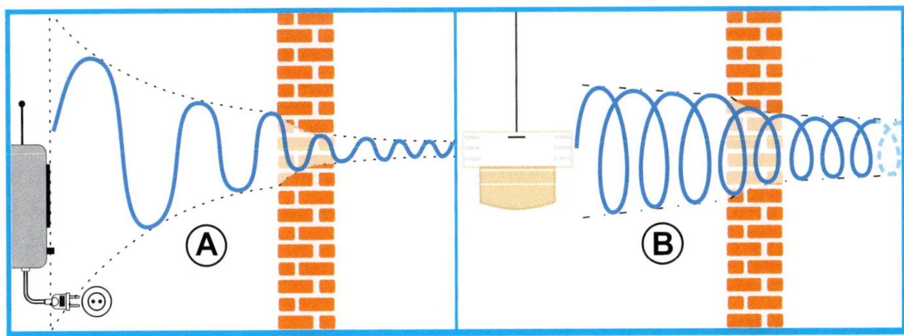

Elektromagnetische Wellen (A) werden durch Mauerwerk stärker abgeschwächt als gravomagnetische Wellen (B), sie sind deshalb wegen ihrer größeren Durchdringungstiefe besser für die Gebäudetrockenlegung geeignet.

Das Aquapol-Aggregat (siehe nachfolgende Grafik) wird an einem Ort aufgehängt, von dem aus seine gravomagnetischen Wellen sämtliche, von aufsteigender Mauerfeuchtigkeit beeinträchtigten Gebäudeteile erreichen. Zu diesem Zweck vermerken die Techniker von Aquapol in einem ersten Schritt von jeder betroffenen Etage (in der Regel sind dies der Keller und das Erdgeschoss) in einem Grundriss verschiedene Details, die für die Dokumentation und für die bevorstehende Trockenlegung sehr wichtig sind.

Mit Blick auf die benötigte Reichweite und die erforderliche Durchdringungstiefe errechnen die Techniker den bestmöglichen Standort und entscheiden, welche Gerätegröße zu empfehlen ist. Jede Festlegung treffen Sie mit dem Ziel, nach der Montage den größtmöglichen Entfeuchtungseffekt, als auch biologischen Effekt innerhalb eines vertretbaren Zeitraums zu erreichen.

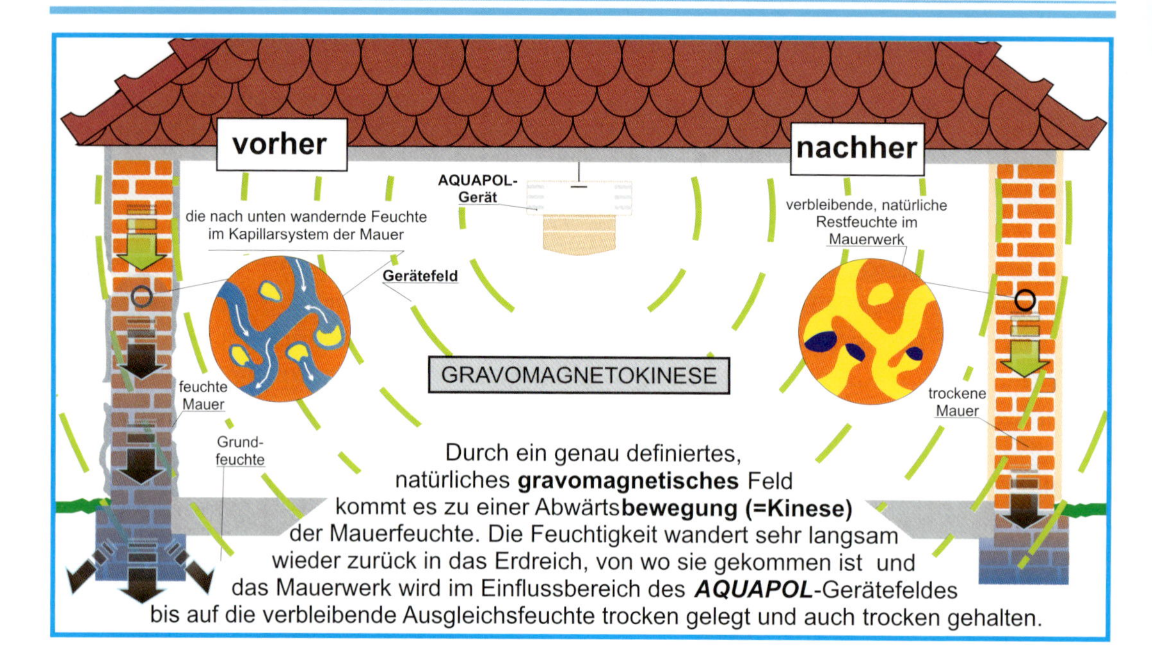

Einmal installiert, verrichtet das Gerät seine Arbeit ohne interne oder externe Stromzufuhr. Es benötigt auch keine Batterie, sondern es bezieht seine Energie aus den zwei natürlichen, immer vorhandenen Energiequellen. Zum einen ist dies ein natürliches Erdfeld, dessen Charakteristik weiter oben in diesem Kapitel im wesentlichen dargestellt wurde.

Es ist, wie das Gravitationsfeld (= Schwerkraftfeld) der Erde, immer vorhanden, auch wenn es natürlichen Schwankungen durch die Stellung des Mondes (siehe auch bei den Gezeiten) ausgesetzt ist.

Des Weiteren speist sich das Aggregat aus einer zweiten Energiequelle, die von Physikern mit dem Oberbegriff „Raumenergie” bezeichnet wird. Diese zusätzliche Kraft aus dem Kosmos verstärkt das aus dem Erdfeld angezapfte gravomagnetische Feld und erweitert damit das Wirkungsfeld des Geräts.

Aufbau des Aquapol-Aggregats

Das Aquapol-Gerät besteht im wesentlichen aus drei Teilen mit jeweils eigenständigen Funktionen: der Empfangseinheit, der Polarisationseinheit und der Sendeeinheit (siehe die folgende schematische Darstellung).
Rein äußerlich fallen an der patentierten Vorrichtung die verschiedenartigen Antennen auf, deren exakt berechnete Anordnung den Effekt erzielt, dass ein natürlich vorkommendes gravomagnetisches Kraftfeld aufgenommen, polarisiert und durch eine weitere Energieform verstärkt nach unten gerichtet wieder abgegeben wird, und zwar in einer Weise, dass Wassermoleküle in der näheren Umgebung sich so umorientieren, dass sie sich nach unten bewegen. Das Gerät benötigt für seine Funktion keine externe Zufuhr von elektrischem Strom. Auch eine interne Versorgung durch eine Batterie ist nicht erforderlich.

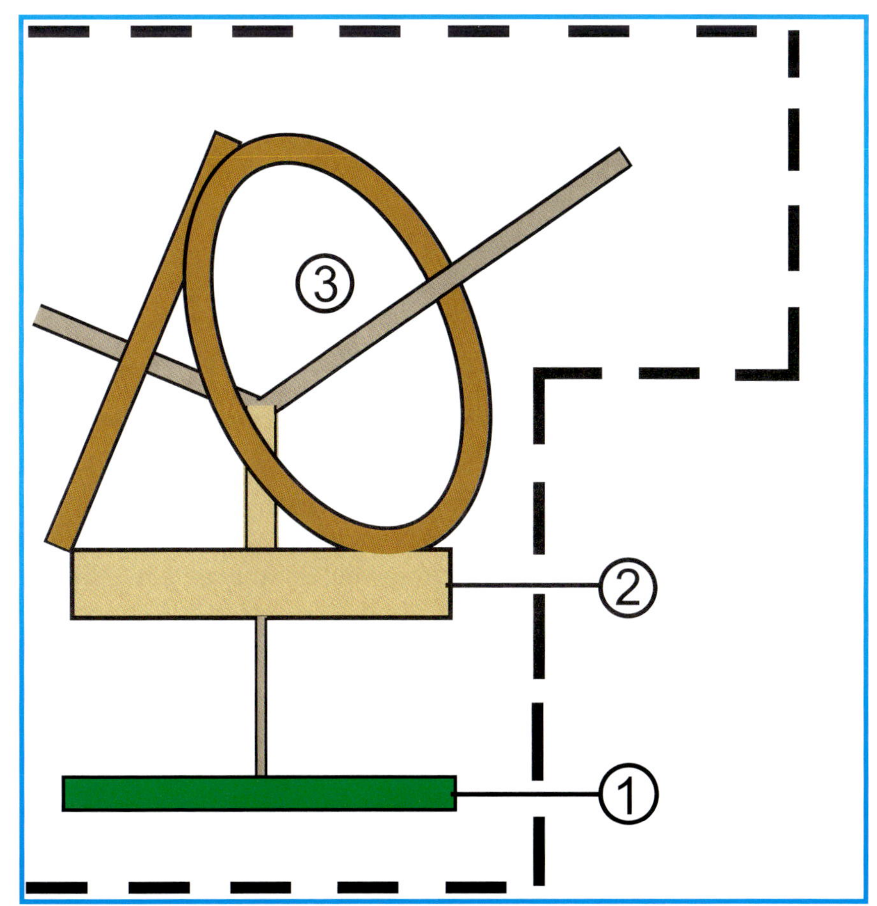

Vereinfachter Aufbau des Aquapol-Geräts:
1) Empfangseinheit 2) Polarisationseinheit 3) Sendeeinheit

Die Empfangseinheit, eine flache Spiralspulenkonstruktion, befindet sich im unteren Bereich des Gerätes. Sie nimmt ein natürlich vorkommendes Erdfeld auf, das gravomagnetische Eigenschaften aufweist. Der Empfangsraum, aus dem die Empfangseinheit die gravomagnetische Bodenenergie empfängt, weist die Form eines umgedrehten Trichters auf (siehe nachfolgende grafische Darstellungen).

Die Polarisationseinheit besteht aus einer Zylinderspule mit selektiven Empfangs- und Sendeeigenschaften. Dieses Geräteteil polarisiert die empfangenen gravomagnetischen Wellen stabil rechtsdrehend.

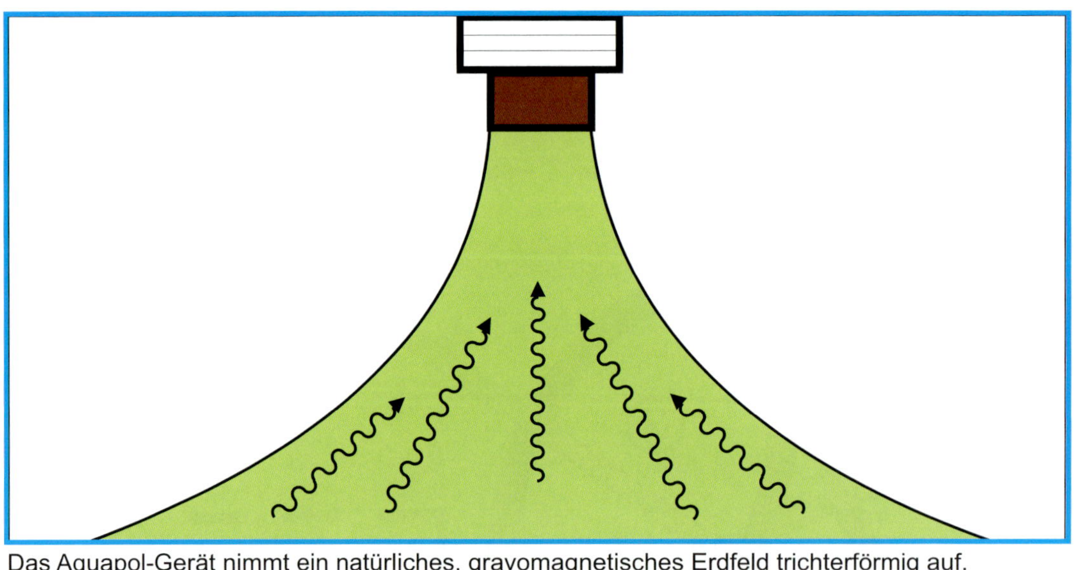

Das Aquapol-Gerät nimmt ein natürliches, gravomagnetisches Erdfeld trichterförmig auf.

Die Sendeeinheit setzt sich aus drei ringförmig angeordneten, jeweils um 120 Grad versetzten Sendespulen (Zylinderluftspulen-Ausführung) zusammen. Im Zentrum jeder dieser Sendespulen verläuft jeweils eine spezielle stabförmige Antennenkonstruktion. Diese Sendeeinheit sendet das rechtsdrehend polarisierte Kraftfeld nach unten gerichtet in den sogenannten Wirkraum ab. Die stabil rechtsdrehenden, gravomagnetischen Wellen bewirken, dass sich die Wassermoleküle umorientieren. Sie beginnen im Kapillarsystem der Wände nach unten zu wandern (Trockenlegung) und werden auf tieferem Niveau gehalten (Trockenhaltung).

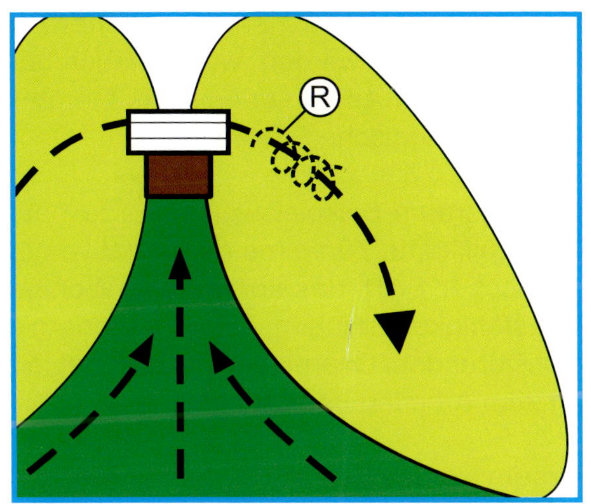

Polarisations- und Sendephase: Die Polarisations-einheit polarisiert die aufgenommene Energie rechtsdrehend (R) und gibt sie an den Wirkraum ab.

Messungen und vergleichende Berechnungen zur aufgenommenen und abgegebenen Energie ergeben, dass noch eine weitere Energieform in das System einfließt und den Wirkraum des Entfeuchtungsgeräts erheblich vergrößert. Tatsächlich empfangen die Antennen zusätzlich von oben freie Raumenergie, die ebenfalls in gravomagnetische Energie umgewandelt wird. Man könnte hier von der Raumenergie-Verstärkungsphase sprechen.

Das Gerät erzielt also durch die Erzeugung, durch die Umwandlung von Raumenergie in gravomagnetische Energie, einen Generatoreneffekt. Mit Hilfe dieser zusätzlich einfließenden Raumenergie verstärkt der physikalisch neuartige Generator das ausgesendete Signal und erhöht damit seine entfeuchtende Wirkung.

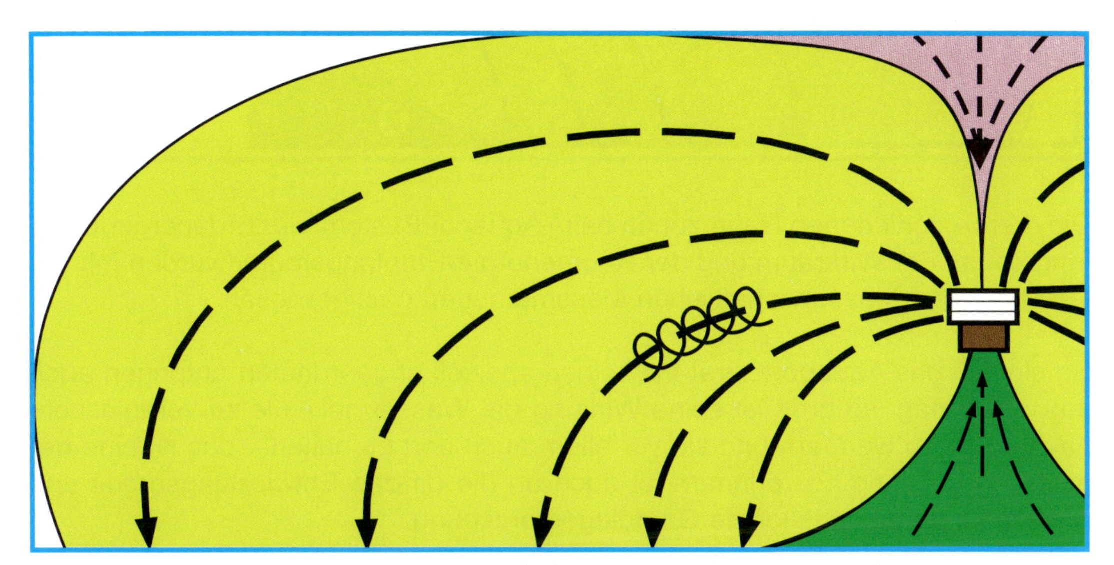

Raumenergie-Verstärkungsphase: Von oben fließt gleichzeitig Raumenergie ein und verstärkt das abgegebene Signal. Dadurch vergrößert sich der Wirkraum erheblich.

Die Besonderheiten der drei verschiedenen Raumzonen, die bei der Funktion des Aquapol-Systems beschrieben werden, wurden auch bei wissenschaftlichen Untersuchungen zu biologischen Auswirkungen des Gerätes bestätigt (siehe 6. Kapitel, Abschnitt „Positive biologische Effekte“).

Im Raumenergie-Empfangsraum beispielsweise wurde nach der Montage des Aquapol-Gerätes eine signifikante Zunahme der negativen Luftionen gemessen. Sie sollen aus medizinischer Sicht das körperliche Wohlbefinden fördern und insgesamt die Leistungsfähigkeit erhöhen. Der Raumenergie-Empfangsraum ist wegen seines energetisierenden Charakters ungeeignet als Schlafplatz, empfiehlt sich aber als Ort zum Arbeiten und Lernen.

Im sogenannten Wirkraum wurde ebenfalls eine zwar etwas kleinere Vermehrung der negativen Ionen gemessen, jedoch kam hier eine andere positiv bewertete Eigenschaft des Gerätes zum Vorschein. Die Dämpfung geologischer Störfelder, im Volksmund schlicht „Erdstrahlen” genannt. Strahlenfühlige Menschen berichteten über deutlich weniger Schlafstörungen. Wegen dieser sowie weiterer positiver biologischer Effekte, eignet sich der Wirkraum als Schlafplatz.

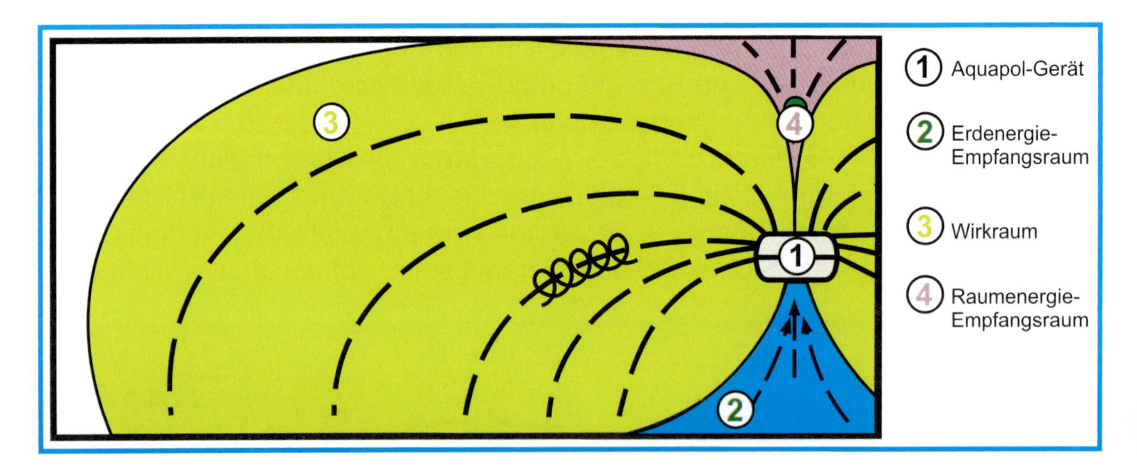

Die drei verschiedenen Raumzonen beim Aquapol-System, der Erdenergie-Empfangsraum, der Wirkraum und der Raumenergie-Empfangsraum, wurden mit unterschiedlichen wissenschaftlichen Messmethoden nachgewiesen.

So einfach das Aquapol-Gerät mit seinen speziell angeordneten Antennen auch aussehen mag, so groß ist seine Wirkung die Wassermoleküle zu veranlassen, nach unten zu wandern und sie vor allem auch dort zu halten – das ist eine beachtliche Leistung. Zu erinnern ist auch an die diffizile Entwicklungsarbeit und noch mehr an die funktionale Grundlagenforschung.

Die gravomagnetischen Wellen der natürlich vorkommenden Bodenenergie fanden in den Büchern der Schulphysik bisher keine Beachtung. Die Entdeckung und Erforschung dieser Wellen und der sich darin manifestierenden Energieform war keine nebensächliche Beschäftigung, sondern stellt einen weiteren, keineswegs unbedeutenden Schritt hin zum besseren Verständnis des uns alle umgebenden physikalischen Universums dar. Mir kamen bei der Entwicklung dieser Technologie vor allem mein Entdeckergeist und meine Begeisterungsfähigkeit für alternative Energieformen zugute, um diese Pionierarbeit zu leisten.

Das Gerät nutzt die Raumenergie erstmals für einen sehr praktischen Zweck, noch dazu auf einem sehr wichtigen Anwendungsgebiet mit dem entsprechenden wirtschaftlichen Nutzen. Wissenschaftler, die sich mit der Raumenergie befassen und diese unerschöpfliche, absolut umweltfreundliche Energiequelle mit speziellen Versuchsanordnungen jederzeit messtechnisch indirekt nachweisen können, freuen sich, dass mit dem Aquapol-Gerät ein Durchbruch gelungen ist. Die Raumenergie hat damit erfolgreich die Schwelle vom Labor in die technische Wirklichkeit überschritten.

Nikola Tesla hat die Existenz der Raumenergie bereits vor mehr als 100 Jahren postuliert und sie mit seinen Experimenten in den Bereich der möglichen praktischen Anwendung gerückt. Wer sich mit Tesla befasst, bedauert, dass die Ergebnisse seiner Versuchsreihen zur Raumenergie größtenteils nach seinem Tod verschwunden sind. Dies erklärt beispielsweise, warum Professor Josef Gruber, der lange Jahre der Präsident der Deutschen Vereinigung für Raumenergie war, immer wieder auf Kongressen spricht und seinen Zuhörern erklärt, was für ein wichtiger Schritt die Aquapol-Technologie auch für den Fortschritt bei der Raumenergie ist.

Der Aquapol-Gründer, Ingenieur Wilhelm Mohorn, hat umfangreiche Grundlagenforschungen betrieben und das Aquapol-Entfeuchtungsgerät entwickelt.

Design

Die Aquapol-Geräte bleiben nach ihrer Montage an ihrem einmal berechneten Standort, um von da aus permanent ihre entfeuchtende Wirkung zu entfalten. Da sie gewissermaßen ein Teil des Inventars werden, rückt für Liebhaber eines gemütlichen Zuhauses die Frage des Gehäusedesigns in den Mittelpunkt. Der geeignete Ort für die Montage befindet sich wegen des nach unten gerichteten Wirkungsfeldes stets im Deckenbereich. Die optische Gestaltung der verschiedenen Gehäuse orientiert sich deswegen am Design von Lampen, auch hinsichtlich der Größe, da es in der Regel nicht sonderlich auffallen sollte.

Über die Jahre hat Aquapol eine Auswahl an Modellen entwickelt, die dem Anspruch einer Anpassung an die jeweilige Innenarchitektur Rechnung zu tragen versucht. Bei den Materialien sind Grenzen gesetzt. Das Gehäuse muss technisch gesehen gegen E-Smog abgeschirmt sein. So kann man beispielsweise kein Glas verwenden.

Im Bedarfsfall sind auf Wunsch des Kunden und gegen entsprechenden Aufpreis Sonderanfertigungen möglich, um beispielsweise das Gehäusedesign passend zu einer charakteristischen Umgebung zu gestalten. Das Modell „Weinfass", geschaffen für die „Vinothek" im Stift Klosterneuburg, steht für so einen Fall. Zu beachten ist, dass sich das Design und das für das Gehäuse verwendete Material der Funktion des Gerätes unterzuordnen haben.

Gehäuse-Design-Modelle

Disc 2000

Rustica

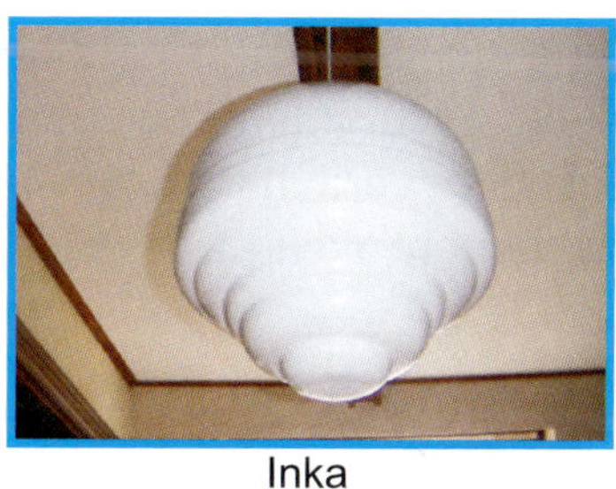
Inka

Weinfass (Sondermodell)

Weidi

Apple

Technische Daten

Abmessungen: Abhängig vom Typ und von der Gehäuseform
Minimum: Durchmesser: 27 Zentimeter Höhe: 15 Zentimeter
Maximum: Durchmesser: 55 Zentimeter Höhe: 48 Zentimeter
Gewicht: 3 bis 5 Kilogramm
Energieversorgung: Natürliche Bodenenergie und Raumenergie
Patentierte Antistatik-Vorrichtung und verschleißfreie Technik

Der magneto-physikalische Austrocknungsprozess oder: Was passiert bei jeder Austrocknung der Mauer?

Im Kapitel 2 wurde dieser Effekt schon genau beschrieben. Wir fassen hier kurz zusammen:
Nachdem das Aquapol-System in einem Haus installiert worden ist, verrichtet es seine „Arbeit" mit ziemlich gleichbleibender Energie. Es sendet ein vergleichsweise schwaches, aber durchaus wirkungsvolles Kraftfeld gravomagnetischer Natur aus. Die rechtsdrehend polarisierten Wellen geben den Wassermolekülen in seinem Wirkungsbereich eine Neuorientierung, so dass sie sich im Kapillarsystem des Mauerwerks nach unten bewegen. Die verschiedenen Salze, die sich in wässriger Lösung befinden, verdunsten zum Teil in der Verdunstungszone, der größere Teil wandert mit der Feuchtigkeit nach unten zurück ins Erdreich, woher sie urspründlich gekommen sind.

Der magneto-physikalische Austrocknungsprozess findet also in zwei Phasen statt und macht sich an zwei verschiedenen Wandbereichen bemerkbar (siehe nächste Grafik).

In dem Bereich, wo das Wasser und die Salze bereits vorher ausgetreten waren, als die Feuchtigkeit durch die Kapillargänge der Wand in einem langen Prozess nach oben wanderte (Verdunstungszone), machen sich nun die ausblühenden Salze in der Regel verstärkt bemerkbar.

Sie werden mit der ausdünstenden Feuchtigkeit an die Oberfläche transportiert, wo unter Umständen der Eindruck entsteht, dass sich die Schäden an Verputz und Farbanstrich verschlimmern. Tatsächlich ist es in diesem Fall ein gutes Anzeichen für den fortschreitenden Austrocknungsprozess. Der Altputz dient in dieser Phase als Puffer für die Aufnahme der Salze.

Nach drei bis zwölf Monaten, wenn die Verdunstungsphase beendet ist, kann man den Altputz falls nötig, erneuern. Vorher wäre es nicht effektiv, weil der Neuputz durch immer noch ausblühende Salze Schaden nehmen würde. Außer, man arbeitet mit einer speziellen Putzträgertechnik, die im nächsten Unterkapitel beschrieben wird. Hier könnte man sofort mit den Putzsanierungsarbeiten beginnen.

Bei der Trockenlegung von Gemäuer lautet daher eine Grundregel, die nicht oft genug wiederholt werden kann:

DIE ENTFERNUNG DES VERSALZENEN ALTPUTZES SOLLTE IDEALERWEISE FRÜHESTENS NACH DER VERDUNSTUNGSPHASE STATTFINDEN.

Sperrschichten oder sogenannte Sperrputze dagegen sollten so schnell wie möglich entfernt werden, da sie die Verdunstung der Mauerfeuchtigkeit durch die Wandoberfläche behindern.

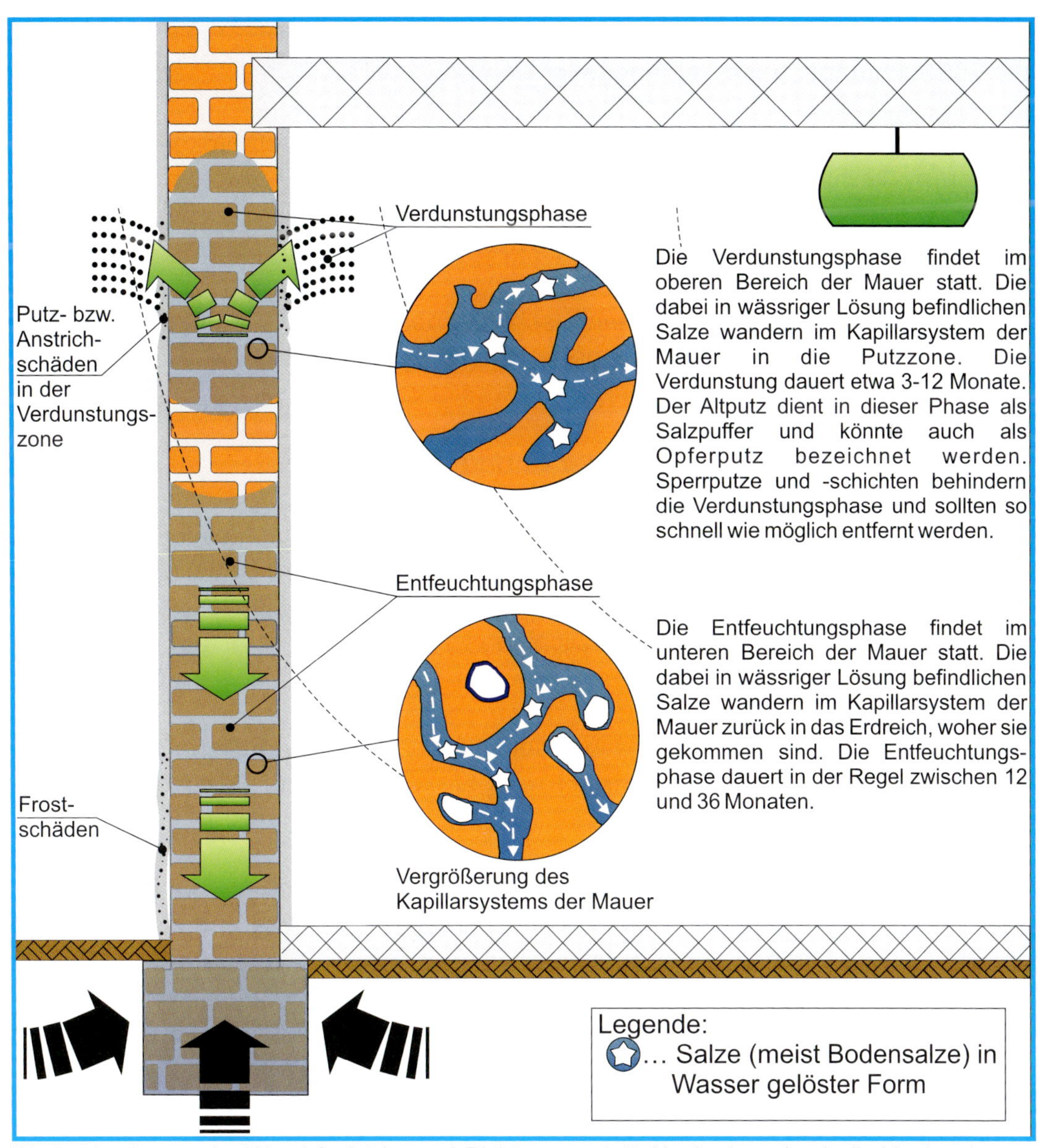

Die Austrocknung der Wand findet in zwei Richtungen statt: Nach oben durch die Verdunstungszone und nach unten ins Erdreich infolge des vom Aquapol-Gerät ausgehenden Kraftfeldes, das die Wassermoleküle umorientiert, so dass sie durch das Kapillarsystem nach unten wandern.

Die Entfeuchtungsphase findet im unteren Bereich der Mauer statt. Durch die Kapillargänge der Wand bewegen sich in dieser tiefer gelegenen Zone sowohl die Wassermoleküle, als auch die gelösten Salze in Richtung Untergrund. Die

Entfeuchtungsphase dauert in der Regel durchschnittlich zwischen 12 und 36 Monaten.

Beim magneto-physikalischen Austrocknungsprozess wird also ein Großteil der im Wasser gelösten Mauersalze, sowohl in der Verdunstungsphase, als auch in der Entfeuchtungsphase, mit ausgeschwemmt.

Dadurch erhält das Kapillarsystem der Wand seine Atmungsfähigkeit zurück: Die Luftporen, die nun nicht mehr mit Salzen und Feuchtigkeit verstopft sind, erhöhen die Wärmedämmeigenschaften der Mauer beträchtlich, während der Wärmedämmeffekt bei feuchten Mauern sich extrem verschlechtert.

Trockene Wände mit den vielen eingeschlossenen kleinen Luftkammern machen sich demnach direkt in Form geringerer Heizkosten bemerkbar.

Nach der Entfeuchtung

Das Ziel der Trockenlegung ist erreicht, wenn die natürliche Ausgleichsfeuchtigkeit erreicht ist. Diese Restfeuchtigkeit hängt vom jeweiligen Baustoff, dem Salzgehalt und vom umgebenden Klima ab. Bei einer alten Ziegelwand beispielsweise wäre ein Wert von fünf Gewichtsprozent oder darunter ein akzeptabler Restfeuchtigkeitsgehalt.

In Venedig läge ein Trockenwert bei den stark versalzenen Ziegeln (durch die Chloride im Meerwasser) zwischen 10–15 Gewichtsprozent Feuchtegehalt, um noch als „trocken“ zu gelten.

Die dazu verwendeten Messmethoden sind in Form offizieller Normen festgelegt. Das Unternehmen Aquapol bezieht sich in einigen Bereichen auf die durchweg strenge ÖNORM seines Ursprungslandes Österreich.

Wenn die Entfeuchtung abgeschlossen ist, weist der Verputz an der ehemaligen Verdunstungszone eine erhöhte Salzkonzentration auf mit der Konsequenz, dass die Putzoberfläche an dieser Stelle häufig feuchter erscheint als vor der Trockenlegung.

Dies liegt an der hygroskopischen Eigenschaft der Salze. Sie ziehen Feuchtigkeit aus der Luft an und speichern sie.

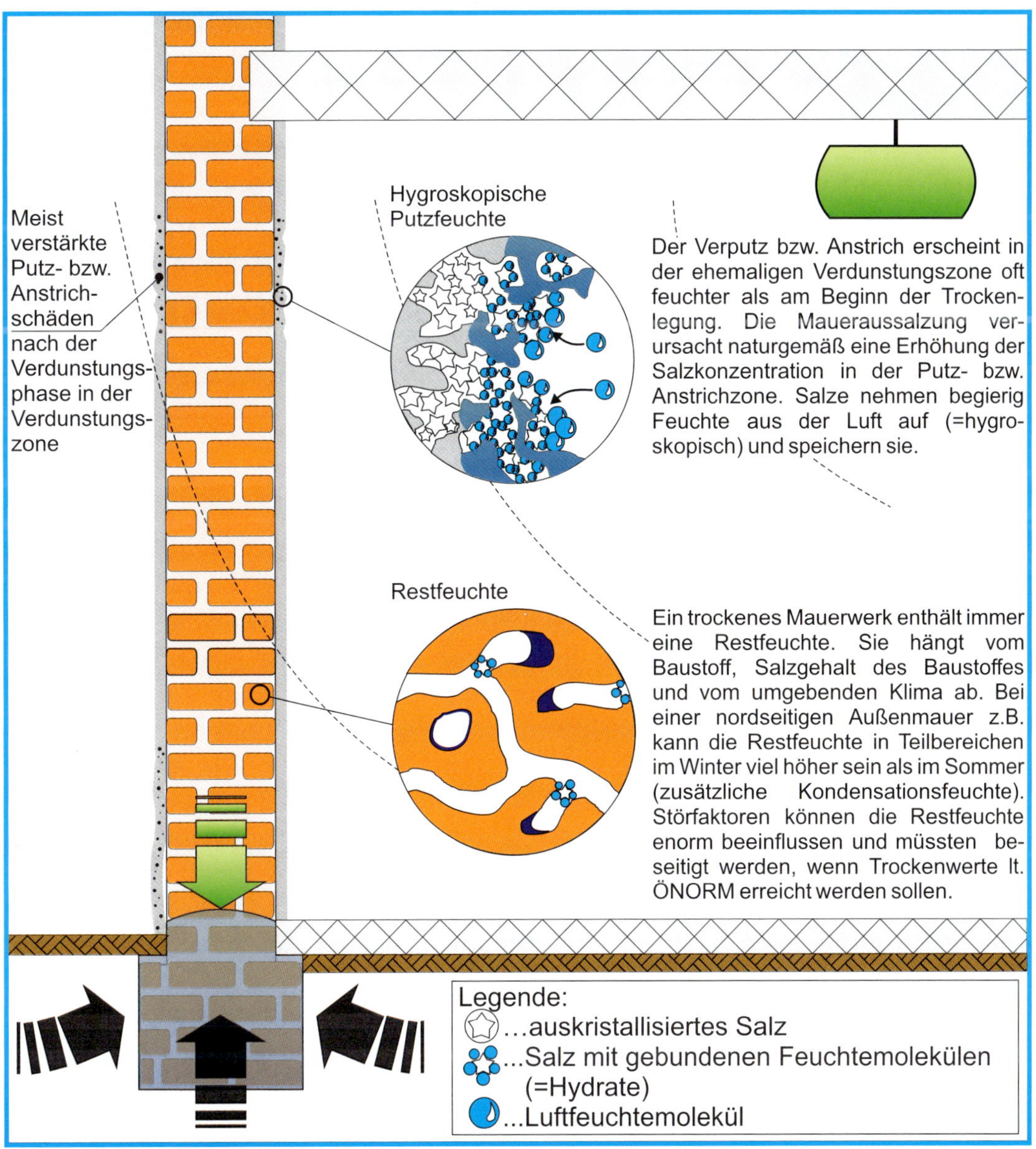

Meist verstärkte Putz- bzw. Anstrichschäden nach der Verdunstungsphase in der Verdunstungszone
Hygroskopische Putzfeuchte
Der Verputz bzw. Anstrich erscheint in der ehemaligen Verdunstungszone oft feuchter als am Beginn der Trockenlegung. Die Maueraussalzung verursacht naturgemäß eine Erhöhung der Salzkonzentration in der Putz- bzw. Anstrichzone. Salze nehmen begierig Feuchte aus der Luft auf (=hygroskopisch) und speichern sie.
Restfeuchte
Ein trockenes Mauerwerk enthält immer eine Restfeuchte. Sie hängt vom Baustoff, Salzgehalt des Baustoffes und vom umgebenden Klima ab. Bei einer nordseitigen Außenmauer z.B. kann die Restfeuchte in Teilbereichen im Winter viel höher sein als im Sommer (zusätzliche Kondensationsfeuchte). Störfaktoren können die Restfeuchte enorm beeinflussen und müssten beseitigt werden, wenn Trockenwerte lt. ÖNORM erreicht werden sollen.
Legende:
...auskristallisiertes Salz
...Salz mit gebundenen Feuchtemolekülen (=Hydrate)
...Luftfeuchtemolekül

Nach der Entfeuchtung: Die Wand verfügt nur noch über die natürliche Ausgleichsfeuchte. Die Mauersalze sind zum Großteil nach unten transportiert worden oder sind an der Verdunstungszone ausgeblüht.

Wegen der erhöhten Salzkonzentration hat der Verputz in diesem Bereich oft eine bröselige Konsistenz und es besteht die Wahrscheinlichkeit, dass der alte Mörtel und der Anstrich mehr beschädigt sind als vorher. Nach der Austrocknung ist daher auch der beste Zeitpunkt für die Putzsanierung gekommen. Hält man die richtige Reihenfolge ein, wird man die an der Oberfläche „zwischengelagerten" Salze auf einem äußerst effektiven Weg los.

Wegen der gleichbleibenden Abläufe der Mauerentsalzung ist die für die Putzsanierung geltende Regel mit der oben genannten Grundregel zur Altputzentfernung verwandt:

EINE PUTZSANIERUNG SOLLTE IDEALERWEISE NACH ABSCHLUSS DER ENTFEUCHTUNGSPHASE STATTFINDEN. AUF SALZGEHALTE, PH-WERTE DER MAUER USW. IST BEI DER SANIERUNG BEI ALLEN TROCKENLEGUNGSVERFAHREN RÜCKSICHT ZU NEHMEN.

(SIEHE ÖNORM B 3355, 5. KAPITEL)

Aquapol – das ganzheitliche System

Ein europaweit tätiges Unternehmen, das seit mehr als 20 Jahren mit stetig wachsendem Erfolg auf dem Markt der Gebäudesanierung expandiert und in regelmäßigen Abständen Niederlassungen in weiteren Ländern und Regionen eröffnet, muss sich ab und zu fragen, was dieser positiven Entwicklung zugrunde liegt. Welche Zutaten ergeben das Erfolgsrezept von Aquapol? Was sind die maßgeblichen erfolgreichen Aktionen in der Vergangenheit gewesen? Die Antwort darauf zu geben, ist vor allem deshalb wichtig, weil ständig neue Mitarbeiter ausgebildet werden, die natürlich, um ebenfalls erfolgreich zu sein, wissen müssen, wie die Firmenphilosophie aussieht, die dazu geführt hat, dass Aquapol laufend weiterempfohlen wird.

Am besten dürfte die Vorstellung von Aquapol als ein ganzheitliches System oder als ein Komplett-Service zutreffen.

Was versteht man unter einem ganzheitlichen System in dieser Branche?

Es sind 4 Faktoren, die idealerweise berücksichtigt werden sollten:

1. Die Entfeuchtungstechnik selbst in Bezug auf die aufsteigende Feuchte;
2. die begleitenden Maßnahmen – um diesen Entfeuchtungsprozess vollständig zu gewährleisten und andere zusätzliche Feuchtequellen in den Griff zu bekommen;
3. die Sanierungstechnik – die auch den Baustoff, Salzgehalt, Zeitpunkt der Sanierung, Einhaltung der Grundlagen der Sanierungstechnik etc. genau einhält;
4. die biologische Wirkung auf die Bewohner des Gebäudes. Wenn als Nebeneffekt noch zusätzlich positive biologische Effekte auftreten, dann kann man mit Sicherheit von einem ganzheitlichen System sprechen.

Und zu allen 4 Gruppen sollten ausreichende Informationen in Schriftform vorhanden sein. Filme dazu sind dann sicher das NONPLUSULTRA einer solchen Methode.

Die gesamtheitliche Gebäudetrockenlegungsmethode Aquapol

Sanierungs-technik

Begleitende Maßnahmen

Biologische Wirkung

Entfeuchtungs-technik

Videothek

Wenn man sich den Umfang des Leistungsangebots von der kostenlosen Mauerfeuchtigkeits-Analyse über die Montage des Systems bis hin zu den regelmäßigen Nachkontrollen mit Erfolgsgarantie der Sanierungsberatung etc. vor Augen hält, fällt es einem schwer, bloß von einer Technik oder einer Trockenlegungsmethode zu sprechen. Denn es geht um bedeutend mehr als um die Installation eines Gerätes, halten die Mitarbeiter selbst und die Fachleute, die mit der Firma laufend kooperieren, den Begriff „Aquapol-Technologie" für wesentlich aussagekräftiger. Es mag sich übertrieben anhören, aber wenn man im Unternehmen Aquapol von der Dienstleistung der Entfeuchtung von Häusern spricht, geht es nicht nur um die relativ kurze Phase der Trockenlegung, sondern es spielt immer auch das Ziel, die Gemäuer trocken zu halten, eine wichtige Rolle.
Aus dieser Sicht heißt ganzheitliches System, dass der einmal angenommene Entfeuchtungsauftrag nicht eher als abgeschlossen und erledigt angesehen wird, ehe der jeweilige Kunde nicht das zugesagte Ergebnis, nämlich ein gesundes, trockenes Mauerwerk zu seiner Zufriedenheit erhalten hat **und** die Trockenerhaltung gewährleistet ist. Zu dieser Einstellung gehört, sich mit dem Problem des Kunden zumindest bis zu einem gewissen Grad zu identifizieren.
Die Hingabebereitschaft der Mitarbeiter ist Teil und zugleich Motor des ganzheit-

lichen Aquapol-Systems. Denn nicht zu unterschätzen ist deren Motivation, die in der schlichten Tatsache steckt, etwas wirklich Neues und Besonderes verkaufen zu können. Bei aller Routine nach mehr als 32.000 (Stand 12/2005) montierten Aquapol-Systemen in Europa, haben sich die Aquapol-Mitarbeiter auch einen Teil ihrer anfänglichen Faszination erhalten. Einer Faszination für eine Technologie, die es tatsächlich ermöglicht, mit einem Energiefeld, das in den Physik-Schulbüchern bislang nicht vorkommt, die Kraft des Wassers so zu manipulieren, dass marode Häuser wieder bewohnbar werden. Bei den Kunden die Neugier, die man einmal selbst verspürt hat, zu wecken und sie schließlich mit einem Ergebnis zu überraschen, das sie nicht wirklich für möglich gehalten haben. Das sind lohnende Momente, deren Motivationskraft nicht zu unterschätzen ist.

Ganzheitliches System bedeutet auch, das Wissen mit den Bauherrn zu teilen. Die langjährige Erfahrung rund um die Sanierung von feuchtem Gemäuer hat zu einem umfassenden Know-how geführt, das es als dringend angeraten erscheinen lässt, den Kunden auch mit den begleitenden Problemen nicht allein zu lassen. Wie würde es aussehen, wenn nach einer nachweislich erfolgreichen Mauerentfeuchtung mit dem Aquapol-Gerät die Wand an der Verdunstungszone wegen der dort konzentrierten Salzausblühungen wieder feucht würde, ohne dass dem Kunden geraten würde, den versalzenen und stark hygroskopischen (wasseranziehenden) Altputz an dieser Stelle zu erneuern oder zu entsalzen?

Zu Recht würde sich der betreffende Bauherr beklagen, dass er etwas Anderes erwartet habe. Wird er allerdings von Anfang an im Rahmen eines umfassenden Trockenlegungskonzeptes und den leicht verständlichen schriftlichen Informationen auf diese mögliche Begleiterscheinung hingewiesen und wird ihm auch noch ein Lösungsvorschlag dazu vorgelegt, bleibt das gute Verhältnis zum Auftraggeber ungetrübt, sollte das Problem tatsächlich auftreten. Eine langjährig entwickelte Checkliste mit Empfehlungen für sinnvolle begleitende Maßnahmen und eine Sanierungstechnikcheckliste mit den dazupassenden Sanierungstechnikblättern ist deshalb zum festen Bestandteil des Leistungskatalogs geworden.

Mauerfeuchtigkeits-Analyse

Sich Gewissheit darüber zu verschaffen, wo die Probleme in einem Gebäude liegen und sich über die wahren Ursachen von Mauerfeuchtigkeit klar zu werden, sollte vernünftigerweise am Anfang stehen. Fehlt dieses gesicherte Wissen, passiert es leicht, dass Maßnahmen ergriffen werden und unnötig Kosten entstehen, ohne der Schadensursache auf den Grund zu gehen.

Die Mauerfeuchte-Analyse mit der dabei geführten Aquapol-Objektanalysecheckliste erhalten Aquapol-Kunden kostenlos. Ein Fachberater der Firma stellt zu diesem Zweck eine Untersuchung der Ursachen der Feuchtigkeit an, um sich ein gutes Lagebild zu verschaffen. Das Wissen über die Symptome der aufsteigenden Feuchtigkeit und die klare Unterscheidung von anderen möglichen Ursachen der Mauerfeuchte gehören dabei zum wichtigsten Handwerkszeug des technisch versierten Fachberaters.

Wenn der Kunde es wünscht, kann auch gegen Kostenersatz eine genaue, messtechnische Mauerwerks-Diagnostik vom Techniker durchgeführt werden. Er erstellt auch eine begleitende Maßnahmen-Checkliste und aufgrund des Kundenwunsches und der verschiedenen Messungen auch eine Sanierkonzeptcheckliste mit den jeweiligen passenden Beilagen. Somit weiß dann der Kunde schon vor dem Ankauf ganz genau, was alles auf ihn zukommt. Bei einem Einfamilienhaus dauert so eine große Gebäudeanalyse etwa 5-7 Stunden.

Diese Analyse gibt sowohl dem Bauherrn als auch dem Unternehmen Aquapol ein sicheres Fundament für das weitere Vorgehen. Der Hauseigentümer kann sich ein Bild davon machen, wie weit die Feuchteschäden fortgeschritten, und wie dringend Gegenmaßnahmen sind. Basierend auf den in der großen Gebäude-Analyse enthaltenen Informationen vermag er seine Finanzplanung entsprechend einzurichten. Hat sich im Rahmen der Untersuchung herausgestellt, dass neben der aufsteigenden Feuchtigkeit zusätzliche andere Ursachen wie beispielsweise marode Entwässerungsrohre vorhanden sind, liegt es natürlich nahe, diese offensichtlichen Schäden spätestens parallel zur Installierung des Aquapol-Systems zu beseitigen.

Falsche Lüftungsgewohnheiten können ebenso zur Verschlechterung der Situation beigetragen haben wie Druckwasser aus der Umgebung. Die im ersten Kapitel nachzulesende Aufzählung der weiteren Ursachen und Arten der Mauerfeuchtigkeit dient dabei als Hilfe, um keine Eventualität zu übersehen.

Aus der Sicht des Aquapol-Unternehmens bestimmt die Mauerfeuchteanalyse das Fundament für die nachfolgenden Sanierungsschritte. Sie bietet insbesondere die Garantie, den in vielen Jahren erworbenen guten Ruf aufrecht zu erhalten. Vor dem Hintergrund der von Aquapol gewährten Funktionsgarantie und der in dieser Branche einmaligen Geld-zurück-Garantie ermöglicht eine sorgfältig ausgearbeitete Mauerfeuchteanalyse für beide Partner eine Kooperationsgrundlage im Hinblick auf eine erfolgreiche Mauerentfeuchtung. Es ist also leicht zu verstehen, dass für eine genaue Mauerfeuchteanalyse einige Mühe aufgewandt und diese vom Unternehmen Aquapol sehr ernst genommen wird.

Angebot und Auftragserteilung

Basierend auf der vorgenannten Objektanalyse als auch auf dem Grundrissplan, kann der Fachberater ein Angebot erstellen, vorausgesetzt, die Diagnose hat auch Symptome aufsteigender Feuchte aufgezeigt und der Bauherr wünscht es.

Der Grundsatz bei der Angebotserstellung, wie bei jedem weiteren Schritt, lautet, den potenziellen Kunden über nichts im Unklaren zu lassen. Ein detaillierter Leistungskatalog informiert den Bauherrn genauestens, was er für sein Geld bekommt, angefangen von technischen Berechnungen über die optimale Positionierung des Aquapol-Gerätes und dem kontinuierlichen Beratungs-Service, bis hin zur Erfolgskontrolle mittels genormter Feuchtigkeitsmessungen und anderer Spezialmessungen.

Begleitend dazu stehen allen Hauseigentümern, die sich für das innovative Aquapol-Verfahren interessieren, eine Vielzahl von zusätzlichen Informationsquellen zur Verfügung. Kein anderes Unternehmen in der Gebäudetrockenlegungs-Branche kann auf eine so große Palette von Aufklärungsmaterial mit einem so weit gefächerten Themenspektrum verweisen wie Aquapol. Videofilme vermitteln eine optische Vorstellung der Zusammenhänge rund um das Entfeuchten von Gebäuden; Broschüren erläutern alle Aspekte des Aquapol-Verfahrens; vielfältige Informationsblätter behandeln Einzelfallanwendungen und spezielle Problemstellungen; Dokumentationsvideos von Aquapol-Fachtagungen lassen Fachleute zu Wort kommen, die sich mit allen nur erdenklichen Fragen der Sanierung von Gebäuden befassen.

Der Videofachfilm Nr. 1 zur magneto-kinetischen Mauertrockenlegungstechnik wird jedem interessierten Aquapol-Kunden als Erstes empfohlen. Dieser Film zeigt in leicht verständlicher Form, was aufsteigende Mauerfeuchtigkeit ist, wodurch sie verursacht wird und woran man sie auch als Laie erkennt. In einfachen Schritten erklärt dieser kurzweilige Lehrfilm auch den intelligenten, natürlichen Lösungsweg des Aquapol-Verfahrens.

Im Kapitel 9 „Wer mehr wissen will“ werden die einzelnen Aufklärungsmaterialien mit kurzen Inhaltsangaben näher vorgestellt.

Die wesentlichen Informationsangebote sind in leicht komprimierter Form auch über das Internet unter **www.aquapol.at** abrufbar.

In den vielen Rückmeldungen und Erfolgsberichten, die bei den Aquapol-Niederlassungen eintreffen, wird als Kriterium der besonderen Kundenzufriedenheit immer und immer wieder die umfassende und ehrliche Aufklärungsarbeit, beginnend bereits vor der Angebotserstellung durch Aquapol, hervorgehoben. Der Erfolg des Aquapol-Systems, das sei an dieser Stelle verraten, hat in großem Ausmaß mit dem Thema „Mehr Verstehen“ zu tun. Es begann damit, dass ich als Erforscher und Erfinder dieser innovativen Technologie mehr verstehen wollte über die universellen Kräfte des Universums, um sie ganz praktisch zur Behebung von Feuchteschäden nutzbar zu machen. Es endete schließlich beim Einzelkunden, der mehr über die Ursachen der aufsteigenden Mauerfeuchtigkeit versteht und daher zur Erkenntnis gelangt, dass es keinen Sinn hat, das Mauerwerk zu malträtieren, wenn man doch nur die darin befindlichen Wassermoleküle „verscheuchen” muss.

Begleitende Maßnahmen-Checkliste

Als besonders wertvolles Extra im Aquapol-Komplett-Service-Paket hat sich eine Checkliste für begleitende Maßnahmen erwiesen. Entwickelt hat sie sich aus der jahrelangen Erfahrung mit Tausenden Gebäuden und zugegeben, aus einigen qualvollen Erlebnissen. An ein paar Objekten waren nicht zu erwartende Schwierigkeiten mit unschönen Nebenerscheinungen aufgetreten, die aber, wie sich stets herausstellte, mit dem Aquapol-Verfahren selbst nichts zu tun hatten. Es kam vor, dass der Austrocknungserfolg teilweise wieder zunichte gemacht wurde, weil die Bauherren infolge inkompetenter Beratung durch andere Sanierungsfirmen einen falschen Neuputz gewählt hatten.

Als die „alten” Feuchtigkeitspuren „wieder” sichtbar wurden, wie die Kunden glaubten, zeigten sie zunächst einmal mit dem Finger auf Aquapol, bevor ihnen klargemacht werden konnte, dass es sich um eine neue Feuchtigkeitsquelle handelte, hervorgerufen durch einen ungeeigneten Neuputz, der die Salze aus der Maueroberfläche in den Verputz herausgelöst hatte.

Die Checkliste mit den bei einem Gebäude erforderlichen begleitenden Maßnahmen wird vom Aquapol-Techniker bei der Montage des Systems in Abstimmung mit dem Bauherrn festgelegt und wird danach Bestandteil der von Aquapol schriftlich erklärten Funktionsgarantie. Der Austrocknungserfolg kann nur dann zugesichert werden, wenn diese flankierenden Schritte ausgeführt werden. Ein stark versalzener Altputz etwa könnte die Entfeuchtung des Gemäuers zumindest erheblich verzögern, weshalb seine Entfernung vereinbart und in der Liste begleitender Maßnahmen festgelegt wird. Unterlässt es der Bauherr, den vereinbarten Schritt auszuführen, trägt er auch das Risiko dafür, obgleich dies nicht heißt, wie zahlreiche Fälle belegen, dass zwangsläufig auch die Austrocknung unterbleibt. Im Gegenteil, häufig erreicht das Aquapol-System die anvisierte Zielvorgabe trotzdem. Ein Sperrputz jedoch verhindert sicher eine Austrocknung und sollte spätestens nach 3–6 Monaten nach der Montage entfernt werden.

Ist dieser Putz jedoch noch in Ordnung wie z. B. ein straßenseitiger Sockel, dann kann er auch selbstverständlich bleiben. Jedoch wird die Mauer dahinter nie austrocknen können.

Als äußerst verhängnisvoll kann es sich erweisen, wenn man annimmt, dass alle an dem Sanierungsvorhaben beteiligten Baufirmen genügend über die Trockenlegung von Mauern wissen und daher von Natur aus die richtigen flankierenden Maßnahmen unternehmen. Wenn beispielsweise der Altputz zu früh, das heißt vor Abschluss des Austrocknungsprozesses erneuert wird, besteht die Wahrscheinlichkeit, dass die weiterhin ausdünstenden Wasser- und Salzmoleküle den für teures Geld aufgelegten Neuputz beschädigen und sich möglicherweise als typische Putzverfärbungen zeigen. In diesem Fall ist mit fast 100-prozentiger Gewissheit anzunehmen, dass der Bauherr sich gehörig verschaukelt fühlt, weil aus seiner Sicht der Dinge das Feuchtigkeitsproblem nicht gelöst, sondern „nach wie vor" vorhanden ist. Der Ausweg aus diesem Dilemma besteht ganz einfach darin, dem Bauherrn mit Hilfe der Begleitende Maßnahmen-Checkliste und mit der einmaligen Aquapol-Sanierungstechnik-Checkliste samt Beilagen zusätzliches Know-how in die Hand zu geben und mit einer Übereinkunft über die notwendigen zusätzlichen Schritte den Sanierungserfolg sicherzustellen.

Die Liste möglicher Komplikationen infolge unvollständiger Beratung und unterlassener oder falscher handwerklicher Tätigkeiten ließe sich lange fortsetzen. Allein anhand der Aufzählung jener Ursachen von Mauerfeuchtigkeit, die parallel zur aufsteigenden Feuchtigkeit am Werk sein können, ist jeder, der sich im Baugewerbe auskennt in der Lage, sich mit ein wenig Fantasie eine Unzahl von möglichen Vorkommnissen auszumalen, die dem für das Trockenlegen verantwortlichen Techniker den kalten Schweiß der Verzweiflung auf die Stirn treiben. Unter diesem Aspekt ist die Liste für begleitende Maßnahmen, die Teil der Garantievereinbarung ist, eine geradezu lebenswichtige Vorkehrung gegen folgenschwere Fehler, indem man von Anfang an die richtigen, den Austrocknungserfolg unterstützenden Schritte in schriftlicher Form festlegt. Alle Beteiligten wissen danach, woran sie sind und was von ihnen erwartet wird.

Nicht ohne Grund hat das Unternehmen Aquapol im Jahr 2002 unter dem provozierenden Titel „Wärmedämmung – der größte Irrtum der Bauphysik" eine gesamte Baufachtagung dem Thema der geeigneten Isolierung von Häusern gewidmet. Äußerst eindrucksvoll referierten dort erfahrene Baupraktiker über Gebäudeschäden durch sogenannte Wärme-Verbund-Systeme. Mit der Erwartung, Energie einzusparen und im Glauben, das Richtige zu tun – immerhin laden staatliche Steueranreize dazu ein – lassen viele Bauherren ihre Häuser mit einer Volldämmung regelrecht verpacken und übersehen dabei die wichtigsten Grundregeln der Bauphysik. Millionen Wohnungen verschimmeln hauptsächlich deshalb, weil Gummidichtungen in modernen „Wärmeschutzfenstern" jeglichen Luft- und

Feuchtigkeitsaustausch unterbinden. Die Folge ist die vermehrte Bildung von Kondenswasser und das dadurch begünstigte Wachstum krankmachender Pilze.

Dass feuchte Wohnungen mehr Energie brauchen als trockene und dass durchnässte Wände ihre Wärmedämmeigenschaften fast vollständig einbüßen, basiert auf physikalischen Gesetzen, die zwar jedem einleuchten, die aber anscheinend keine Rolle mehr spielen, wenn die Maschinerie der Dämmstoff-Industrie einmal angelaufen ist. Mittels der Checkliste für begleitende Maßnahmen lernen Aquapol-Kunden deshalb, dass trockene Wände mit ihren als Dämmpolster fungierenden Luftporen nicht nur den besten Wärmeschutz, sondern auch eine Versicherung für gesundes Wohnen darstellen.

Diese Tatsache sollte bei Überlegungen zur Montage weiterer Dämmstoffe nie vergessen werden. Ich habe auch für Häuslbauer und baubiologisch orientierte Kunden eine Wärmedämm-Fassadentechnik entwickelt, wobei hier der nahezu vergessene „Thermoskannen-Effekt“ voll zur Anwendung kommt.

Auf der Suche nach natürlichen, bausubstanzschonenden Isoliermaterialien ist man bei Aquapol auf die gute alte Schilfrohrmatte gestoßen. Sie lässt einerseits den nötigen Feuchtigkeitsaustausch im Mauerwerk zu, andererseits sorgen die abgeschlossenen Luftkammern im Schilfstängel für einen verbesserten Dämmeffekt. Dies ist vergleichbar mit der Wirkungsweise einer Thermoskanne.

Die im Schilfrohr natürlich enthaltene Kieselsäure macht dieses Ökoprodukt zudem resistent gegen vorübergehende Feuchtigkeit und ist somit der ideale begleitende Baustoff für das Aquapol-System, vorausgesetzt es wird eine Wärmedämmung als flankierende Maßnahme angeraten oder es sollte während der Trockenlegung noch bei feuchtem Mauerwerk risikolos putzsaniert werden. Weil die Schilfmatten sowohl wärmedämmend, schalldämmend etc. wirken, als auch die dahinter liegende Wand weiter „atmen” lassen, drängen sie sich bei der von Aquapol verfolgten Linie einer natürlichen Gebäudesanierung als mauerwerkschonendes Material förmlich auf.

Ein von Aquapol produzierter Film beantwortet alle relevanten Fragen dazu, wie die Rohrmatten mit handelsüblicher Dübeltechnik zu befestigen sind, wie das ideale Mischungsverhältnis beim Verputz erreicht wird und welche Abhilfen an kniffligen Stellen zu bevorzugen sind.

Auf der nächsten Seite ist ein Auszug aus der ersten Seite einer Aquapol-Sanierungstechnik-Serie zu sehen. Auf der Rückseite hat der Baupraktiker jeden einzelnen Verarbeitungsschritt verankert, so dass böse Überraschungen vermieden werden können.

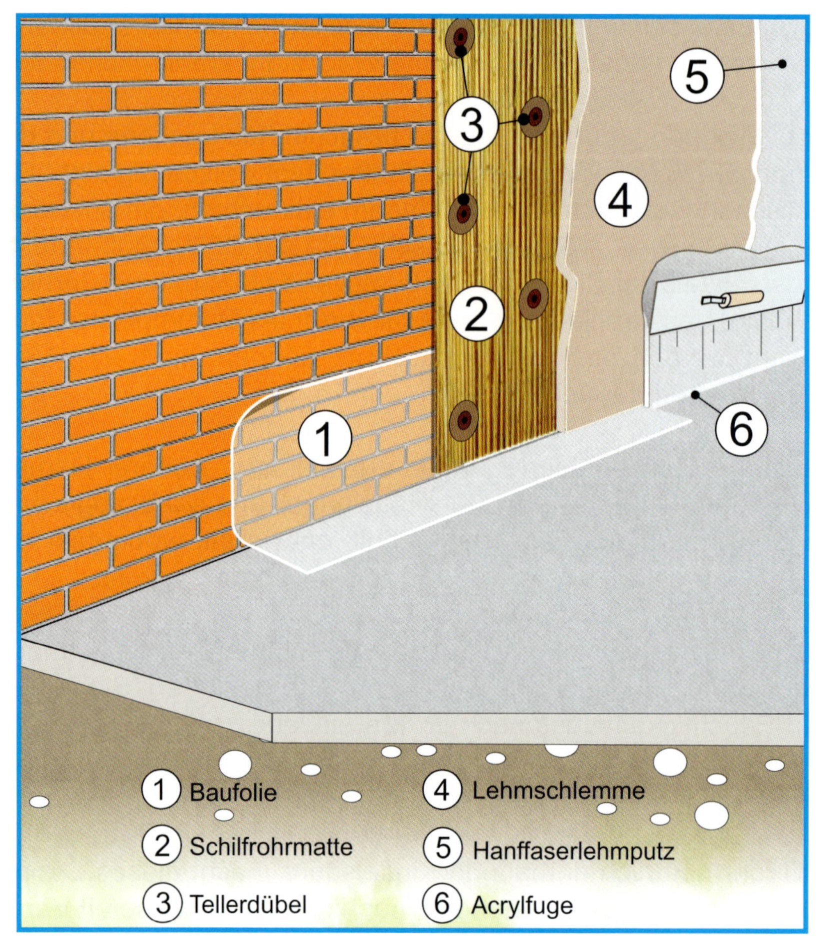

Aufgrund seiner natürlichen Eigenschaften empfiehlt sich Schilfrohr auch heute noch als geeigneter Putzträger. Die abgeschlossenen Luftkammern im Schilfstängel wirken wie in einer Thermoskanne wärmedämmend.

Oberflächenverschönerung

Die Erneuerung des oftmals beschädigten Altputzes nach erfolgter Trockenlegung steht für die Bauherren auf der Prioritätenliste der Sanierungsmaßnahmen normalerweise ganz oben. Sie wollen verständlicherweise wieder eine schöne Maueroberfläche, und das möglichst rasch. Unbedingt zu beachten sind dabei der Zeitpunkt der Aufbringung und die Zusammensetzung des Neuputzes. Auch wenn ungeduldige Hauseigentümer die Sanierung möglichst schnell hinter sich bringen wollen, so heißt es dennoch die Ratschläge der Techniker abzuwarten. Unsere Regel dabei lautet:

GRUNDSÄTZLICH GIBT ES FÜR JEDEN WUNSCH UND JEDES PROBLEM EINE TECHNISCHE LÖSUNG MIT LANGZEITWIRKUNG.

Die richtige Putzsanierung sollte an die physikalischen und chemischen Eigenschaften des darunter liegenden Mauerwerks angepasst werden. Da man die richtige Entscheidung diesbezüglich nur in den seltensten Fällen am Informationsschalter eines Baumarktes treffen kann, bietet das Unternehmen Aquapol in dieser Frage eine umfassende Hilfestellung mittels unabhängiger mauerdiagnostischer Messungen und fundierter Empfehlungen hinsichtlich des zu verwendenden Verputzmaterials an.

Zu einem zentralen Thema auf der Checkliste für begleitende Maßnahmen gehört die Beseitigung anderer, nicht von aufsteigender Mauerfeuchtigkeit hervorgerufener Schadensquellen.

Seitlich ins Kellermauerwerk eindringendes Druckwasser dürfte wohl das am häufigsten anzutreffende Problem dieser Art sein. Und die gängigste Lösung dafür, eine an der Außenwand angebrachte vertikale Sperrschicht, wird in der Regel auch von Aquapol als zusätzliche Maßnahme verlangt, um den garantierten Austrocknungserfolg nicht zu gefährden. Hierbei gibt es eine Lösung von innen oder von außen. Je nachdem, was der Kunde wünscht und welches Profil er an seine Kelleraußenmauer stellt.

Montage des Aquapol-Systems

Die Installation des Aquapol-Gerätes ist ein relativ unspektakulärer Akt, gemessen an der doch nicht unwesentlichen Menge an Vorarbeit, die zur genauen Standortbestimmung geleistet werden muss. Es wird an der vorausberechneten Stelle, üblicherweise im Deckenbereich, wie eine Lampe montiert. In die Bestimmung des wirkungsvollsten Montageplatzes fließt eine beachtliche Planungszeit ein.

Der Platz muss auch elektromagnetisch untersucht werden usw. Die Ergebnisse der Mauerfeuchtigkeitsanalyse, einschließlich der Messwerte über die Steighöhe und den Grad der Durchfeuchtung, bilden die Grundlage. Hinzu kommen die Abmessungen des jeweiligen Gebäudes und dabei insbesondere die Stärken der unterschiedlichen Mauern.

Das von den Aquapol-Geräten ausgesendete gravomagnetische Kraftfeld ist vergleichsweise schwach und für lebende Organismen nach allen bisherigen Untersuchungen absolut harmlos. Da diese relativ sanft wirkenden, aber durchaus nicht kraftlosen Strahlen nur über einen limitierten Wirkungskreis verfügen und auch ihre Durchdringungstiefe bei massivem Mauerwerk begrenzt ist, bilden die Dimensionen eines Hauses eine wesentliche Kalkulationsgrundlage. Zu den obligatorischen Bestandteilen der Akten gehören daher die Grundrisse der von aufsteigender Feuchtigkeit betroffenen Bereiche – normalerweise sind dies der

Keller und das Erdgeschoss – ergänzt mit den Maßen aller Mauerstärken sowie den Angaben über feste Einbauten, wie etwa Heizkessel, die mit ihrer Masse das Kraftfeld möglicherweise abschirmen könnten.

Für ein Mehrfamilienhaus durchschnittlicher Größe reicht ein einzelnes Aquapol-Entfeuchtungsgerät aus. Es werden verschiedene Modelle mit unterschiedlichen Leistungsdaten und Reichweiten angeboten, deren Einbau von der vorher ermittelten individuellen Sachlage abhängt. Schlösser, Klöster, Burgen und andere monumentale Bauwerke benötigen natürlich mehrere Aquapol-Systeme.

Mauerwerksdiagnostische Untersuchungen

Am Tag der Montage des Aquapol-Systems erfolgen Mauerfeuchtigkeitsmessungen nach der wissenschaftlich anerkannten DARR-Methode an zuvor bestimmten Punkten, und zwar in Gegenwart des Bauherrn oder unter Aufsicht eines von ihm beauftragten Bausachverständigen. Die dabei ermittelten und protokollierten Werte bilden die Basiszahlen für den in diesem Moment beginnenden, vom Aquapol-Gerät bewirkten Austrocknungsprozess.

Zusätzlich werden einige andere chemische und physikalische Untersuchungen durchgeführt, vor allem dann, wenn die Putzsanierung bald begonnen werden soll. Alles wird dabei peinlich genau protokolliert, die Messstellen auf dem Plan genau festgehalten. Auch das Klima innen und außen wird miterfasst. Bei einem Einfamilienhaus kann alleine diese Untersuchungsphase 1,5–3 Stunden dauern.

Reaktionsmessung

Dies ist die wichtigste Messung vor und nach der Montage des Aquapol-Systems. Mittels einer elektrischen Messmethode am feuchten Mauerwerk kann man innerhalb etwa einer Stunde eine messbare Reaktion feststellen, wenn das Gerät richtig platziert ist. Der Hausherr wird Zeuge einer bereits beginnenden Umpolarisierung der Feuchtemoleküle.

Begleitende Maßnahmen

Nun wird die begleitende Maßnahmen-Checkliste erstellt. Manchmal sind es nur 2–4 Maßnahmen, manchmal sind es eben mehr. Mit dem Bauherrn werden die Maßnahmen, als auch die zeitliche Abfolge abgestimmt.

Sanierungstechnik

Wenn in Kürze saniert wird, erstellt der Techniker auch die Sanierungscheckliste und gibt dem Hausherrn die nötigen Zusatzunterlagen dazu. Für den Häuselbauer eine sehr praktische Einrichtung, wie wir es immer wieder bestätigt bekommen.

Wir haben ausdrücklich kein wirtschaftliches Interesse an der Sanierungstechnik. Wir wollen dem Kunden helfen, es so optimal wie nur möglich zu machen, so dass er auf Jahrzehnte keinen Handgriff mehr rühren muss (außer mal wieder auszumalen).

Geologische Störfeldmessung

Ein weiterer toller Service für den Kunden: Manche geologischen Störfelder können die Feuchte im Mauerwerk, aber auch die Gesundheit der Bewohner enorm beeinträchtigen, worüber es zahlreiche Literatur gibt. Wir vermessen auch das Gebäude nach dominierenden Störfeldern und vermerken diese auch auf dem Plan. Die meisten Kunden lieben es, wenn man diesen Faktor bei der Montage optimal berücksichtigt, da er das Wohnklima enorm verbessern kann.

Planführung

Im Plan sind die Messstellen, die geologischen Störfelder, Gerätestandort, Feuchtesteighöhen usw. eingezeichnet. Der genaue Wirkbereich der Aquapol-Anlage wird blau gekennzeichnet. Abschirmende Teile – alles wird genau festgehalten.

Feuchtigkeitsmessungen und Service bis zur Trockenlegung

Um einen zusätzlichen Anhaltspunkt zur Dokumentation des Feuchtigkeitsrückgangs zu schaffen, wird an jeder Kontrollstelle ein vertikales Feuchtigkeitsprofil der betreffenden Mauer erstellt. Zu diesem Zweck wird ein oberer Messpunkt, zirka 20–50 Zentimeter unterhalb der sichtbaren Feuchtigkeitsgrenze, und ein unterer Messpunkt, rund 20–30 Zentimeter über dem Erdniveau, festgelegt.

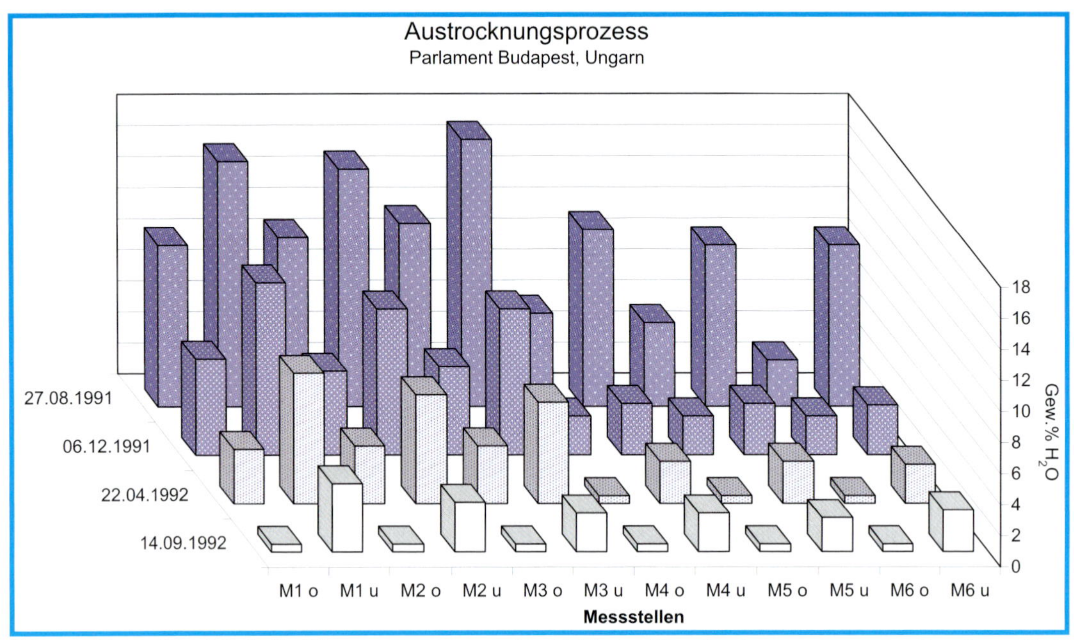

Dieses Mauerfeuchtigkeits-Diagramm veranschaulicht den Trockenlegungsprozess in einem Teilbereich des ungarischen Parlamentsgebäudes.

In regelmäßigen, normalerweise halbjährlichen Abständen, finden Kontrollmessungen statt. Auf Wunsch immer unter Beobachtung einer unabhängigen Person. Alle ermittelten Werte werden sorgfältig dokumentiert und nach erfolgreichem Abschluss der Mauerentfeuchtung im Archiv der Firma aufbewahrt. Das in dieser Branche wohl einmalige Kontrollsystem bringt die Unternehmensphilosphie von Aquapol und die Einstellung gegenüber ihren Kunden gut zum Ausdruck. Der Auftrag endet zwar – vorerst – mit der Trockenübergabe eines Objektes, aber das weitreichendere Ziel, die Trockenerhaltung, bleibt bestehen. Serviceverträge über einen längeren Zeitraum hinaus sind natürlich selbstverständlich.

Die Qualität von Serviceleistungen zeigt sich stets in dem Moment, wenn etwas nicht so läuft wie vorgestellt. Ist an den routinemäßigen Kontrollmessungen zu erkennen, dass der Austrocknungsprozess in einem Gebäudeabschnitt nicht in der erwarteten Geschwindigkeit voranschreitet, tritt jener Teil des Service-Paketes in Kraft, der sich mit außergewöhnlichen Ereignissen befasst.

Die Suche nach bislang unbekannten chemischen, physikalischen oder anderen Störfaktoren oder weiteren Feuchtigkeitsquellen gehört zum Standard-Repertoire möglicher Abhilfemaßnahmen. Die Beseitigung eventuell zusätzlich entdeckter Störquellen würde dann nachträglich der Liste von notwendigen begleitenden Maßnahmen hinzugefügt werden, um das Ziel der Entfeuchtung im vorgesehenen Zeitraum sicherzustellen. Sind diese Faktoren nicht so leicht zu finden, wird die etwa 9 Seiten umfassende Fehleranalyse-Checkliste in 4–8 Stunden durchgeführt, die ich in 15 Jahren bis in das kleinste Detail entwickelt habe. Ich versichere Ihnen, die Möglichkeiten von Störfaktoren, Fehlern etc. ist in diesem Metier riesengroß. Auch dieser Trouble shooter-Service ist in dieser Branche seit vielen Jahren absolut einmalig.

Garantie

„Wer eine Trockenlegungsgarantie gewährt, wie sie vom Unternehmen Aquapol den Bauherren angeboten wird, muss sich seiner Sache ziemlich sicher sein." Diese oder ähnliche Sätze hören die technischen Fachberater von Aquapol immer wieder aus dem Mund ihrer Kunden. In der Tat ist eine dermaßen strikte Garantie einmalig in der Gebäudesanierung, die ja bekanntlich voller Überraschungen ist. Denn auch in dieser Branche heißt eines der geläufigsten Sprichwörter: „Der Teufel steckt im Detail." Mit seinem Know-how, das sich aus einer großen Menge an Wissen über viele dieser Details zusammensetzt, kann es sich das Unternehmen Aquapol erlauben, eine vergleichsweise weitreichende Gewährleistung anzubieten. Mit der gesammelten Erfahrung und der sich daraus ergebenden Gewissheit, die meisten Ursachen von Schwierigkeiten erkennen und lösen zu können, bleibt das Risiko überschaubar.

Die Trockenlegungsgarantie von Aquapol sichert dem Bauherrn die Entfeuchtung seines Hauses bis zur Mauerrestfeuchtigkeit zu. Dies innerhalb eines bestimmten Zeitraumes. Die Dauer der veranschlagten Trocknungszeit liegt in der Regel zwischen 24 und 36 Monaten und kann sich bei Eintritt unvorhersehbarer Umstände verlängern. Bei Feuchtesteighöhen über 4 m liegt diese Austrocknungsgarantiezeit natürlich höher. Diese Garantie ist keine einseitige Sache, sondern nimmt auch den Bauherrn in die Pflicht, und zwar mittels der Liste begleitender Maßnahmen. Wenn darin beispielsweise die Entfernung eines zementhaltigen Sperrputzes verlangt wird, um die Entfeuchtung innerhalb der zugesagten Frist zu erreichen, ist es Sache des Hausbesitzers, diese Maßnahme rechtzeitig zu erledigen. Keller in alten Häusern werden nicht nur von aufsteigender Feuchtigkeit in Mitleidenschaft gezogen. Nicht selten durchnässt seitlich eindringendes Druckwasser die erdberührenden Mauerbereiche zusätzlich. Aquapol verlangt üblicherweise in so einem Fall, die Außenwand abzugraben und sie mit einer vertikalen Isolierung zu versehen. Wenn der Hausherr nur ein trockenes Erdgeschoss will und der Keller sich nur etwas verbessern sollte, ist das auch kein Problem.

Sollten die begleitenden Maßnahmen, aus welchen Gründen auch immer, erst später als vorgesehen begonnen werden, wird die Austrocknungs-Garantie einfach für einige Jahre unterbrochen, was ein enormer Vorteil für den Hausherrn ist.

Vergleichbare Regelungen hinsichtlich der beidseitigen Verantwortung sind auch in allen Wirtschaftbereichen normal. Ein Autohersteller würde sich gewiss weigern, für einen Schaden am Fahrwerk eines von ihm produzierten Pkw aufzukommen, wenn der Eigentümer das für die Benutzung auf Straßen ausgelegte Fahrzeug als Geländewagen missbraucht hätte. Um die Funktionsgarantie bei einem Automobil nicht zu verwirken, verpflichten Pkw-Hersteller ihre Kunden anhand der mitgelieferten Gebrauchsanweisung, dass die Autobesitzer bestimmte „begleitende Maßnahmen", wie die Kontrolle des Motorölstandes oder des Reifendrucks ausführen und in den vorgeschriebenen Zeitabständen einen kompetenten Automechaniker beauftragen, das Auto zu warten und im Bedarfsfall Verschleißteile zu erneuern.

Wenn ein Aquapol-Kunde einzelne Schritte auf der Liste der begleitenden Maßnahmen unterlässt, bedeutet das nicht, dass die Mauerentfeuchtung nicht trotzdem eintritt, aber der Bauherr verzichtet wenigstens teilweise auf die Garantie. Zumindest riskiert er, dass die Entfeuchtung länger dauert, als zugesagt. Es ist nicht nur einmal vorgekommen, dass Hausherren auf die empfohlene vertikale Isolierung der Außenwand gegen seitlich eindringendes Grundwasser verzichtet haben, weil sie erst mal sehen wollten, ob es nicht auch ohne den zusätzlichen Arbeitsaufwand ginge und sie sich auf diesem Wege etwas Geld sparen könnten. So geschehen, ist es in dem erwähnten Referenzobjekt Stift Klosterneuburg. Nach der Montage des Aquapol-Gerätes war die Entfeuchtung dermaßen schnell vor sich gegangen, und zwar messbar und fühlbar, dass der verantwortliche Stiftsbaumeister beschloss, auf den Einbau der vertikalen Außenisolierung vorerst zu verzichten. Auch in den meisten ähnlich gelagerten Fällen ist es gut gegangen, aber möglicherweise wäre das Austrocknungsergebnis mit vertikaler Abdichtung noch schneller erreicht worden.

Die von Aquapol gewährte Funktionsgarantie sieht im Extremfall sogar die Rückerstattung des Kaufpreises vor, wenn trotz aller Anstrengungen, die Austrocknung im zugesagten Rahmen nicht zu erreichen ist. Diese Zusicherung ist eine unmissverständliche Aussage: Die Firma Aquapol wird alles in Bewegung setzen, um die versprochene Entfeuchtung des jeweiligen Hauses zu erreichen.

Diese strikte Funktionsgarantie stellt auf der einen Seite einen gewaltigen Ansporn für die technischen Mitarbeiter dar. Auf der anderen Seite gibt sie jedem Bauherrn die Gewissheit, dass es keinen Fehlschlag geben wird, solange vernünftige und zumutbare Schritte zur Unterstützung des Entfeuchtungsprozesses unternommen werden. Insofern muss die Funktionsgarantie in erster Linie als gemeinsame Absichtserklärung verstanden werden, das Mauerwerk auszutrocknen und zu erhalten. Denn genau das ist es, was der Hausbesitzer will und was das Unternehmen Aquapol in zwei Jahrzehnten nachweislich ständig gemacht hat.

Die Erfolgszusicherung, verbunden mit einer Geld-zurück-Garantie, spielt bei Gesprächen mit Kunden – so die langjährige Erfahrung – eine nicht unbedeutende Rolle, aber es ist interessanterweise nicht das wichtigste Kaufargument. Hausbesitzer spekulieren nicht darauf, nach ein paar Jahren ihren Geldeinsatz wieder erstattet zu bekommen. Sie wollen für einen angemessenen Preis ein oft lange bestehendes Problem wirklich lösen! Sie wollen ihr Haus in einen trockenen, bewohnbaren Zustand versetzen. Sie beabsichtigen mit der Investition in die Sanierung, den Wert ihres Besitzes langfristig zu erhalten.

Franz Maier, der ehemalige Stiftsbaumeister des Stifts Klosterneuburg bei Wien, verglich zwei Jahre lang die Aquapol-Technologie mit anderen Verfahren. Er beriet sich mit Fachleuten und zog faktische Referenzen heran, bis er sich schließlich für Aquapol entschied. „Was soll schon passieren, wenn es nicht klappt?", mag er sich im Stillen gedacht haben, „im schlimmsten Fall bekommen wir ja unser Geld zurück." Und die Firma gibt es schon sehr lange. Also muss das Produkt gut sein! Er bekam sein Geld nicht zurück. Die berühmte Vinothek (ein altes Wirtschaftsgebäude mit durchnässten Grundmauern und Feuchtigkeit bis in die mächtigen Kellergewölbe) trocknete aus! Das Wesentliche war: Es funktionierte.

Gemäß Standardvertrag wird die Funktion des Aquapol-Systems für einen Zeitraum von 20 Jahren gewährt. Der Erfinder und Hersteller der Geräte geht von einer wesentlich längeren Trockenhaltungsperiode nach der Montage der Aggregate aus, vorausgesetzt, die von den Aquapol-Technikern empfohlenen begleitenden Sanierungsschritte werden eingehalten und ausgeführt.

Aquapol haftet sogar für die schriftlich empfohlene Sanierungstechnik in der Sanierungstechnik-Serie!
Wo gibt es das in dieser „kurzlebigen" Branche?

Auch wird vernünftigerweise verlangt, dass nicht nachträglich Bauarbeiten, welche die Feuchtigkeit wieder ansteigen lassen, durchgeführt werden. Das spätere Aufbringen einer ungeeigneten Verputztechnik würde hier darunter fallen. Wenn man davon ausgeht, dass sinnvolle, auf den Erfahrungswerten von Aquapol beruhende, begleitende Maßnahmen und Sanierungstechniken ausgeführt und eingehalten werden, spricht nach den bisherigen Erkenntnissen nichts dagegen, dass die Lebensdauer des Aquapol-Systems an ein durchschnittliches Menschenleben heranreicht. Die verschleißfreie Konstruktion und auch der sonstige Aufbau des Gerätes legen diese Annahme nahe.

Der Gewährleistungsumfang schließt unter anderem auch eine Service-Garantie ein. Diese vertragliche Zusage betrifft die fachmännische Überwachung des gesamten Austrocknungsprozesses. Dazu gehören die regelmäßigen Mauerfeuchtigkeitsmessungen an den vereinbarten Messpunkten ebenso wie mauerwerksdiagnostische Untersuchungen, Raumklima-Messungen und Funktionskontrollen. In diesem Service-Paket enthalten sind auch die Beratung über Sanierungstechnik und falls erforderlich, die Aktualisierung der Aquapol-Begleitmaßnahmen-Checkliste. Welches seit 1985 bestehende Unternehmen bietet das alles? Sie haben es erraten!

Sicherheit – Prüfberichte – Gutachten – Zertifikate

Das Unternehmen besitzt positive Prüfberichte von in- und ausländischen Prüfanstalten, die die Austrocknung von Objekten messtechnisch bestätigen. Auch zahlreiche Sachverständigengutachten, Gutachten von Ziviltechnikern als auch das wichtige EURAFEM-Zertifikat stellen die höchsten Anforderungen an ein erfolgreiches Gebäude-Trockenlegungssystem dar. Die ungarische Tochterfirma ist sogar ISO 9001 geprüft. Auch ein TÜV-Zertifikat bestätigt die elektromagnetische Verträglichkeit des Systems, d.h. elektronische Geräte wie Computer, Herzschrittmacher etc. können durch das Aquapol-System nicht gestört werden.

EURAFEM

ZERTIFIKAT

Die in 2005 eingereichten Messprotokolle und Objektdokumentationen haben wir gemäß den Zertifizierungsrichtlinien der EURAFEM Europäischer Arbeitskreis für Mauerwerkssanierung e.V. geprüft.

Wir bestätigen, dass Firma

AQUAPOL International
A-2651 Reichenau/Rax, Österreich

damit zum wiederholten Male den Nachweis der Wirksamkeit ihrer Technologie zur Mauerwerksentfeuchtung nach dem anerkannten Prinzip der elektrophysikalischen Mauerentfeuchtung erbracht hat.

Somit erteilen wir für das System

AQUAPOL

das uneingeschränkte EURAFEM Zertifikat für das Jahr

2005

14.April 2005
EURAFEM Europäischer Arbeitskreis für Mauerwerkssanierung e.V.
für das Präsidium

Präsident | Vizepräsident

EURAFEM e. V. gegründet 1963, gemeinnützig seit 2004, eingetragen Amtsgericht München Vereinsregister Nr. 16390
EURAFEM Europäischer Arbeitskreis für Mauerwerkssanierung e.V Tegernseer Landstrasse 31 D-82054 Sauerlach

Das wichtige EURAFEM-Zertifikat – ein Qualitätssiegel für ein erfolgreiches Gebäude-Trockenlegungssystem.

4. Kapitel: 32.000 montierte Anlagen (Stand 12/2005)

Herantasten an eine natürliche Energieform

Manchmal kommt es einem so vor, als hätte man gerade die Erfindung eines neuartigen Automobils ohne Räder oder den kurz bevorstehenden Start einer Anti-Schwerkraft-Maschine angekündigt. Ungläubiges Staunen ist die häufigste Reaktion, wenn man jemandem zum ersten Mal vom Aquapol-System erzählt. Wie soll das gehen? Nasses Mauerwerk soll allein dadurch austrocknen, dass man mit Hilfe von natürlicher Bodenstrahlung, verstärkt durch eine weitgehend unbekannte Raumenergie, die Wassermoleküle umpolt und sie dadurch veranlasst, sich in den Untergrund zurückzuziehen? Ohne Heizaggregate und Strom soll das funktionieren? Welche geheimnisvollen Schwingungen sollen so viel Kraft aufbringen? Wie kann es möglich sein, dass die Mauern trocken bleiben, ohne dass bekannte Techniken wie beispielsweise horizontale Feuchtigkeitssperren in Form von chemischen Injektionen oder Edelstahlblechen, verwendet werden?
Diese oder ähnliche Fragen schießen jedem spontan durch den Kopf, wenn er von dieser Erfindung hört. Man muss zugeben, man braucht schon eine aufgeschlossene Geisteshaltung gegenüber Neuem und ein gewisses Maß an Neugier, um sich der Materie unbefangen zu nähern. Denn offenbar geht es um Zusammenhänge, von denen man uns im Physik- und Chemieunterricht nichts erzählt hat.

Auf der einen Seite begegnet man all diesen Fragen mit der Erwartung, über bislang unbekannte Eigenschaften des Wassers aufgeklärt zu werden. Auf der anderen Seite stehen unzählige erfolgreiche Anwendungen, wobei jedes nach dieser Methode trocken gelegte Gemäuer einen schlagenden Beweis für die Richtigkeit des Verfahrens darstellt. Die folgenden Kapitel sind der Versuch, möglichst viele Fragen dazu zu beantworten. Sie sollen das Verstehen dafür erhöhen, dass das Aquapol-Verfahren nichts anderes bewirkt, als bestimmte in der Natur vorkommende Schwingungen für einen guten Zweck zu nutzen.

Aus der Sicht derjenigen, die tagtäglich mit den Aquapol-Geräten und ihren sichtbar positiven Resultaten zu tun haben, den Aquapol-Mitarbeitern und ihren Tausenden Kunden, stellt das Verfahren nichts Ungewöhnliches dar. Diese „sanfte" Technik der Trockenlegung von Gebäuden und die ihr zugrunde liegenden physikalischen Prinzipien sind für sie über die Jahre zu einer Routineangelegenheit geworden. Hinzu kommt noch das damit verbundene stattliche Gebäude von Erfahrung und Zusatzwissen rund um die Sanierung von Altbauten. Aquapol hat sich das Ziel gesetzt, eine **ganzheitliche Methode** anzubieten, wie es zuvor schon genau beschrieben wurde. Vor allen Dingen können diese Menschen beständig mit eigenen Augen beobachten, dass es funktioniert. Sie installieren ein Aquapol-Gerät und die erste messbare Verbesserung tritt bereits nach wenigen Monaten ein. Die Technik, zusammen mit der Liste an Zusatzservice, ist inzwischen so verfeinert, dass sich die Erfolge zuverlässig vorhersagen lassen, und zwar mit nahezu der gleichen Gewissheit wie wir wissen, wann die Sonne auf- und wann sie wieder untergeht.

Gewiss, es ist wahrhaftig nicht einfach in der technisierten westlichen Welt, die so überzeugt ist, alle grundlegenden Entdeckungen bereits gemacht zu haben und nur noch an deren Verfeinerung forschen zu müssen, eine gänzlich neue Sichtweise einzunehmen oder gar eine neuartige Energieform und deren erstmalige breite Anwendung auf einem praktischen Gebiet in den Bereich des Möglichen zu ziehen. Auch wenn man so gut wie nie etwas darüber in der Zeitung liest, befassen sich dennoch seit vielen Jahrzehnten engagierte Wissenschaftler und Techniker mit der sogenannten Freien Raumenergie. Das Unternehmen Aquapol und meine Wenigkeit können wohl in aller Bescheidenheit für uns das Verdienst in Anspruch nehmen, durch eine nützliche und gewinnbringende Anwendung dieser Idee einer „kostenlosen Steckdose im All" immensen Vorschub geleistet zu haben.

Vor diesem Hintergrund ist die Aquapol-Technologie nichts Magisches, sondern einfach etwas sehr Praktisches. Und sie ist ihrer Zeit voraus! Sie vollbringt keine Wunder, aber in den Bereichen, wo sie helfen kann, überzeugt sie durch zuverlässige Ergebnisse. Denn praktische Dinge zeichnen sich immer dadurch aus, dass sie funktionieren, und genau dies tun die Aquapol-Geräte, erwiesenermaßen in zigtausenden Fällen

Dass misstrauische Zeitgenossen der Sache mit einer Portion Skepsis begegnen, ist verständlich. Immerhin handelt es sich – aus der Sicht der „etablierten" Wissenschaften – um „unerklärliche" Phänomene, aber eben nur solange, wie sie sich weigern, die alten Trampelpfade ihrer festgefahrenen Vorstellungen zu verlassen. Irgendwann werden sie ihre Scheuklappen ablegen müssen, denn Tatsachen lassen sich auf Dauer nicht wegdiskutieren. Die sichtbaren Erfolge sprechen für sich selbst und belegen die Richtigkeit der Aquapol-Technologie. Wenn man Erfolge und Nichterfolge durch die wissenschaftlich-technisch erforschten Grundlagen belegen kann, kann man nur im Recht sein und ist damit eine wirkliche Autorität auf diesem Spezialgebiet – auch wenn noch so viele Ignoranten aus dem wissenschaftlichen Establishment die Theorie verneinen. Deren Aufgabe in den letzten 20 Jahren wäre gewesen, herauszufinden, warum sie eigentlich funktioniert. Mehr als 32.000-mal wurde das Aquapol-System in den vergangenen 20 Jahren erfolgreich eingesetzt. Das heißt, Mauern, die messtechnisch als feucht zu bezeichnen waren, wurden trocken. In vielen Fällen hatten die Bauherren vorher vergeblich auf andere, in der Regel wesentlich teurere Verfahren gesetzt und hatten nicht die erhofften Resultate erhalten, sprich die Wände trockneten nicht aus oder wurden, nachdem sich eine vorübergehende Besserung gezeigt hatte, wieder feucht.

Ausgewählte Referenzobjekte

Referenzobjekte nach Auffassung von Aquapol sind nicht nur irgendwelche Fotos von Häusern oder die Adressen von imposanten Gebäuden. Nachdem sich dieses Unternehmen den Begriff Erfolgsnachweis seit Firmenbestehen auf die Fahnen geschrieben hatte, entstand wohl eine der umfangreichsten Sammlungen diesbezüglicher Daten in diesem speziellen Bereich. Es darf angenommen werden, dass es keine weitere Firma in dieser Branche gibt, die alle Dokumentationen und Nachweise, einschließlich der peniblen Messprotokolle, um nur einiges zu nennen, in einem eigens dafür angelegten Archiv gesammelt hat. Die „Geld-zurück-Garantie" ist ein weiteres Novum auf diesem Gebiet.

Zu den Referenzobjekten von Aquapol zählen etwa 500–1000 namhafte und schützenswerte Baudenkmäler ebenso wie unzählige Ein- und Mehrfamilienhäuser. Eines der mit besonderer öffentlicher Aufmerksamkeit verfolgten Aquapol-Vorhaben war das ungarische Parlamentsgebäude in Budapest. Unter der ehemaligen kommunistischen Herrschaft stand wegen der beständigen Devisenknappheit der Erhalt historischer Bausubstanz nicht gerade an oberster Stelle der staatlichen Ausgaben. Als sich das Land nach dem Fall des Eisernen Vorhangs schnell in Richtung westlicher Demokratien orientierte, sollte das Gebäude, das die gewählten Volksvertreter beherbergt, als Symbol der zurückgewonnenen Freiheit in neuem Glanz erstrahlen.

Eine spezielle Herausforderung bestand darin, die teilweise stark durchfeuchteten Mauern zu sanieren. Die Vertretung der Firma Aquapol in Ungarn erhielt schließlich den Auftrag, einen besonders stark betroffenen Trakt des Parlaments trockenzulegen. Die für die Renovierung verantwortlichen Bauingenieure und Architekten verfolgten den Einsatz des Aquapol-Systems natürlich mit besonderer Neugier und teilweise auch mit Skepsis. Aber schon nach 14 Monaten, schneller als erwartet, stellte sich der gewünschte Erfolg ein. Bohrproben ergaben, dass der Feuchtigkeitsgehalt in der Mauertiefe des Mauerwerks soweit zurückgegangen war, dass es praktisch als trocken anzusehen war. Daran hat sich auch nach Jahren nichts geändert. Der betreffende Parlamentstrakt blieb trocken. Denn die einmal installierten Aquapol-Geräte bleiben an Ort und Stelle und senden weiterhin ihre wasserverdrängende Wirkung aus. Parallel dazu wurden unabhängig agierende, interne Bauchfach-Experten engagiert, die als Kontrollorgan uns den Erfolgsnachweis fachmännisch bestätigten.

Das ungarische Parlamentsgebäude in Budapest – ein Beweis für das zwar "sanfte", aber nachhaltige Trockenlegungsverfahren von Aquapol. Der Trakt, in dem das Aquapol-System eingebaut worden war, trocknete innerhalb von 14 Monaten aus und blieb bis heute in diesem guten Zustand.

Eines der größten Objekte, das von Aquapol jemals in Angriff genommen wurde, ist das alte Truppenspital in Klagenfurt (Österreich), heute im Besitz der Bundesgebäudeverwaltung Klagenfurt II. Überwacht wurde die Maßnahme von einer unabhängigen Stelle, der Baustoffprüfstelle der Bundeslehr- und Versuchsanstalt Villach. Weil die Aquapol-Geräte nur sehr feine Schwingungen aussenden, die auch nur bis zu einer begrenzten Entfernung wirken, wurden in diesem Fall insgesamt vier Systeme, verteilt auf den über 100 Meter langen Gebäudekomplex, eingebaut. Die jahrzehntelang nassen Mauern trockneten aus und behielten diesen Zustand bei, mittlerweile schon seit mehr als zehn Jahren, und zwar bestätigt durch regelmäßige Nachmessungen durch unabhängige Prüfer.

Aus der Sicht der Firma Aquapol stellt das Truppenspital in Klagenfurt ein überzeugendes Langzeitprojekt dar, speziell deshalb weil keine sogenannten begleitenden Maßnahmen in Form eines neuen Putzes unternommen wurden – eine Folge der Geldknappheit der öffentlichen Haushalte und des damit einhergehenden Zwangs zum Sparen. Während man normalerweise im Rahmen der Trockenlegung das betreffende Gebäude auch optisch mit einem neuen Verputz beispielsweise wieder in einen Zustand bringt, der es quasi neu aussehen lässt, ist dies hier bisher unterblieben. Der alte Kalkputz trägt noch die unschönen Spuren der ehemals zu hohen und deshalb zerstörenden Mauerfeuchtigkeit. Die ausgeblühten Salze und die teilweise abgeplatzten Putzstellen lassen immer noch ahnen, wie sehr das Gemäuer einst vom aufsteigenden Wasser in Mitleidenschaft gezogen worden war.

Das alte Truppenspital in Klagenfurt ist seit mehr als zehn Jahren trockengelegt. Es ist nicht nur eines der größten Entfeuchtungsvorhaben von Aquapol, sondern auch ein Langzeitprojekt, das jeden, noch so skeptischen Sanierungsfachmann von der Funktionsfähigkeit der Technik überzeugen muss. Da keine begleitenden Maßnahmen ergriffen, sondern nur 4 Aquapol-Geräte installiert worden sind, können nur die diese Austrocknung der Mauern bewirkt haben, wie am Grundrissplan sichtbar ist.

Während also das Innere des alten Mischmauerwerks nachweislich nach der Installation der Aquapol-Aggregate ausgetrocknet ist und sich in einem Zustand befindet, der noch ein langes „gesundes Leben" verspricht, sind Spuren der Symptome der vormaligen „Krankheit" noch deutlich zu sehen, was aus der Sicht von Aquapol eine „erfreuliche" Begleiterscheinung ist, auch wenn dies im ersten Moment widersprüchlich klingen mag. Wie man sich leicht vorstellen kann, haben Konkurrenten nicht nur einmal versucht, die Wirksamkeit der Aquapol-Technologie in Zweifel zu ziehen. Da man die Ergebnisse nachweisbar ausgetrocknete Gemäuer nicht einfach ungeschehen machen konnte, versteifte man sich regelmäßig darauf zu behaupten, dass nicht die Aquapol-Geräte zum Erfolg geführt hätten, sondern die flankierenden Maßnahmen wie neue Verputze oder vertikale Feuchtigkeitssperren an den Außenmauern – wie sie von Aquapol im übrigen bei Bedarf zusätzlich empfohlen werden – die Austrocknung bewirkt hätten. Das alte Truppenspital von Klagenfurt ist nun ein wunderbarer Beweis dafür, dass das neue technische Prinzip wirkt. Außer der Installation der Aquapol-Geräte gab es keinerlei begleitende Sanierungsmaßnahmen, mit Ausnahme einer lokalen Rohrbruchbehebung. Nur vor diesem Hintergrund allein „freuen" sich die Aquapol-Fans über das nach wie vor schlechte optische Erscheinungsbild des Gebäudes, natürlich in der festen Hoffnung, dass der Inhaber des ehemaligen Militärkrankenhauses bald über die nötigen Mittel verfügen wird, um die Sanierung abzuschließen und das Aussehen der Anlage seiner historischen Bedeutung gemäß zu verschönern.

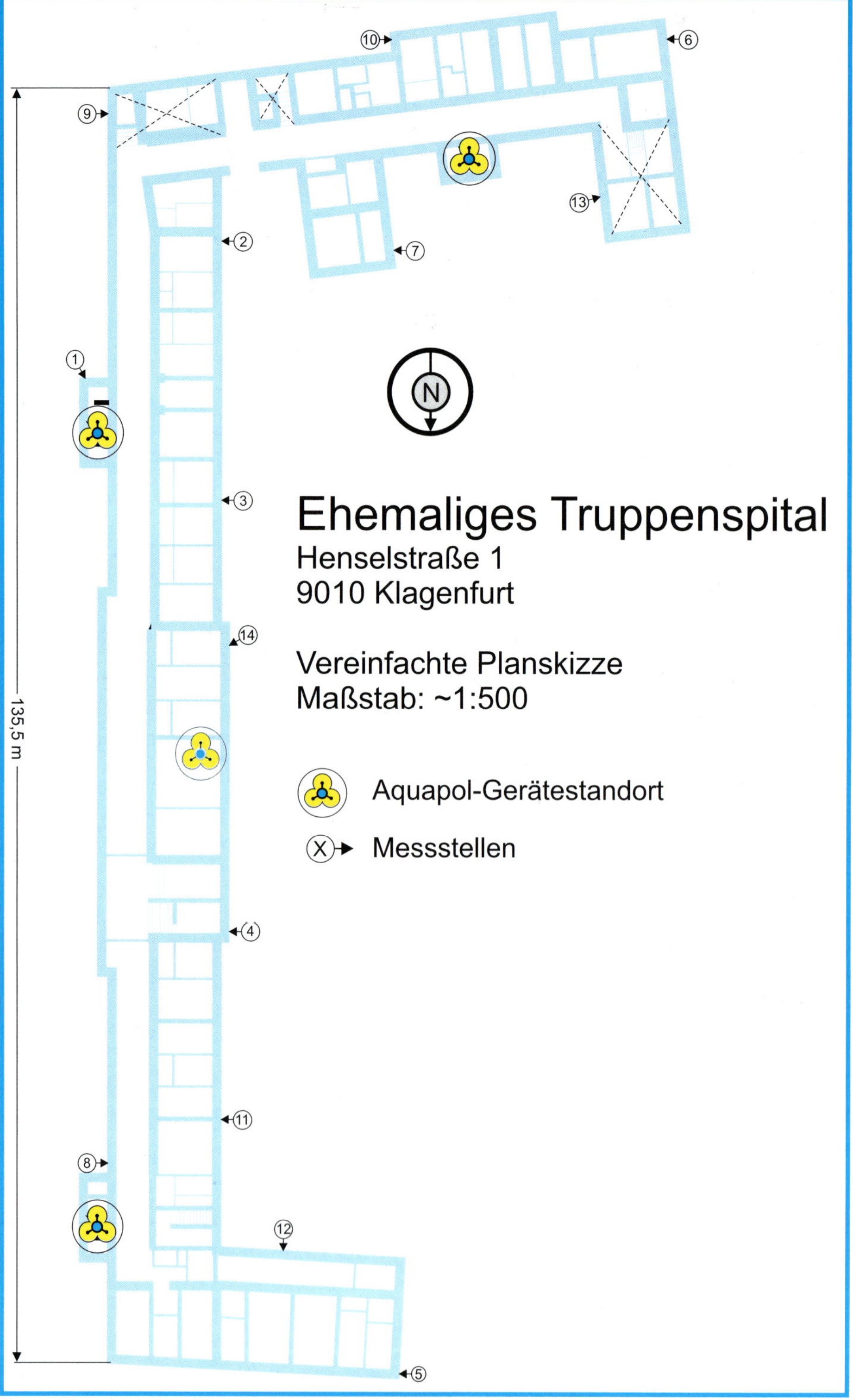

Grundrissplan vom Truppenspital in Klagenfurt

Die typischen Spuren der jahrelangen aufsteigenden Mauerfeuchtigkeit sind noch immer zu sehen. Abgeplatzter Verputz und Salzausblühungen zeugen von dem einstmals maroden Zustand. Im Innern aber ist das Gemäuer nachweislich seit mehr als einem Jahrzehnt trocken.

Die Messergebnisse können der Langzeitprojekt-Broschüre, die Ihnen der Fachberater gerne zeigt, entnommen werden.

Nach landläufiger Meinung gehören Schlossbesitzer zu den betuchten Kreisen der Gesellschaft. Spricht man die Eigentümer der Nobelresidenzen auf dieses Thema an, kann man mit hoher Wahrscheinlichkeit vorhersagen, dass sie die hohen Unterhaltskosten für ihre Besitzungen ins Spiel bringen werden, allein schon deshalb, um den möglichen Neid auf ihre sichtbar privilegierte Stellung zu dämpfen.

Ob der Besitzer von Schloss Schlatt unter Krähen im Land Baden-Württemberg sich keine der kostspieligen Sanierungsvarianten leisten konnte oder ob Patrick Graf Douglas, Freiherr von Reischach sich seiner Wurzeln im schottischen Uradel besonnen hat, bleibt im Bereich der Spekulationen.
Tatsache aber ist, dass er sich im Jahre 1996 für das vergleichsweise preiswerte Aquapol-Verfahren interessierte und es im gleichen Jahr installieren ließ.

Zum damaligen Zeitpunkt war die gesamte Schlossmauer ein bis zwei, an manchen Stellen sogar drei Meter hoch durchnässt. Der beauftragte Architekt befürchtete, dass das Mauerwerk nicht mehr zu retten wäre.

Die Angebote für Mauertrenneingriffe oder chemische Injektagen bewegten sich in einem Kostenrahmen von 40.000 bis 45.000 Mark, wobei nicht einmal eine Gewährleistung gegeben worden wäre. Dies war dem Schlossbesitzer – schottische

Vorfahren hin oder her – einfach zu teuer gewesen. Im Übrigen legte sich die Schlossherrin, eine ausgesprochene Liebhaberin schöner Blumenbeete, quer. Sie befürchtete zurecht, dass die von ihr sorgsam gehüteten Grünanlagen durch die vorgesehenen Maurerarbeiten und die Verlegung einer Drainage entlang der Außenmauer stark in Mitleidenschaft gezogen, wenn nicht gar ganz zerstört worden wären.

Da das Aquapol-Verfahren nicht nur keine Eingriffe in die Bausubstanz erfordert, sondern auch noch preiswert ist, wobei sogar eine langjährige Funktionsgarantie gewährt wird, stellte es also in vielerlei Hinsicht die ideale Problemlösung dar.

Die halbjährlichen Messungen durch Aquapol, die der Architekt, „unterstützt von einem erfahrenen Bauingenieur" jedesmal überwachte, zeigten unübersehbar die fortschreitende Austrocknung an. Die beiden konnten es kaum glauben, als das Mauerwerk, abgesehen von einer natürlichen Restfeuchtigkeit, nach zwei Jahren trocken war.

Dank des spektakulären Erfolgs durch das Aquapol-Aggregat ersparte man sich sogar die als zusätzliche Maßnahme ins Auge gefasste Drainage und verwendete das Geld für eine Sanierung des Verputzes. Schloss Schlatt unter Krähen erstrahlte in neuem Glanz und blieb bis heute trocken.

„Letztendlich hat sogar der Denkmalschutz Glückwünsche ausgesprochen", freute sich der für das Projekt verantwortliche Architekt, Konstantin Winter, der einfach nur den Erfolg des Verfahrens beobachten konnte, auch wenn er sich die physikalischen Grundlagen nicht so ganz erklären konnte.

Das ist ja auch nicht weiter verwunderlich. Denn auf der von ihm besuchten Universität mit ihrem etablierten Wissenschaftsbetrieb, der neues Wissen eher verhindert als fördert, hat der gelernte Diplom-Ingenieur davon mit Sicherheit nichts gehört.

Ostseitige Fassade

Vor Sanierung

Nach Sanierung

Vergrößerungen

Typische Symptome aufsteigender Feuchte sind in Form von Fleckenbildung an der Verdunstungszone deutlich sichtbar. (siehe Pfeile)

Vorher

Nachher

Symptome aufsteigender Feuchte sind gut sichtbar: Absprengungen des Verputzes, teilweises Abblättern des Anstriches und Feuchteflecken.

Nach der Trockenlegung wurde der Altputz entfernt und es wurde neu verputzt mit einem bewährten Luftkalkputzsystem, das einige Eigenschaften des Sanierputzes hat.

Das Aquapol-System/Modell Rustica-Weiß, unauffällig wie ein Lampenschirm.

Der Grünbewuchs an der Fassade erlitt natürlich keinen Schaden durch das Aquapol-System

Bei der Trockenlegung mit dem Aquapol-Verfahren ersparte sich der Besitzer von Schloss Schlatt unter Krähen eine beachtliche Summe und wurde dem Ruf seiner schottischen Vorfahren als sparsamer Zeitgenosse gerecht.

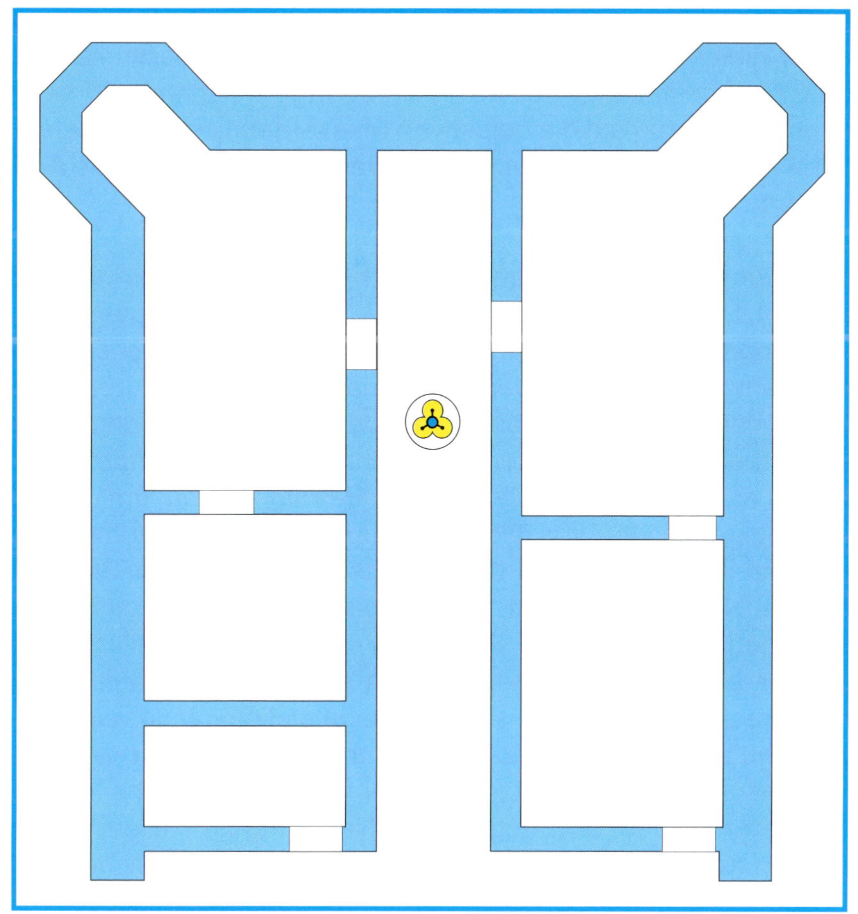

Ein einziges Aquapol-Aggregat vermag nahezu ein ganzes Schloss, dessen Mauern bis zu drei Meter hoch feucht waren, trockenzulegen

Es funktioniert – was will man mehr?

Über Anfeindungen gegenüber neuen Entdeckungen weiß auch ein Mann zu berichten, der sich von einem Skeptiker zu einem überzeugten Anhänger der Technologie entwickelt hat. Dr. Hans Kronberger, langjähriger Fernseh-Journalist beim Österreichischen Rundfunk (ORF) und damals zuständiger Redakteur für den Bereich Konsumentenschutz, wollte, wie seinerzeit von einer nervösen Verbraucherschutz-Organisation behauptet, die „Rosstäuscherei" aufdecken. Was er allerdings am Ende enthüllte, war etwas gänzlich anderes, als er erwartet hatte. Nachdem er mit zahlreichen Aquapol-Kunden gesprochen und sichtbar trockengelegte Objekte mit eigenen Augen gesehen hatte, kam er aufgrund der Fakten zu der schlichten Überzeugung, dass die Technologie funktioniert. Außerdem drängte sich die Schlussfolgerung auf, dass es tatsächlich mehr über das Phänomen Wasser zu wissen gab als die nüchterne chemische Formel H_2O.

Er sah die Ergebnisse vor sich, Punkt! Das ist schließlich alles, woran sich ein Journalist, der diese Berufsbezeichnung verdient, zu orientieren hat – so dachte er jedenfalls. Also gestaltete er seine TV-Reportage entsprechend seinen Beobachtungen und mit Bezug auf die objektiven Messergebnisse, die eben nicht seine ursprüngliche Annahme untermauerten, sondern belegten, dass die Aquapol-Geräte funktionierten.

Hans Kronberger sah sich auf einmal selbst heftigster Kritik und versteckten Angriffen ausgesetzt, und zwar hauptsächlich von jenen Konsumentenschützern, von denen er angenommen hatte, dass sie wie er nachprüfbare Fakten respektieren. Was ihn wohl am meisten schockierte, war die Erfahrung, dass Leute und Organisationen, mit denen er zur Aufklärung der Verbraucher jahrelang vertrauensvoll zusammengearbeitet hatte, sich von ihm distanzierten, weil er unbefangen darüber berichtete, was er gesehen hatte. Jene, die angetreten waren, um möglicherweise allzu leichtgläubige Kunden vor falschen Propheten der Konsumgesellschaft zu schützen, waren offenbar nicht in der Lage, sich von eigenen Glaubenslehrsätzen zu befreien. Nicht einmal dann, wenn Tatsachen, die nicht zu leugnen waren, dagegensprachen. Der erfahrene Redakteur, der zwischenzeitlich in die Politik gewechselt war, einige Jahre lang Österreich als Abgeordneter im Europäischen Parlament vertreten hatte, musste sich die Frage stellen, ob der eine oder andere Verbraucherschützer nicht doch auch noch andere Interessen verfolgte, als die Rechte der Konsumenten zu schützen. Und er fragte sich, welche Interessen wohl dahinter stecken mochten, sich gegen eine Neuerung zu stellen, die Hausbesitzern, verglichen mit anderen Trockenlegungsmethoden, erhebliche Geldsummen sparte und deren Erfinder, als auch das Unternehmen, zudem mit einer Reihe von bedeutenden Auszeichnungen geehrt worden ist. Erwähnt seien nur die Viktor-Kaplan-Medaille an den Erfinder, der Ehrenpreis des österreichischen Wissenschaftsministeriums und die Goldmedaille auf der Neuheitenmesse in Nürnberg an das Unternehmen.

Ein Objekt, das Hans Kronberger in seine Recherchen mit einbezogen hatte, war die 900 Jahre alte Kirche Sankt Marein, die gerade einige Jahre davor mit einem neuen Putz „saniert" worden war, OHNE eine vorherige Trockenlegung einzuleiten. Die Sandsteinmauern hatten das Wasser über die Jahre förmlich aufgesaugt. Es war so feucht, dass sich an den Wänden teilweise Schimmel bildete und die Kirchenbesucher unter der hohen Luftfeuchtigkeit litten. Nachdem sich Aquapol des Problems angenommen hatte, ging die Feuchtigkeit nachweislich innerhalb von nur ein paar Monaten um mindestens ein Drittel zurück. Inzwischen sind die Wände trocken und der Modergeruch ist verschwunden. Das imposante Sandsteingebäude erstrahlt in neuem Glanz. Weihrauchschwaden nach Festgottesdiensten sind der einzige Geruch, der dem Besucher heute in Erinnerung bleibt. Der Pfarrer, Pater Othmar Stary, sieht keineswegs schwarze Magie am Werk, sondern denkt, dass es hier um Phänomene geht, die von der Schulphysik bloß noch nicht ausreichend erforscht worden sind. Und er fügt hinzu: „Ich bin überzeugt, dass niemand ein Monopol in dieser Hinsicht hat." Nachdem er sich dank Aquapol viel Geld erspart und die Wirksamkeit der Technologie beobachtet hatte, war er bereit, sein Weltbild um etwas Neues zu erweitern und er kam zu dem Schluss, dass es verschiedene Zugänge zu natürlichen Kräften geben kann.

Wo früher Schimmel an den Wänden und Modergeruch die Gottesdienstbesucher belästigten, können die Gläubigen sich wieder ungestört ihrem Seelenheil hingeben. Die Sandsteinmauern von St. Marein sind dank des Aquapol-Systems wieder komplett trocken.

Nicht überirdische oder magische Kräfte legten die Kirche trocken, sondern dieses unscheinbar im Seitengewölbe angebrachte Aquapol-Gerät. In seinem Innern befindet sich ein System von Antennen, die feinste Energiewellen empfangen und verstärken und somit die Wassermoleküle zum Erdreich zurückbewegen.

Nicht überirdische oder magische Kräfte legten die Kirche trocken, sondern dieses unscheinbar im Seitengewölbe angebrachte Aquapol-Gerät.

Wie der Pfarrer von Sankt Marein vertraut auch der Stiftsbaumeister von Klosterneuburg bei Wien seinen eigenen Beobachtungen mehr als den vielen „Expertenmeinungen". Wer sich mit Franz Maier unterhält, lernt eine Sache sehr schnell. Der für den Erhalt der alten Klosteranlage verantwortliche Baumeister steht mit beiden Beinen auf dem Boden der Tatsachen.

Glauben mag für ihn als Christen mit Blick auf die Ewigkeit ein wichtiger Teil seines geistlichen Lebens sein, bei seiner Aufgabe als Konservator kirchlicher Bauten jedoch lässt er sich ausschließlich von materiellen Überlegungen leiten.

Was er nicht sehen und anfassen kann, gilt für ihn nicht. Und so kam es, dass er zwei Jahre lang prüfte und überlegte, ob er ein Aquapol-Gerät installieren lassen sollte. Zur Diskussion standen auch Verfahren wie Mauersägen oder Injektionen als Sperre gegen aufsteigende Feuchtigkeit. Diese Verfahren waren nach der Erfahrung von Franz Maier aber nicht nur recht teuer, sondern hatten auch nicht den erwünschten Erfolg gebracht.

Im Stift Klosterneuburg hatte man sich schon seit vielen Jahren mit feuchten Mauern auseinanderzusetzen. Im konkreten Fall ging es um einen besonders nassen Gewölbekeller aus dem 17. Jahrhundert, der zu einer Vinothek ausgebaut werden sollte. Der modrige Geruch und die Salzausblühungen auf dem teilweise abgefallenen Putz machten eine vernünftige Nutzung der Räume ohne eine gründliche Trockenlegung unmöglich. Im Erdgeschossbereich war die Feuchtigkeit teilweise bis zu ca. 3 Meter hoch gestiegen. Die Mauern mit rund einem Meter Wandstärke sollten ohne Eingriff in die Bausubstanz und ohne vertikale Abdichtung von außen so gut wie möglich entfeuchtet werden.

Der Zwang zur Sparsamkeit dürfte anfänglich wohl der ausschlaggebende Grund gewesen sein, dass Franz Maier sich für einen Versuch mit dem Aquapol-Verfahren entschied.
Es wurde ein durchschlagender Erfolg.

Nur sechs Monate nach Montage war bereits eine deutliche Verbesserung des Raumklimas und der Mauerfeuchte festzustellen und bereits nach einem Jahr war der Entfeuchtungsprozess praktisch nahezu abgeschlossen, nachgewiesen durch Feuchtigkeitsmessungen nach der unter Fachleuten anerkannten DARR-Methode.

Zum beruflichen Selbstverständnis des ehemaligen Stiftsbaumeisters passt es, nicht gerade in euphorische Begeisterung auszubrechen, umso überzeugender klingt es, wenn Franz Maier heute von „phantastischen Messergebnissen" spricht und die Vorteile der Aquapol-Technologie aufzählt. Besonders betont er, dass dieses Verfahren billiger als alle anderen Methoden gewesen sei. Geradezu „überglücklich" seien er und seine Mitarbeiter gewesen als sich herausstellte, dass das Aquapol-System funktionierte.

Mit Messungen und Bohrungen in den Mauerkern wurde die Trockenheit überprüft und der Nachweis für den Erfolg erbracht. „Ich bin voll und ganz der Meinung, dass es funktioniert", sagt Franz Maier, der sich den Erhalt alter Bausubstanz zur Lebensaufgabe gemacht hat. Wegen der enormen Verbesserungen der Feuchtigkeitswerte, auch unter Erdniveau, konnte auf ein Abgraben der Außenmauern und die Montage einer vertikalen Feuchtigkeitssperre verzichtet werden.

Weinkeller vor der Adaptierung, der Feuchtespiegel im Pfeiler gut sichtbar (Pfeile). Teilweise waren die Pfeiler bis über drei Meter hoch kapillar durchfeuchtet.

Adaptierte Vinothek mit AQUAPOL-System im Weinfass (Pfeil). Betreut durch das Bundesdenkmalamt und nach sorgfältiger Untersuchung konnten die bauhistorisch wertvollen Teile des Kellers bewahrt werden und geben im revitalisierten Haus Zeugnis von der langen Geschichte des Gebäudes.

Angenehme Raumluft dank trockener Wände. Die einzige „Feuchtigkeit“ in der Vinothek befindet sich heute in den hier zum Verkauf ausgestellten Weinflaschen. Dieser einst modrig-feuchte Gebäudeteil des Stift Klosterneuburg bei Wien lädt seine Besucher wieder zum Verweilen ein.

Südseitige Ansicht vor der Sanierung: Der Feuchtespiegel war trotz der Altputzentfernung deutlich sichtbar und stieg im Mauerwerk teilweise über zwei Meter hoch über das Außenterrain.
Störfeldfeuchte:
Deutlich sieht man einen größeren Feuchteanstieg (siehe Pfeile), der durch ein geologisches Störfeld einer unterirdischen Wasserader verursacht wird.

Südseitige Ansicht nach der Sanierung: Der Außenputz und die Pflasterungen direkt neben der Mauer und in der Zufahrt wurden erneuert.

Kosmische Kräfte am Werk: An dieser Außenwand demonstrierte das Aquapol-Gerät seine besonders durchdringende Wirkung.
Die meterdicke Grundmauer wurde trocken, obwohl auf eine vertikale Feuchtigkeitssperre von außen vorerst verzichtet wurde.

Der Austrocknungsprozess in der Vinothek lief genauso ab, wie es von uns vielfach beschrieben wurde und wie es typisch ist für derartige alte Gebäude. Mit den aufsteigenden Wassermolekülen waren über Jahrzehnte, in diesem Fall sogar über Jahrhunderte alle möglichen Mineralien aus dem Untergrund in das Kapillarsystem der Ziegelsteine eingedrungen. Sichtbar war dies an den Salzausblühungen auf der alten Putzoberfläche. Nachdem das Aquapol-Gerät eingebaut worden war, schritt die Austrocknung spürbar voran.

Mitarbeiter der Vinothek, die bereits in den Räumen arbeiteten, bevor die Wände vollständig getrocknet waren, wunderten sich über kleine Partikel, die sich vorübergehend aus dem alten Mauerwerk und den Mörtelfugen lösten. Das war allerdings eine normale Begleiterscheinung des Entfeuchtungsvorgangs. Die von oben herunter rieselnden Körnchen waren größtenteils nichts anderes als die Salze, die einst durch das Kapillarsystem der Mauern aufgesaugt worden waren und sich nun durch den Austrocknungsprozess von der Wandoberfläche lösten. Als die Gewölbedecke komplett ausgetrocknet war, hörte dieses Phänomen auf.

Dass die Salze bei dieser Trockenlegungsmethode zu einem guten Teil aus dem Mauerwerk entfernt werden, hat einen gewaltigen Vorteil.
Das vorher durch die Mineralien verstopfte Kapillarsystem der Ziegelsteine wird wieder durchlässig. Man könnte auch sagen, dass die Mauer wieder atmen kann und damit in die Lage versetzt wird, wieder eine ihrer Hauptfunktionen auszuüben, nämlich das Raumklima zu regulieren.

Wie bei jedem Objekt wurde auch bei der Vinothek der Feuchtigkeitsgehalt des Mauerwerks ständig kontrolliert. Messungen, beispielsweise durch Tiefenbohrungen ins Innerste der Wände, gaben laufend Aufschluss über das Vorankommen des Trocknungsprozesses. Besonders beeindruckend war an diesem Objekt die große Tiefenwirkung der vom Aquapol-Gerät ausgesendeten Wellen. Die meterdicken Grundmauern wurden im Erdgeschoss in ihrer ganzen Tiefe trocken.

Im Kellergeschoss gab es oberflächig eine komplette Austrockung, die sich größtenteils durch Messung auch in einer Tiefe von 20 Zentimetern nachweisen ließ, obwohl der Bauherr aus Sparsamkeitsgründen auf eine vertikale Feuchtigkeitssperre an den Außenwänden verzichtet hatte.

Um wirklich sicher zu gehen, dass die Wände langfristig trocken bleiben und nicht durch ungünstige Umstände wie zum Beispiel Oberflächenwasser wieder beeinträchtigt werden, hatte Aquapol als zusätzliche Maßnahme empfohlen, die Wände abzugraben und außen eine Noppenbahn anzubringen. Dadurch stellt man normalerweise sicher, dass aus dem umliegenden Erdreich nicht unnötig Wasser eindringt.

Obwohl auf eine vertikale Außenabdichtung verzichtet wurde, blieben die Mauern der Vinothek trotzdem trocken. Seine Freude über diesen erfreulichen Umstand vermochte Stiftsbaumeister Franz Maier kaum zu verbergen. Schließlich ersparte er sich dadurch zusätzlich eine Menge Geld. Dabei war er ohnehin schon mehr als zufrieden, weil er sich mit dem Aquapol-System offenbar nicht nur für das wirkungsvollste, sondern auch noch das preiswerteste Verfahren entschieden hat.

An diesen nüchternen Tatsachen orientierte sich auch Gerhard Schnögass, der bei der Sanierung der Vinothek der verantwortliche Architekt war. „Es funktioniert", stellte er lapidar fest. Aufgrund dieses Erfolges entschied sich der Sanierungsfachmann, das Aquapol-Verfahren gleich an drei weiteren Objekten anzuwenden.

„Und auch dort funktioniert es", berichtete er hocherfreut kurz darauf auf einer Baufachtagung in Schloss Rothschild/Reichenau im Jahr 2002. Wenn er diese einfache Tatsache, nämlich dass das Verfahren funktioniert und den gewünschten Zweck erreicht, immer wieder mit Nachdruck hervorhebt, merkt man ihm an, wie wenig Verständnis er für diejenigen seiner Kollegen hat, die sich an dieser ebenso schlichten wie klaren Beobachtung vorbei zu winden versuchen und aus dem Thema einen Glaubensstreit machen.

„Ein Architekt handelt im Namen und im Auftrag des Bauherrn", pflegt Gerhard Schnögass zu sagen und stellt die Frage, wie es Vertreter seiner Zunft mit sich vereinbaren können, den von ihnen betreuten Hauseigentümern ein anderes Verfahren zu empfehlen als eines, das offenbar den nachhaltigsten Erfolg bringt und meist auch noch die preiswerteste Lösung darstellt. Es ist natürlich eine rein rhetorische Frage, die sich vom Standpunkt der Berufsethik eines Architekten aus von selbst beantworten sollte.

5. Kapitel
Erfolge der Aquapol-Technologie

44 Pluspunkte

Allzeit zufriedene Kunden sind bekanntlich die beste Garantie für den Erfolg einer Firma und ihrer Produkte. Ein Unternehmen, dessen Leistungen so überzeugend sind, dass es sich sogar erlauben kann eine Geld-Zurück-Garantie für den heute äußerst unwahrscheinlichen Fall des nicht zufrieden stellenden Funktionierens seines Verfahrens zu gewähren, muss sich der Leistungsfähigkeit seiner Geräte ziemlich sicher sein.

Andernfalls würde Aquapol nach 20-jährigem Bestehen nicht stetig weiter expandieren. Es muss eine Vielzahl von Gründen dafür geben, dass die Aquapol-Geräte mehr als 32.000-mal verkauft worden sind.

Anhand von Umfragen bei den Kunden wurden die 44 wichtigsten Pluspunkte dieses Gebäudetrockenlegungsverfahrens herauskristallisiert.

Wartungsfrei
Ist das Aquapol-Gerät einmal installiert, verrichtet es weiterhin seine Arbeit und hält das Gemäuer über Jahrzehnte trocken. Es benötigt keinen Kundendienst, denn es hat keine zu ersetzenden Verschleißteile. Der Hausbesitzer ist also vor nachträglichen „bösen" Überraschungen sicher.

Umweltfreundlich
Wenn eine technische Innovation jemals dieses Prädikat verdient hat, dann ist es ein Verfahren, wie das von Aquapol. Das Gerät braucht keinen Strom, sondern speist sich aus völlig natürlichen und kostenlosen Energiequellen. Daher verursacht es keinerlei Emissionen. Vor allem aber arbeitet es sanft im Einklang mit der Natur.

Wirtschaftlich
Baufachleute bestätigen es immer wieder. Das Aquapol-Verfahren ist nicht nur erstaunlich preisgünstig, sondern verschont die Bauherren auch vor unangenehmen Folgekosten. Zudem weist es auch noch die nachhaltigste, sprich dauerhafteste Wirkung auf. Ein Kaufmann würde sagen, das Kosten-Nutzen-Verhältnis ist eindeutig positiv.

Einfachste Lösung
Das Verfahren benutzt keine komplizierten Umwege, die wiederum zu Komplikationen führen können. Die Geräte drehen lediglich den Prozess, der die Nässe

im Mauerwerk verursacht hat, um und machen es wieder trocken. Die eigentliche Montagezeit des Systems dauert nur wenige Minuten, die gesamten Voruntersuchungen nur einige Stunden.

Kostengünstig
Verglichen mit herkömmlichen Trockenlegungsmethoden, ist das Aquapol-System meist das preiswerteste. Oft kostet es sogar nur einen Bruchteil dessen, was den Bauherren sonst noch angeboten wurde.

Keine Chemie nötig
Aufgrund der langen Erfahrung und Studien bei der Gebäudetrockenlegung weiß die Fachwelt, dass Methoden wie etwa die Injektion von Chemikalien nicht 100%ig sind und langfristig dem Mauerwerk sogar schaden können. Auch für den Bewohner unangenehme Dämpfe durch die ablaufenden chemischen Prozesse werden bei Aquapol vermieden. Aquapol macht daher einen großen Bogen um derartige chemische Verfahren.

Bausubstanzschonend
Das Aquapol-System, ist ein „sanftes", der Natur nachgeahmtes Verfahren. Es verzichtet daher auf massive Eingriffe ins Mauerwerk mit unerwünschten Folgen für die Statik des Gebäudes, häufig sichtbar bei Mauersägen, in Form von nachträglichen Setzungsrissen.
Das Verfahren ist geradezu ideal für Zwecke des Denkmalschutzes und alle Arten von Mauerwerk. Denn es lässt das Gebäude selbst in Ruhe und geht ausschließlich das eigentliche Problem der aufsteigenden Mauerfeuchtigkeit an.

Geringere Heizkosten
Es ist eine Binsenweisheit: Trockene Wände isolieren wesentlich besser als nasses Mauerwerk. Die äußerst effektive Gebäudeentfeuchtung von Aquapol verbessert die Wärmedämmeigenschaften beträchtlich. Der Hauseigentümer bemerkt es an den Einsparungen bei den Ausgaben für Strom, Gas oder Heizöl, wie uns Kunden berichtet haben.

Keine Energiekosten
Das Aquapol-Aggregat benutzt zur Verrichtung seiner Arbeit ausschließlich natürliche Kräfte, die jederzeit und vollkommen umsonst zur Verfügung stehen. Für energie- und umweltbewusste Menschen birgt es die Gewissheit in sich, dass es tatsächlich Alternativen zur derzeitigen umweltgefährdenden Energiepolitik gibt. Wissenschaftler, die sich mit der sogenannten Raumenergie befassen, loben das Aquapol-Gerät als Durchbruch, weil es erstmals natürlich vorhandene Energiequellen praktisch nutzbringend verwendet.

Gesünderes Wohnklima

Darum geht es um viel mehr als um die bloße Erhaltung von Gebäuden. Feuchte Mauern führen zu Schimmelbildung, Modergeruch und setzen der Gesundheit zu. Asthma-Kranke leiden besonders darunter. Nach der Trockenlegung mit dem Aquapol-Gerät erleben die Bewohner die trockenere Raumluft als besonders wohltuend. Neuere Studien belegen, dass die negativen Ionen in der Luft zunehmen. Durch das spezielle Aquapol-Energiefeld werden geologische Störfelder (Stichwort Wasseradern) gedämpft und sogar die Radioaktivität in der Raumluft nimmt ab.

Absolut geräuschlos

Die Vorrichtung enthält keine beweglichen Teile, tickt und brummt nicht. Das Anzapfen des Energiefeldes der Erde und des Raumes über ein spezielles antennenartiges System verursacht keinerlei Geräuschemissionen. Die laute Welt von heute braucht noch mehr derartige Innovationen.

Keine Batterien nötig

Das Aquapol-Aggregat arbeitet ohne Strom aus der Steckdose und braucht auch keine Batterien. Es bezieht seine Energie ausschließlich aus „kostenlosen" Quellen: Aus der unerschöpflichen Raumenergie und dem natürlichen gravomagnetischen Erdfeld.

Werterhaltung Ihres Gebäudes

Hausbesitzer, die sich für das Aquapol-Verfahren entscheiden, können sich sicher sein, dass sie langfristig für ihre Immobilie etwas Gutes getan haben. Selbst die Erben werden noch ihre Freude daran haben und hoffentlich ihrem „Wohltäter" noch lange dankbar sein. Feuchte Mauern reduzieren den Wert eines Hauses enorm wie aus der Immobilienbranche gut bekannt ist.

Kurze Amortisationszeit

Die Investition zahlt sich schnell aus, in Form eines gesteigerten Gebäudewertes und eingesparter Ausgaben für Heizung und gesünderes Wohnklima. Da das Aquapol-System, verglichen mit anderen Methoden, besonders preiswert ist und nachweislich einen dauerhaften Nutzen bringt, können sich Bauherren sicher sein, dass sie ihre Ausgaben ganz schnell wieder hereinholen.

Höchste Gerätelebensdauer

Es enthält keine beweglichen Teile, die verschleißen könnten. Es gibt weder eine thermische, noch eine elektrische Belastung. Zudem werden die Bauteile gut feuchtegeschützt und natürlich von einem schützenden Gehäuse umgeben. Irgendwann wird eine gewisse Materialalterung eintreten, durch die die Wirkung dann etwas schwächer werden wird. Antennenbauer schätzen aber, dass das nach etwa 80–100 Jahren eintritt.

Kein Stromanschluss nötig
Das Aquapol-Gerät zapft natürlich vorhandene Kraftquellen an und ist damit unabhängig von jeder Art von Energiekrise, Blitzschlagschäden durch die E-Leitungen etc. Als Umweltschützer kann man mit Stolz über eine solche Anschaffung erzählen, zumal in Zeiten, wo einem sogar geraten wird, zwecks Stromeinsparung seinen Fernseher nicht zu lange auf „Stand-by" geschaltet zu lassen.

Kein Lärm und kein Schmutz
Da zur Trockenlegung mit dem Aquapol-Verfahren kein Eingriff an den Wänden nötig ist, sind die Hausbewohner nicht durch eine Großbaustelle beeinträchtigt, auf der wochenlang gearbeitet wird. Dank der äußerst wirkungsvollen Entfeuchtung halten sich auch spätere Reparaturmaßnahmen, wie etwa eine teilweise Putzerneuerung, in Grenzen.

20 Jahre Funktionsgarantie
Bei diesem Punkt hält bisher kein Konkurrenz-Verfahren mit. Da sich die physikalischen Gesetze, auf denen die Aquapol-Technik beruht, nicht ändern, hält nach der Entfeuchtung der Trockenhaltungsprozess über viele Jahrzehnte an. Auf jeden Fall lange genug, um beruhigt eine Garantie für 20 Jahre zu gewähren.

Keine Setzungsrisse möglich
Eine der größten Gefahren bei der Gebäudeentfeuchtung mit herkömmlichen Methoden wie etwa einer horizontal ins Mauerwerk eingebauten Feuchtigkeitssperre mittels Edelstahlblechen oder dem Maueraustauschverfahren. Vor allem alte Häuser beginnen danach sich zu setzen. Risse rund um Fenster und Türen zeugen oft von dem Eingriff, der mehr geschadet als genutzt hat. Das Aquapol-System dagegen lässt die Mauern selbst in Ruhe. Seine natürlichen Wellen haben ausschließlich das Wasser im Visier.

Teilentsalzung des Mauerwerks
Da das Aquapol-Verfahren die Wassermoleküle umpolt (daher der Name des Verfahrens) und sie damit veranlasst, sich wieder in den Untergrund zurückzuziehen, werden die gelösten Salze, die bei der jahrelangen Durchfeuchtung in das Mauerwerk aufgestiegen sind, zu einem großen Teil wieder nach unten „ausgespült". Ein kleiner Teil verdunstet in der oberen Putzzone (=Verdunstungszone).
Dies ist ein nicht zu unterschätzender Vorteil gegenüber anderen chemischen oder mechanischen Verfahren, bei denen lediglich verhindert wird, dass weiterhin Feuchtigkeit aufsteigt, wobei die gelösten Salze nur in die komplette Verputzzone transportiert werden und dort bei Neuputzen wieder die Luftporen verstopfen. Das Aquapol-Verfahren „versalzt" quasi nur einen kleinen Bereich des Putzes (in der oberen Verdunstungszone).

Keine Demontage fixer Einrichtungen

Das vom Aquapol-Gerät ausgesandte Kraftfeld „bahnt" sich selber seinen Weg ins Innere des Mauerwerks. Fest installierte Regale in Kellerräumen, eingebaute Möbel oder Geräte in Waschkellern können an ihrem Platz bleiben. Jeder Hausbesitzer weiß auch, wie viel Ärger er sich ersparen kann, wenn er beispielsweise seine Mieter nicht um den Gefallen bitten muss, ihre Wohnungen oder Kellerabteile auszuräumen. Die Durchdringungstiefe des Aquapol-Aggregates ist groß genug, um auch durch relativ feste Gegenstände hindurch auf die Wände einzuwirken.

Senkung hoher Luftfeuchtigkeitswerte

Eine zu hohe Luftfeuchtigkeit begünstigt nicht nur die Schimmelbildung, sondern wird auch von den Menschen als unbehaglich empfunden. Nach der Montage von Aquapol-Geräten wird immer wieder die sich einstellende trockenere Zimmerluft bzw. ein angenehmeres Kellerklima von den Bewohnern als eines der Hauptkriterien einer positiven Veränderung genannt.

Von Mietzins-Reserve absetzbar

Ohne Zweifel stellt die Montage eines Aquapol-Systems eine bedeutsame Maßnahme zur Sanierung und zur Aufwertung eines Gebäudes dar. Deshalb gestatten es die entsprechenden Gesetze, normalerweise die Ausgaben dafür steuerlich abzusetzen.

Ungehinderter Geschäftsbetrieb

Die Mauertrockenlegung durch das Aquapol-System erfolgt lautlos und ohne konstruktive Eingriffe. Bei Geschäftsräumen bedeutet dies, dass der Betrieb wie gewohnt weitergehen kann. Der Aufwand und die Kosten für einen vorübergehenden Umzug sowie der damit verbundene Zeitverlust entfallen.

Nutzbarmachung leerstehender Räume

Möbel werden von nassem Mauerwerk angegriffen; Kleider, die sich in der Nähe befinden, verschimmeln. Feuchte Räume sind praktisch wertlos. Weil sie das Inventar zerstören, lässt man sie lieber leer stehen und hat dadurch oft einen Mietzinsentgang. Eine effektive, dauerhafte Trockenlegung schafft daher auch zusätzlichen Wohn- oder Lagerraum.

Für jedes Mauerwerk und jede Mauerstärke geeignet

Genauso, wie sich die aufsteigenden Wassermoleküle nicht darum kümmern, wie das jeweils heimgesuchte Gemäuer beschaffen ist, so spielt es auch für die ihnen entgegengesetzten natürlichen Wellen des Aquapol-Geräts keine Rolle, wie dick die Mauer ist. Ihre Durchdringungstiefe ist nachweislich groß genug, um jedes Mauerwerk in der Praxis auszutrocknen.

Sicherheit durch Rücknahmegarantie

Im Laufe der Jahre haben sich nicht wenige Aquapol-Kunden gesagt, ein Versuch könne nicht schaden. Denn das System wird mit einer Rücknahmegarantie geliefert. Hauseigentümer, die sich für Aquapol entscheiden, können sicher sein, dass sie nicht verlieren. Wenn es funktioniert, was nahezu nach 20 Jahren Forschung und Entwicklung ausnahmslos der Fall ist, sind sie ohnehin froh, dass sie das Gerät behalten dürfen.

Bessere Wärmedämmung durch trockene Mauern

Langfristig gesehen, ist dies einer der größten Vorteile entfeuchteter Mauern. Die beste Wärmedämmung entsteht durch die eingeschlossene Luft in den Mauerporen. Da bei der Trockenlegung mit dem Aquapol-Verfahren auch das Kapillarsystem der Wände von eingeschwemmten Mauersalzen zu einem beträchtlichen Teil befreit wird, erreicht das Mauerwerk wieder einen offenporigen, mit Luft ausgefüllten Porenzustand. Dadurch wird die Wärmedämmung verbessert.

Keine Bauarbeiten und oft keine Putzarbeiten nötig

Auch wenn sich so mancher Bauherr von der Wirksamkeit dieser Technik wohl eher überzeugen ließe, wenn er Baumaschinen und Bohrhämmer in Aktion sähe, bleibt es dennoch bei der Tatsache, dass die Trockenlegung mit dem Aquapol-Verfahren keine Bauarbeiten erfordert. Und wenn die Nässe ihr Zerstörungswerk noch nicht allzu weit vorangetrieben hat, das heißt der Putz noch nicht abgesprengt wurde, kann häufig sogar auf eine Putzsanierung verzichtet werden. Gibt es nur geringe Anstrichschäden durch höhere Versalzung, dann kann man auch mit der sogenannten Kompressentechnik den Feinputz entsalzen und muss ihn nicht unbedingt komplett entfernen. Sauberer geht´s nicht.

Keine Entfeuchtungselektroden im Mauerwerk nötig

Aquapol ist ein kontaktloses Verfahren zur Mauerentfeuchtung. Die feuchtigkeitsverdrängende Wirkung wird durch ein vom Aquapol-Gründer erforschtes und entwickeltes Verfahren erzielt, das auf gravomagnetischen Kräften basiert und deshalb auch Gravomagnetokinese (vom griechischen „kinein", gleichbedeutend mit „bewegen") genannt wird. Es ist vergleichbar mit der Elektrokinese (Bewegung von Stoffen mittels elektrischer Kräfte) und benötigt, da es berührungsfrei wirkt, keine Elektroden im Mauerwerk. Metalle im Mauerwerk können zu Batterie-Effekten führen, können durch die Elektroden korrodieren und stellen oft unerwünschte Störfaktoren bei den Mauereinbauten und der Trockenlegung dar.

Verwertung von feuchten Kellerräumen für Lagerzwecke

Es geht um einen dieser Vorteile, die für sich selbst sprechen und nicht lange erklärt werden müssen: In zuverlässig trocken gelegten Räumen kann man getrost auch empfindliche Gegenstände lagern. Wenn der Keller vorher feucht war und dank Aquapol trocken wurde, steht mehr Raum für Lagerzwecke zur Verfügung. Für kritische Stunden kann parallel ein Luftentfeuchter mit Hygrostat eingesetzt werden, der die Obergrenze der Luftfeuchte stabilisiert, wenn es Aquapol nicht ganz schaffen sollte. Das kommt immer noch billiger, als wenn man den Luftentfeuchter die ganze Zeit laufen lässt und die gesamte Kellerfeuchte reduzieren müsste.

Das einzige System dieser Art mit EURAFEM-Zertifikat 2001 & 2005

Der Europäische Arbeitskreis für elektrophysikalische Mauerentfeuchtung (EURAFEM), im Jahre 1963 in Wien gegründet, ist ein Zusammenschluss qualifizierter Firmen und Fachleute zum Zweck der wissenschaftlichen Weiterentwicklung der Mauerwerksanierung. Unter anderem bekämpft die Organisation Sünden bei der Sanierung von Denkmälern. Das EURAFEM-Zertifikat wird nach sehr strengen Maßstäben vergeben. Aquapol hat es im Jahre 2001 und 2005 zum wiederholten Mal erhalten.

Weltweit das einzige bewährte Gerät ohne Verschleißteile

Das Aquapol-Gerät ist im Wesentlichen eine Empfangs- und Sendeeinheit mit einem dazwischen geschalteten Polarisierungselement. Alle Bauteile befinden sich im ruhenden Zustand. Es gibt keine Reibung zwischen sich bewegenden Teilen und daher auch keinen elektronischen Verschleiß.

Das einzige System dieser Art mit Langzeitprojekt und punktueller Kontrolle einer unabhängigen Prüfanstalt

Verbesserungen, vor allem wenn sie so viel Furore machen wie das Aquapol-System, werden von den etablierten Kreisen oft als „Bedrohung" angesehen.
Anfang der 90er Jahre kam der Firma Aquapol die Entfeuchtung des alten Truppenspitals in Klagenfurt gerade recht. Es war der geeignete Gebäudekomplex für ein richtungsweisendes Langzeitprojekt. Man installierte das Aquapol-System und ließ ansonsten alles beim Alten. Seit mehr als zehn Jahren sind die Mauern trocken, bestätigt und dokumentiert von einer staatlichen Baustoffprüfanstalt, die in gewissen Zeitabständen punktuelle Nachkontrollen durchführte.

Weitaus kürzere Austrocknungszeiten als bei mechanischen Verfahren

Bei den bereits erwähnten mechanischen Trockenlegungsmethoden, wie der Mauersäge oder der Injektion von Kunstharzen, baut man in die Wand eine horizontale Sperre ein, um das weitere Aufsteigen der Feuchtigkeit in höhere Zonen zu unterbinden. Man geht dann davon aus, dass die darüberliegenden Bereiche über die Luft von selbst austrocknen. Dies kann funktionieren, dauert aber unter Umständen recht lange, da es witterungsabhängig ist. Aquapol dagegen ist ein aktives Trockenlegungsverfahren. Seine gravomagnetischen Wellen polen die Wassermoleküle gezielt so um, dass sie aus dem Mauerwerk gedrängt werden, was die Austrocknung beträchtlich verkürzt, wie man leicht nachvollziehen kann. Nur ein geringer Teil verdunstet an die Oberfläche.

Das am meisten ausgezeichnete System
Die Liste der Auszeichnungen und Ehrungen für Aquapol und dessen Erfinder ist lang. Hingewiesen sei an dieser Stelle nur auf die Goldmedaille der Internationalen Erfinder- und Neuheitenmesse in Nürnberg (2001), die Kaplan-Medaille für Erfinder, eine der höchsten Auszeichnungen für Forschungs- und Ingenieurskunst in Österreich (1995) und den Ehrenpreis des österreichischen Wissenschaftsministeriums (1995).

Das am längsten bestehende System dieser Art (seit 1985)
Das Aquapol-Verfahren wurde seit seinen ersten Einsätzen vor über 20 Jahren mehr als 32.000-mal erfolgreich angewandt. Weil es funktioniert, hält es sich nun schon länger auf dem Markt als jede andere Technik und findet immer mehr zufriedene Kunden in immer mehr Ländern Europas. Eine Erfolgsserie wie aus dem Bilderbuch.

Das erste System dieser Art, welches schon lange mit einer Checkliste für baubiologisch orientierte Sanierungstechniken geliefert wird
Letztlich geht es bei der Entfeuchtung von Gebäuden um die Gesundheit der Bewohner. Die Beratung über baubiologisch richtige Sanierungstechniken gehört schon lange zum ganzheitlichen Serviceangebot von Aquapol. Über 20 von Aquapol erprobte Sanierungstechniken sorgen dafür, dass der Hausherr nur einmal richtig saniert, auch zum Wohle der Bewohner.

Der umfangreichste Service seit Firmenbestehen
Die Mitarbeiter der Firma Aquapol versuchen nichts außer Acht zu lassen, was den Erfolg bei jedem Entfeuchtungsprojekt noch sicherer macht und die Kundenwünsche noch mehr befriedigt. Die Erfahrung aus Tausenden von Anwendungen hat zu einem Schatz an Know-how rund um die Trockenlegung, die begleitenden Maßnahmen und die Sanierung geführt. Gewachsen ist daraus ein umfangreiches Serviceangebot, das jeden nur denkbaren Aspekt zu berücksichtigen sucht.

Das System mit den anpassungsfähigsten Gehäuseformen
Ob rustikal und zur Holzdecke passend oder verpackt in einem Korb bis hin zum schlichten weißen Lampendesign – die Gehäuseformen für das Aggregat sind variabel und fügen sich in die Umgebung ein. Auf Wunsch wurden gegen Aufpreis auch schon Sonderanfertigungen geliefert.

Das erste System dieser Art, das schon lange mit einer Checkliste für wirtschaftlich begleitende Maßnahmen geliefert wird
Die Entfeuchtung der Mauern ist bei der Gebäudesanierung der erste wichtige Schritt, der professionell durchgeführt und komplett abgeschlossen sein muss, bevor weitere Arbeiten in Angriff genommen werden. Mit Hilfe einer Checkliste beraten die Aquapol-Techniker ihre Kunden über zusätzliche, wirtschaftlich ver-

nünftige begleitende Maßnahmen, um wirklich alle Durchfeuchtungsquellen und -mechanismen auszuschalten. Dadurch wird der Wert von Gebäuden auf viele Jahre noch weiter erhöht und gut erhalten.

Das System mit den meisten Anwendungseinsätzen in Europa
Mehr als 32.000 montierte Aquapol-Anlagen sind die beste Empfehlung für weitere Anwendungen in immer mehr Ländern dieses Kontinents mit seinem geradezu sagenhaften Reichtum an schützenswerter Bausubstanz.

Das System mit den meisten Sachinformations-Videos, -Filmen, -Büchern, -Fachartikeln, Kongressunterlagen und Schriften
Als das mittlerweile international tätige Unternehmen Aquapol Mitte der 80er Jahre mit seiner alternativen Technologie auf den Markt kam, gab es kaum Bild- und Grafikmaterial, das den Konsumenten über das Thema Gebäudetrockenlegung aufklärte. Insbesondere über die Anwendungsgrenzen der unterschiedlichen Methoden wurde nicht umfassend informiert. Die daraus resultierenden Fehlschläge kosteten die Hausbesitzer viel Geld.

Dem galt es entgegenzuwirken. Aquapol war das erste Unternehmen dieser Branche in Europa, das ausführlich und in einfacher Form über die Ursachen und unterschiedlichen Arten von Mauerfeuchtigkeit informierte. Dieser Tradition ist Aquapol bis heute treu geblieben. Sichtbarer Beweis sind die zahlreichen Unterlagen über Fachtagungen, Sachinformations-Videos, Fachartikel, CDs und Schriften verschiedenster Art.

Gute Ideen verdienen es, verbreitet zu werden. Einen Überblick über die vielen Publikationen von Aquapol verschafft man sich am schnellsten auf der Website http://www.aquapol.at. Die Schriften und Videos enthalten weit mehr als nur die Erklärung dieser innovativen Technik. Namhafte Wissenschaftler, die sich seit Jahren mit der Raumenergie befassen, bezeichnen das Aquapol-Verfahren als einen Durchbruch, weil es erstmals diese neue, viel zu wenig erforschte Energieform praktisch nutzbringend verwendet und damit die ungeahnten Möglichkeiten einer künftigen Energieversorgung erkennen lässt.

Das System mit jahrelangem Europapatent
Patentierte Verfahren sind technologisch gute Verfahren und heben sich in der Regel vom Mitbewerb ab. Das umweltfreundliche Aquapol-Verfahren zur sanften Trockenlegung von Gebäuden hat die Europa-Patentnummer 0688383 - 1996.

Bekannte Referenzobjekte

Haydn-Museum, Eisenstadt (Burgenland)

Die frühere Wohn- und Arbeitsstätte eines des berühmtesten Söhne Österreichs stellte eine echte Herausforderung dar, die dem Unternehmen Aquapol aber genau ins Konzept passte. Die gestellten Anforderungen, die mit herkömmlichen Verfahren nicht zu erfüllen waren, schrien geradezu nach dem mauerschonenden Aquapol-System.

Das einstige Wohnhaus des weltberühmten Komponisten Joseph Haydn in Eisenstadt, das heute ein nach ihm benanntes Museum beheimatet, sollte ohne Eingriffe ins Mauerwerk trockengelegt werden. Im Kellerbereich war als Ziel vorgegeben, ohne vertikale Außenisolierung die Mauern soweit zu entfeuchten, dass die Bausubstanz wieder in einen besseren statischen Zustand versetzt würde.

Der alte Hauskern bestand schon im 16. Jahrhundert, wie man erst jüngst anhand von spätgotischen Fenstergewänden entdeckte. Die über dem Kellerabgang eingemeißelte Jahreszahl 1747 deutet darauf hin, dass in diesem Jahr an dem Gebäude weitere Um- und Ausbauten fertiggestellt wurden.

Das Haydn-Museum in Eisenstadt. Ab 1766 war es 12 Jahre lang Wohn- und Arbeitsstätte des weltberühmten Komponisten. 1994, zwei Jahre nach der Montage des Aquapol-Systems, wurde das historische Gebäude trocken übergeben und blieb seither im entfeuchteten Zustand.

Joseph Haydn (geb. am 31. 3. 1732, gest. 31. 5. 1809), einer der bedeutendsten Komponist der Neuzeit, erwarb am 2. Mai 1766 das Wohnhaus in der Klostergasse Nr. 21, dessen Adresse nach der späteren Umbenennung heute Haydngasse 21 lautet. Er bewohnte das Haus 12 Jahre lang. Insgesamt wirkte Joseph Haydn in Eisenstadt im Burgenland über einen Zeitraum von annähernd 30 Jahren, nachdem ihn der bekannte Fürst Paul Anton Esterhazy am 1. Mai 1761 zum ersten Kapellmeister ernannt hatte.

Joseph Haydn, neben Wolfgang Amadeus Mozart und Ludwig van Beethoven ein Hauptvertreter der sogenannten Wiener Klassik, hinterließ ein musikalisches Werk, das von seiner geradezu ungeheuren Schaffenskraft zeugt. Von den mehr als 100 Symphonien komponierte er etwa 30 während der 12 Jahre, in denen er in der damaligen Klostergasse Nr. 21 wohnte. In diesem Zeitraum schuf er des Weiteren 16 Klaviersonaten, zahlreiche Orgelmessen, Klavierkonzerte, Streichquartette, Opern, Schauspielmusik und vieles mehr.

Stücke wie „Der verliebte Schulmeister", „La Canterina", „Feuersymphonie", „Abschiedssymphonie", „Philemon und Baucis", „Sonnenquartett", „La vera Constanza", um nur einige zu nennen, gingen um die ganze Welt. Die Werke von Haydn bilden noch heute feste Bestandteile der Spielpläne berühmter Orchester und renommierter Opernhäuser.

Das Haydn-Museum in Eisenstadt wurde am 23. Juni 1935 eröffnet. Ein wechselvolles Schicksal war dem Gebäude über die Jahrhunderte beschieden, besonders zu der Zeit, als Haydn es bewohnte. Zwei große Brände in den Jahren 1768 und 1776 führten zu erheblichen finanziellen Belastungen, die wahrscheinlich der Grund dafür waren, warum Joseph Haydn das Wohnhaus am 27. Oktober 1778 verkaufte.
Es ist offensichtlich, dass das Haydn-Haus einen wichtigen Teil sowohl des nationalen österreichischen als auch des internationalen Kulturerbes darstellt. Als die burgenländische Landesregierung die Firma Aquapol mit dieser wichtigen Aufgabe zur Erhaltung dieses musikhistorischen Baudenkmals betraute, wurde dies von den Mitarbeitern von Anfang an als großer Vertrauensbeweis empfunden. In der Gewissheit, dass das Aquapol-System das Feuchtigkeitsproblem lösen würde, gingen sie an die Sache heran.

Trockenlegung

Die Montage des Aquapol-Systems erfolgte am 14. Dezember 1992. Der Feuchtigkeitsspiegel im Mauerwerk lag zu Beginn der Trockenlegung bei maximal einem Meter über dem Außenniveau. Der Verputz und der Anstrich waren teilweise bis zu dieser Höhe beschädigt und zeigten optische Symptome aufsteigender Feuchtigkeit. Im Erdgeschoss war ein muffiger Geruch wahrnehmbar.

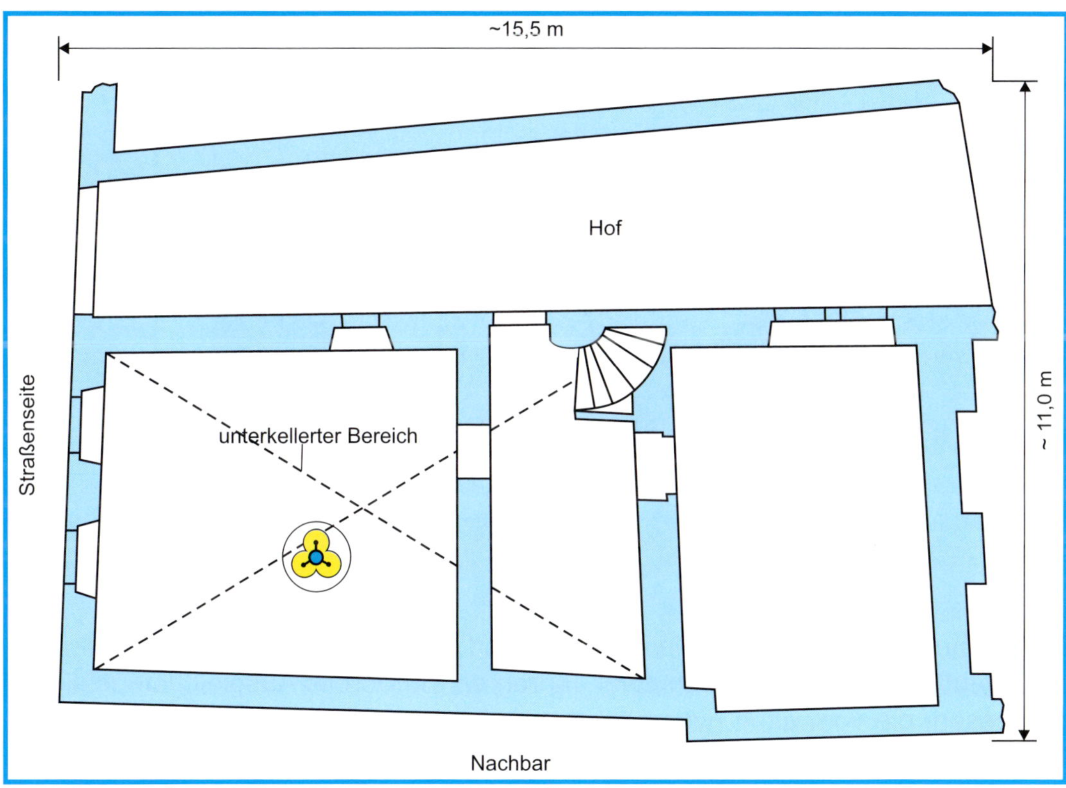

Das teilunterkellerte Gebäude wurde ohne Eingriff ins Mauerwerk entfeuchtet.

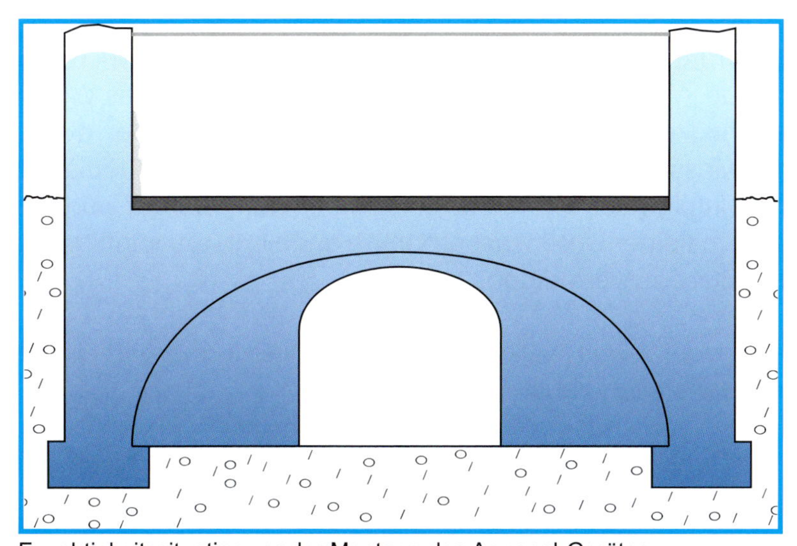

Feuchtigkeitssituation vor der Montage des Aquapol-Gerätes

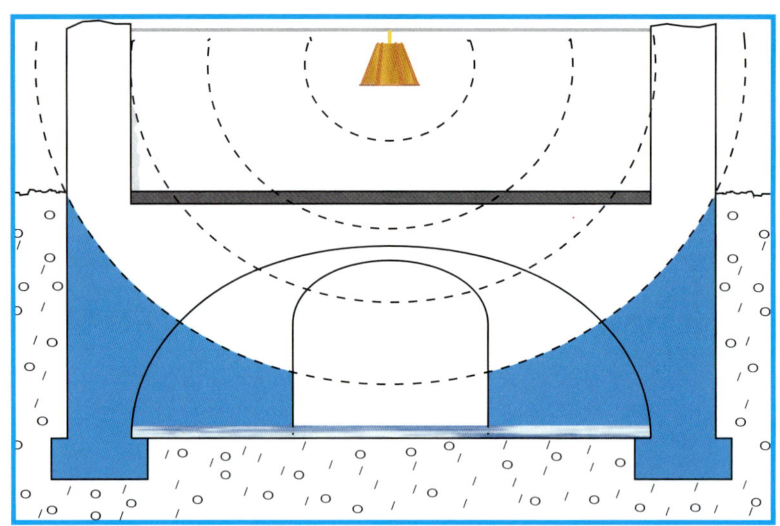

Feuchtigkeitssituation zirka zwei Jahre nach der Montage des Aquapol-Gerätes

Nach einem Jahr war der Entfeuchtungstrend an den relevanten Messstellen bereits deutlich abzulesen. Nach zwei Jahren wurde bereits Ausgleichsfeuchtigkeit gemessen, die vom alten hygroskopischen Putz noch stärker beeinflusst wurde. Der Feuchtigkeitsspiegel im Mauerwerk wurde schon bis zum Sommer 1994 in den Keller abgesenkt (siehe Querschnittskizze und Fotos). Erreicht wurde dies ohne bauliche Maßnahmen und bei gleich bleibenden Lüftungsgewohnheiten.

Alarm gab es am Jahresende 1994, als der Keller durch eine stark wasserführende, darunter liegende Wasserader überschwemmt wurde. Trotz des Wassereinbruchs blieb der Feuchtigkeitspiegel im Mauerwerk unverändert. Der etwas überhöhte Wert an einer Messstelle im Keller war eine Folge der wochenlangen erhöhten Luftfeuchtigkeit infolge der Überschwemmung. Im Jahr darauf wurde im Keller ein Wasserschacht mit einer Unterwasserpumpe angelegt, um künftige Überschwemmungen des Kellers zu vermeiden.

Der alte, wenig versalzene Kalkputz im Keller blieb unberührt und trocknete im Gewölbe zufriedenstellend aus.

Als zuständige Denkmalschutzbehörde behielt das Österreichische Bundesdenkmalamt ein wachsames Auge auf der aus seiner Sicht hochsensiblen Trockenlegungsmaßnahme, ebenso verhielt sich der für das Burgenland verantwortliche Landeskonservator, Hofrat Diplom-Ingenieur Bunzl. Als kontrollierende Organe fungierten Diplom-Ingenieur Reumann und Herr Kollarits.

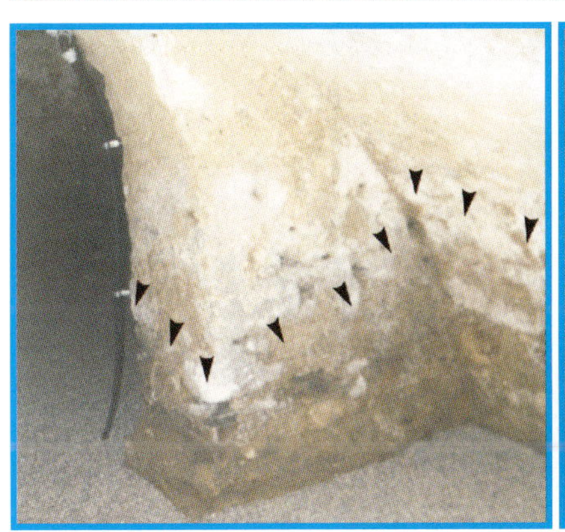

Der Mauerfeuchtigkeitspiegel, deutlich sichtbar am Hell-Dunkel-Kontrast (siehe Pfeile), wurde in den Keller abgesenkt. Der historische, wenig versalzene Kalkputz blieb unberührt und konnte im Gewölbe gut austrocknen.

Wie stets von Aquapol-Technikern empfohlen, wurde die Putzsanierung am Haydn-Museum erst nach der Austrocknung in Angriff genommen. Wie bereits weiter zuvor betont, dient der Altputz vor allem im Bereich der Verdunstungszone als eine Art Schwamm für die beim Austrocknen ebenfalls ausdünstenden Mauersalze. Wegen ihrer hygroskopischen (wasseranziehenden) Eigenschaft können diese Salze zeitweise die Feuchtigkeit an der Putzoberfläche sogar wieder erhöhen. Deshalb wird der stark versalzene Altputz je nach Bedarf **nach** der Austrocknung normalerweise erneuert.

Ansicht des Innenhofes

Am Haydn-Haus wurde die Putzsanierung ein Jahr nach der Trockenübergabe, Ende 1995 Anfang 1996 durchgeführt. Das Gebäude strahlt seither in neuem Glanz und lockt wie seit Jahrzehnten viele Besucher an, die sich auf die Spurensuche nach einer musikgeschichtlich hoch bedeutsamen Epoche begeben.

Parlament Budapest

Vom Sommer des Jahres 1989 an bis zur Auflösung des kommunistischen Ostblocks, einem Ereignis, das als Fall des „Eisernen Vorhangs" in die Geschichtsbücher eingegangen ist, richteten sich die Augen der Welt immer wieder auf die ungarische Hauptstadt Budapest. Die damalige, noch kommunistische Regierung schien einen neuen Kurs einzuschlagen und nicht die Absicht zu verfolgen, die aufkeimenden Freiheitsbestrebungen sogleich wieder zu unterdrücken. Politische Kommentatoren benutzten wieder vermehrt den Begriff „Gulasch-Kommunismus", womit sie auf leicht sarkastische Weise die Tatsache in Erinnerung riefen, dass angesichts des in der ungarischen Mentalität tief verwurzelten Freiheitsdranges die reine kommunistische Lehre niemals wirklich in die Volksseele einzudringen vermochte. Unvergessen bleibt der Sommer des Jahres 1989, als sich Tausende ausreisewillige Menschen aus der damaligen DDR in Auffanglagern rund um Budapest sammelten und schließlich Mitte September von der ungarischen Regierung in die Freiheit entlassen wurden. Diese Entscheidung der ungarischen Regierungsspitze markierte den Wendepunkt zur Öffnung der von Moskau kontrollierten osteuropäischen Länder in Richtung westlicher Demokratie.

Das Parlamentsgebäude in Budapest repräsentiert mit seiner prachtvollen Fassade den Stolz der freiheitlichen Demokratie. Ein Trakt des historischen Bauwerks wurde mit dem Aquapol-System trocken gelegt.

Wer in Budapest über die Donau auf die prachtvolle Fassade des Parlaments in seiner verschwenderischen Formenvielfalt blickt, ahnt etwas von dem Stolz dieses Volkes, das sich ein so mächtiges Symbol seiner Freiheit errichtet hat. Die schiere Schönheit dieses Gebäudes vertreibt jeden Gedanken daran, dass hinter diesen Mauern jemals etwas Anderes stattfinden könnte als eine fortdauernde, lebendige Debatte zu den wichtigen Überlebensfragen des ungarischen Volkes und wo all die unterschiedlichen Interessen des Landes frei zum Ausdruck gebracht werden können, um sich zu einem für alle nützlichen Ganzen zu vereinen. Wie lächerlich erscheint beim Anblick dieses imposanten Parlamentsgebäudes jeder Gedanke, dass eine gegen die Freiheit gerichtete, den Volkswillen missachtende Diktatur – unter welchem Namen sie auch daherkommen mag – mehr sein könnte als ein kurzer Fehltritt der Geschichte und eine Mahnung wachsam zu bleiben, die Werte der Freiheit hochzuhalten und die Menschenrechte für alle Zukunft zu achten. Eine Demokratie, die sich der Welt mit einem so schönen Gebäude zeigt, muss tiefe Wurzeln im Volk haben.

Als Ungarn sich am Anfang der 90er Jahre zum Westen hin öffnete, wurden kreative Kräfte entfesselt, Kapital und neue Ideen strömten ins Land.

Die Wirtschaft lernte wieder mehr, nach Kosten und Nutzen zu rechnen. Daneben entwickelte sich das Bestreben, umweltfreundliche Technologien voranzubringen. Die Offenheit und das Interesse an besseren Lösungen zeigte sich schließlich auch dann, als es darum ging, das beste Verfahren zu finden, um einen stark von aufsteigender Feuchte befallenen Trakt des Parlamentsgebäudes trocken zu legen.

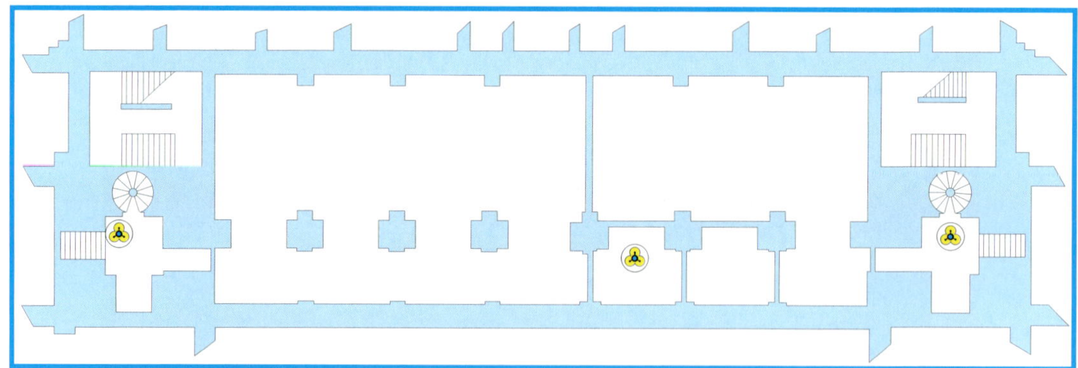

Das nasse Mauerwerk dieses Gebäudeteils des ungarischen Parlaments wurde innerhalb nur eines Jahres mit dem Aquapol-System trocken gelegt.

Die Montage des Aquapol-Systems erfolgte am 27. August 1991. Mehrere Geräte wurden installiert. Es sollte eine spektakuläre Demonstration dieser innovativen, mauerschonenden Entfeuchtungstechnologie werden. Nur ein gutes Jahr später, am 14. September 1992, konnte der Gebäudetrakt trocken übergeben werden. Die Messwerte beeindruckten die beteiligten Sanierungsfachleute noch mehr als die kurze Austrocknungszeit. Ein Jahr zuvor war die Mauerfeuchtigkeit bei nahezu durchschnittlich 11 Gewichtsprozent gelegen. Nun war nur noch eine minimale Restfeuchtigkeit von ca. 2,5 Gewichtsprozent zu messen, was extrem gute Werte darstellt. Das kann auch erreicht werden, wenn die Versalzung gering ist und keine Störfaktoren vorhanden sind (siehe Kapitel 2).

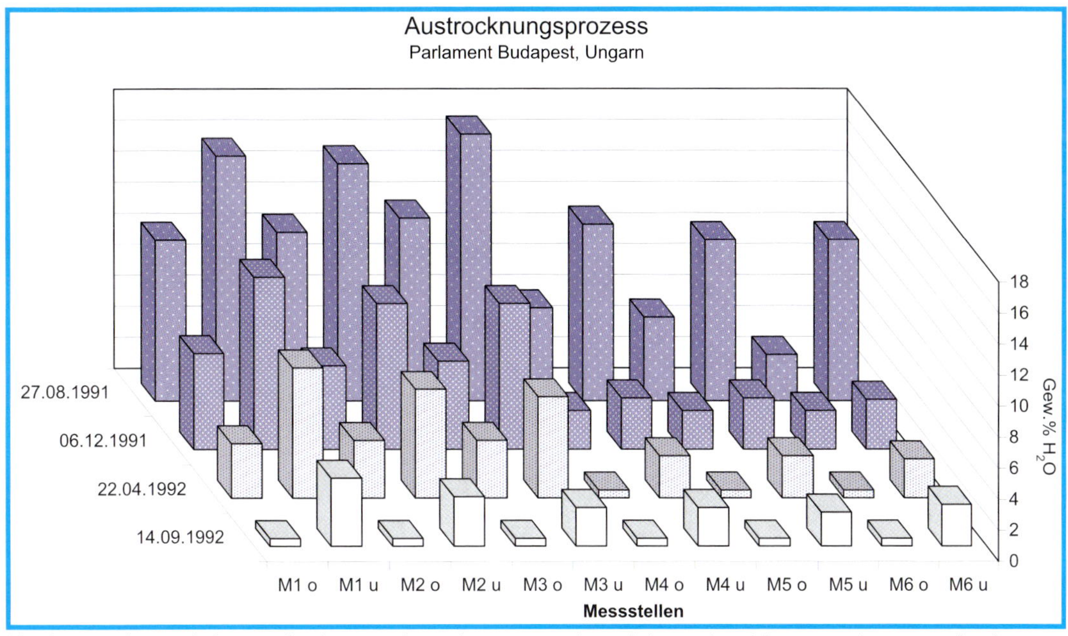

Nach nur einem Jahr war in dem vorher als nass zu bezeichnenden Mauerwerk nur noch eine unbedeutende Restfeuchtigkeit messbar.

Die Maßnahme wurde seinerzeit mit großem Interesse verfolgt. Die prüfenden Blicke des Architektenteams, der Bauingenieure und der für die Sanierung zuständigen Behörden verfolgten den Trockenlegungsprozess und die Messungen der Mauerfeuchtigkeit.

Am Tag der Montage des Aquapol-Systems wurden an festgelegten Messpunkten absolute Mauerfeuchtigkeitsmessungen nach der Karbid-Methode durchgeführt und protokolliert, um den Verlauf der Austrocknung zu dokumentieren.

Um den Feuchtigkeitsrückgang nachweisen zu können, wurde an jeder Messstelle ein einfaches vertikales Feuchtigkeitsprofil der jeweiligen Mauer erstellt. Das heißt, ein oberer Messpunkt, etwa 50 Zentimeter unterhalb der sichtbaren Feuchtigkeitsgrenze und ein unterer Messpunkt, etwa 20 Zentimeter über dem Erdniveau.

Nach vier Monaten wurde die erste Wiederholungsmessung durchgeführt und man konnte bereits eine signifikante Reduktion der Feuchte, vor allem an den oberen Messpunkten erkennen. Nach acht Monaten war an einigen oberen Messpunkten bereits die Ausgleichsfeuchtigkeit erreicht.

Die entscheidende Jahresmessung ergab die folgenden Durchschnittswerte. Obere Messpunkte: Unter 1 Gew.% Feuchtigkeit. Untere Messpunkte: Zirka 2,5 Gew.% Feuchtigkeit. Unter dem Gesichtspunkt der in der Baupraxis üblichen Toleranz wurde an allen Stellen die natürliche Mauerausgleichsfeuchtigkeit erreicht, womit die erfolgreiche Trockenlegung innerhalb nur eines Jahres gelungen war.

Die installierte Anlage hält seither die Gemäuer in ihrem Wirkbereich trocken. Dieser Zustand wird noch sehr lange anhalten, da die Geräte verschleißfrei arbeiten und ihnen eine hohe Lebenserwartung von 70 bis 100 Jahren – oder darüber – vorhergesagt wird.

Die Firma Aquapol freute sich, dass sie die Erwartungen übertreffen konnte. Sie nahm den Erfolg als Ansporn, jeden Kunden mit einer ebenso überdurchschnittlichen Leistung positiv zu überraschen.

Serbische Klöster

Die Sorge um wertvolle Fresken aus dem 13. und 14. Jahrhundert veranlasste das Bundesdenkmalamt von Serbien, sich Ende der 80er Jahre an die Firma Aquapol zu wenden. Die erhaltenswerten Fresken schmückten das Innere einiger alter Klöster, die unter den zerstörenden, scheinbar unaufhaltsamen Auswirkungen aufsteigender Bodenfeuchtigkeit und deren aggresiven Salze litten. Es bestand die Gefahr, dass die alten Kunstwerke unwiederbringlich zerstört würden.

Eines der bedrohten kunsthistorischen Denkmäler war das Kloster Mileseva. Hier hatte die aufsteigende Mauerfeuchtigkeit einen Teil der Fresken in den bodennahen Bereichen bereits zerstört und bedrohte die noch vorhandenen biblischen Darstellungen in den darüber liegenden Mauerabschnitten.

Herkömmliche Verfahren zu verwenden, wäre natürlich unsinnig gewesen, weil das einen Eingriff in die Bausubstanz bedeutet hätte – bei dieser diffizilen Problemlage wäre es zu noch mehr Zerstörung gekommen.

Das Kloster Mileseva in Serbien wurde mit der Aquapol-Technologie in weniger als einem Jahr trocken gelegt und wird seit 1991 trocken gehalten.

Wertvolle Fresken, von aufsteigender Mauerfeuchtigkeit und deren Salze bereits teilweise zerstört, wurden mit dem „sanften" Aquapol-System gerettet und für die Nachwelt erhalten.

In Frage kam tatsächlich nur ein mauerschonendes Verfahren wie das Aquapol-System. Es verrichtet seine Arbeit, ohne die Wände anzugreifen. Andererseits wirkt es äußerst effektiv, weil es sein Kraftfeld nur auf das eigentliche Problem, nämlich die Feuchtigkeit, lenkt. Ein konstant rechtsdrehend polarisiertes gravomagnetisches Feld gibt den Wassermolekülen eine neue Orientierung, so dass sie sich nach unten bewegen. Die natürlich vorkommenden gravomagnetischen Wellen wurden von mir in hingebungsvoller und aufwändiger Grundlagenforschung entdeckt und erstmals beschrieben. Diese jahrelange Vorarbeit, die in Form von zahlreichen Auszeichnungen dann viel später offizielle Anerkennung fand, brachte im Fall des Klosters Mileseva buchstäblich die Rettung in letzter Sekunde.

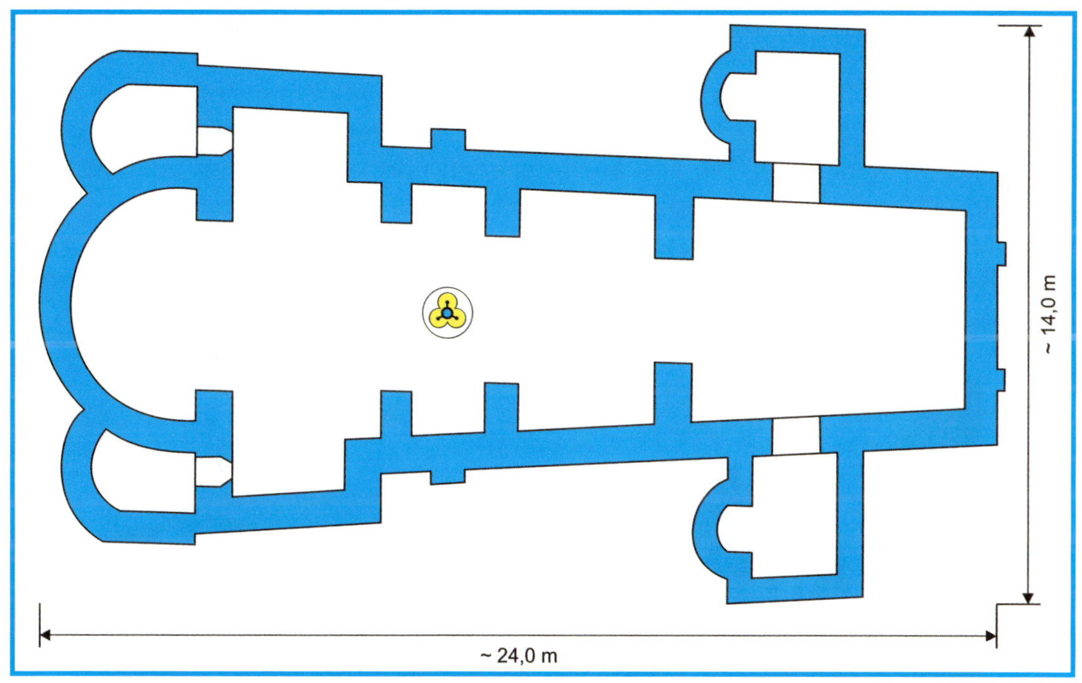

Der Grundrissplan des Klosters Mileseva

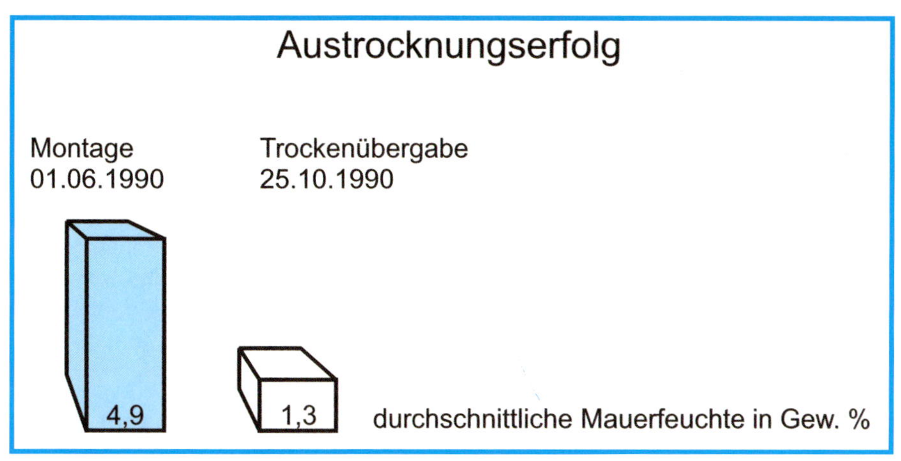

Nach etwa einem Jahr waren bereits zwei Klöster trocken gelegt und die alten Fresken dank der revolutionären Aquapol-Technologie gerettet. Die Maßnahme erfolgte ohne Eingriff in die Jahrhunderte alte Bausubstanz.

„Fuchs-Palast" in St. Veit (Kärnten)

Seinen Namen verdankt das Seminarhotel dem weltbekannten österreichischen Maler, Professor Ernst Fuchs, dem führenden Vertreter der „Wiener Schule" des fantastischen Realismus. Die von ausgefallenen Formen und einer fantastischen Farbenpracht geprägte Kunstrichtung stand sowohl bei der Architektur als auch bei der Inneneinrichtung des Gebäudes Pate. Das Hotel St. Veit gilt mit seiner gestalterischen und farblichen Vielfalt als Gesamtkunstwerk, geprägt vom Stil jenes Professor Fuchs, dessen Name die Welt mit eben diesem Kunststil assoziiert.

Der „Fuchs-Palast" in St. Veit (Kärnten). Die Architektur im Stil des Fantastischen Realismus des Malers Professor Ernst Fuchs gaben dem Seminarhotel seinen volkstümlichen Beinamen. Seit der Entfeuchtung der 300 Jahre alten Grundmauern können auch die Kellerräume wieder genutzt werden.

Die Tiffany-Außenfassade und die üppige Verwendung von Glas im Innenbereich sowie die Bleiverglasung am Haupteingang und im kleinen Festsaal verliehen dem Konferenzhotel ein außergewöhnliches Ambiente. Alles in dem Fantastisch anmutenden Bau sieht neu aus, nur ein wichtiger, dem Blick des Betrachters entzogener Teil des Gebäudes stammt aus einer lange zurückliegenden Epoche. Die Grundmauern sind mehr als 300 Jahre alt, behaftet mit dem häufig auftretenden Problem der aufsteigenden Mauerfeuchtigkeit, die sich mit den typischen, ganz und gar nicht zu einer Nobelherberge passenden Symptomen äußerten.

Im Jahre 1998 war das Haus generalsaniert worden. Nur ein Jahr danach traten Verputzschäden und Modergeruch auf, zurückzuführen auf die Wandfeuchtigkeit, die den gesamten Kellerbereich erfasste. Im Jahr 2000 beschloss die Geschäftsleitung deshalb, eine gründliche Trockenlegung durchführen zu lassen.

Auf die Aquapol-Entfeuchtungstechnologie war man durch Presseberichte aufmerksam geworden, wollte aber nicht so recht glauben, dass eine Methode, die ohne die geringste Mauerberührung arbeitet, überhaupt funktionieren könne. Zu den Skeptikern zählte auch Diplom-Ingenieur Ulbing, der Geschäftsführer des Hoteleigentümers, der Rogner International Hotel Development GmbH. Da er zugleich Leiter der Hochbauabteilung der Rogner Gruppe war, wollte er nicht glauben, sondern sehen, was es damit auf sich hatte. Nach einer Besichtigung des von Aquapol erfolgreich trocken gelegten ehemaligen Truppenspitals in Klagenfurt und nach Vorlage der bauphysikalischen Prüfberichte ließ sich der Baufachmann überzeugen, die natürliche, aber nichts desto weniger wirkungsvolle Methode von Aquapol anzuwenden.

Die Montage der Geräte erfolgte im Juni 2000. Gut zwei Jahre später war die Trockenlegung abgeschlossen, nachgewiesen durch die von Aquapol zur Erfolgskontrolle standardgemäß durchgeführten Messungen der Mauerfeuchtigkeit und wahrnehmbar durch den verschwundenen Modergeruch und die nicht mehr stark sichtbaren Feuchteschäden. Das Raumklima, so bestätigte es Diplom-Ingenieur Ulbing, ist nun besser und die Kellerräume können wieder als Lager- und Sozialräume genutzt werden.

In einem vergleichbaren Fall würde er wieder auf das Aquapol-Verfahren setzen, versichert der Geschäftsführer und für den „Fuchs-Palast" verantwortliche Manager. Was Diplom-Ingenieur Ulbing trotz allen mit der Mauerfeuchtigkeit einhergehenden Problemen das Leben erleichtert hat, war der erfreuliche Umstand, dass keine Bau- und Installationsarbeiten erforderlich waren und die Trockenlegung bei laufendem Hotelbetrieb nicht störte. Die herausragenden Vorteile des Aquapol-Systems sind es, die sich in unterschiedlichen Situationen immer wieder bezahlt machen.

Griechisch-Orientalische Kirche, Wien

In einem Gotteshaus haben üblicherweise Patriarchen, Priester und Pastoren das Sagen. Solange alles seinen gewohnten Lauf geht, sehen sie ihre Hauptaufgabe darin, ihre Gemeinde zum festen Glauben an überirdische Dinge anzuhalten. Im Falle der Griechisch-Orientalischen Kirche in Wien waren Ende der 90er Jahre die Verhältnisse etwas durcheinander geraten. Die dortigen Gottesmänner hatten gerade ihren Glauben an eine Sache verloren, von der sie sich nicht allzu lange vorher hatten überzeugen lassen. Ihr Vertrauen in die Allmacht moderner chemischer Methoden war erschüttert. Um durchfeuchtete Wandbereiche ihrer Kirche trocken zu legen und damit die Bausubstanz langfristig zu erhalten, hatten sie sich auf eine Methode eingelassen, die keine Besserung gebracht, sondern sich als bautechnisches Abenteuer mit fragwürdigem Ausgang herausgestellt hatte.

Geschäftiges Treiben vor der Griechisch-Orientalischen Kirche in Wien. Dieses Gemälde zeigt das historische Bauwerk zu einer Zeit, als die „automobile Revolution" noch auf sich warten ließ.

Zur Injektage des chemischen Mittels wurden im Bodenbereich der betroffenen Wandabschnitte Löcher in kleinen Abständen gebohrt. In die Bohrungen wurde eine chemische Lösung injiziert. Diese Methode stützt sich auf den Plan, auf die Hoffnung, dass die chemische Flüssigkeit das Kapillarsystem in dieser Mauerschicht durchdringt und damit eine neue horizontale Isolierung gegen aufsteigende Mauerfeuchtigkeit bildet. Wie wenig sich die chemische Injektage als langfristige Lösung eignet, wurde im Abschnitt „Gefahren bei herkömmlichen Verfahren" behandelt. Einen weiteren Beweis für die darin dargestellten Zusammenhänge lieferte das Griechisch-Orientalische Gotteshaus. Die Firma Aquapol übernahm den Auftrag im Jahre 1998. Am 3. März wurde das Aquapol-System installiert.

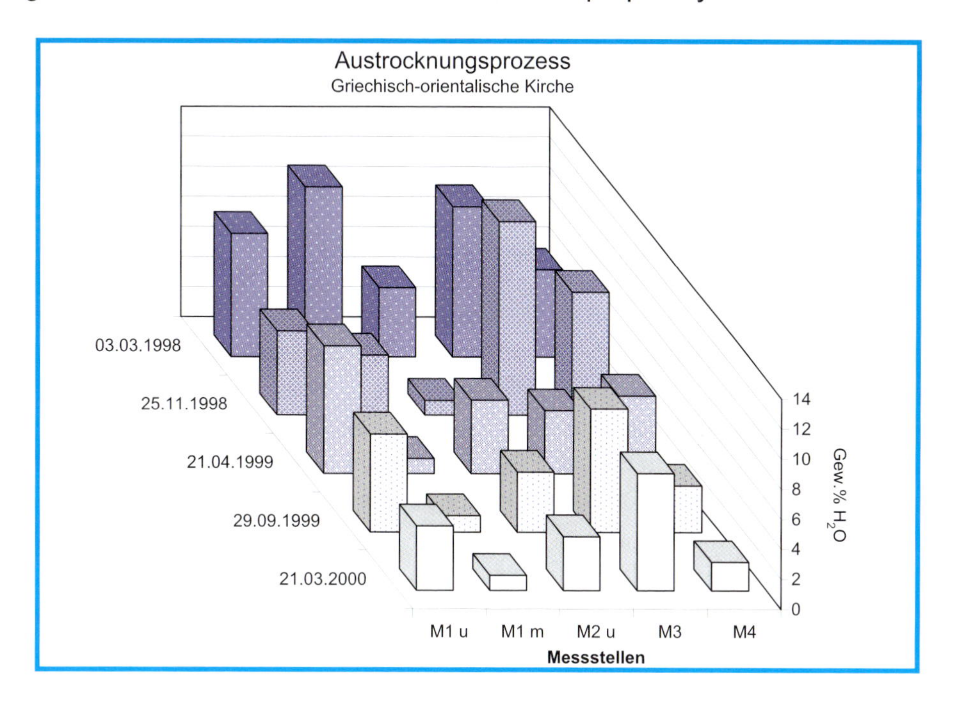

Die Spuren des fehlgeschlagenen chemischen Injektageverfahrens (verspachtelte Bohrlöcher im bodennahen Wandbereich) waren noch sichtbar, als das Aquapol-System das Feuchtigkeitsproblem dauerhaft löste.

Die standardgemäßen halbjährlichen Kontrollmessungen signalisierten den erfolgreichen Verlauf des Entfeuchtungsprozesses. Nach zwei Jahren, am 21. März 2000, wurde das historische Bauwerk am Wiener Fleischmarkt trocken übergeben. Die ursprüngliche durchschnittliche Mauerfeuchtigkeit von 8 Gew.% hatte sich auf 3,7 Gew.% mehr als halbiert. Nur an einem Messpunkt gab es noch einen erhöhten Wert, der allerdings auf einen Leitungsschaden zurückgeführt werden konnte.

Hygroskopische (wasseranziehende) Salze an der Ziegeloberfläche deuten auf den abgeschlossenen Austrocknungsprozess hin. Mit der sogenannten Kompressentechnik, mit der die Salze entfernt werden, könnte das optische Erscheinungsbild noch wesentlich verbessert werden.

Die Griechisch-Orientalische Kirche am Fleischmarkt Nr. 13 in Wien stellt ohne Zweifel eine Bereicherung des Stadtbildes dar und sie ist Ausdruck der kulturellen Vielfalt in der Donaumetropole. Die Erhaltung dieses Baudenkmals dürfte für viele Jahre gesichert sein, nachdem mit Hilfe der Aquapol-Technologie die aufsteigende Feuchtigkeit als Gefahr für die Bausubstanz gebannt worden ist. Denn der langfristige Vorteil dieses Verfahrens besteht darin, dass es die Mauern nicht nur entfeuchtet, sondern auch trocken erhält. Ein nicht unwichtiges Problem dürfte sich in den Köpfen der Kirchenvorstände ebenfalls erledigt haben. Es ist anzunehmen und zu hoffen, dass ihr vom „chemischen Hammer" erschütterter Glaube an die richtige Ordnung der Dinge wiederhergestellt ist.

Objekt Großpietsch, Weißwasser

Es sind nicht nur die spektakulären Entfeuchtungsmaßnahmen an großen Baudenkmälern, welche die mittlerweile 20-jährige Erfolgsgeschichte des Unternehmens Aquapol und seine Expansion in viele europäische Länder geprägt haben. Es waren auch und vor allem die Tausende mittleren und kleineren Objekte, an denen die Wirksamkeit der Aquapol-Technologie routinemäßig demonstriert wurde und die in ihrer großen Gesamtheit den Beweis erbringen, dass dieses mauerschonende, von natürlichen Kräften gespeiste Verfahren mit vorhersagbarer Gewissheit funktioniert.
Für die Mitarbeiter von Aquapol ist es immer wieder eine besondere Bestätigung, wenn sie beispielsweise einer Familie dabei geholfen haben, den Bestand ihres geerbten Besitzes zu erhalten und mit einem vergleichsweise preiswerten Verfahren auch noch zu dessen Wertsteigerung beigetragen haben. Nicht immer stehen hinter Sanierungsmaßnahmen finanzstarke Organisationen oder Immobiliengesellschaften, die im Zweifelsfall auch auf eine teurere und aufwändigere Methode hätten zurückgreifen können. Natürlich geht es vordergründig um das Geschäft mit einer Dienstleistung, aber es ist eben eine schöne Dreingabe, die der eigenen Arbeit einen zusätzlichen Sinn verleiht, wenn rundum zufriedene Kunden ein Lob dafür aussprechen, dass man ihr Problem komplett gelöst hat. Deshalb werden im Aquapol-Archiv nicht nur Dokumente mit Messwerten aufgehoben, sondern auch Aussagen wie die folgende von Familie Großpietsch aus dem sächsischen Weißwasser: „Wir sind sehr zufrieden mit der Methode und dem Service der Fa. Aquapol und würden dieses System gerne weiterempfehlen."

Ein städtebauliches Schmuckstück erstrahlte in neuem Glanz, nachdem der modrige Keller dieses Mehrfamilienhauses in Weißwasser entfeuchtet war.

Der Keller ihres wunderschönen Mehrfamilienhauses war bis zum Jahr 2002 faktisch unbrauchbar. Der feuchte, muffige und modrige Geruch verhindert sogar die Nutzungsmöglichkeit als Lagerraum. Um der aufsteigenden Feuchtigkeit Herr zu werden, wurde im August 2002 ein Aquapol-Gerät montiert. Eineinhalb Jahre später, im Februar 2004, wurde das Gebäude trocken übergeben.

„Zuerst konnten wir nicht so richtig glauben, dass dieses System wirklich so funktioniert", heißt es in einem Brief an die Aquapol-Vertretung Deutschland. „Bereits nach mehreren Wochen stellten sich die ersten Erfolge ein. Das merkten wir daran, dass sich zum Teil Putz ablöste und der feuchte muffige Geruch in Teilen des Kellers schon nach ca. 4 bis 6 Wochen fast vollständig weg war."

Südtiroler Landesmuseum für Jagd und Fischerei

Schloss Wolfsthurn im Südtiroler Ort Mareit bei Sterzing wurde im Jahr 1996 einer umfassenden Schönheitskur unterzogen, aber schon bald nach der Sanierung zeigten sich auf dem Verputz in mehreren Bereichen des imposanten Gebäudes wieder Feuchtigkeitsschäden. Das im Jahr 1741 errichtete Schloss beherbergt seit langem das Südtiroler Landesmuseum für Jagd und Fischerei. Für die mit großer Sorgfalt restaurierten Ausstellungsstücke war Feuchtigkeit gewiss nicht die richtige Umgebung. Auch wollte man den Besuchern keinen Modergeruch zumuten und deshalb das Problem schnell in den Griff bekommen.

Schloss Wolfsthurn in Südtirol nahe Sterzing. Aufsteigende Feuchtigkeit machte auch hier oben Probleme.

Museumsdirektor Dr. Hans Grießmair entschied sich für die Installation einer Aquapol-Anlage. Vorausgegangen waren Besprechungen mit dem Landeskonservator und Direktor des Landesdenkmalamtes sowie dem Verwaltungsrat des Landesmuseums für Völkerkunde. Beratungen mit den verschiedenen beteiligten Stellen gehören bei Maßnahmen in öffentlichen Gebäuden zum üblichen Verfahren, auch wenn es so manchem ungeduldigen Baupraktiker umständlich vorkommen mag. Nach zwei bis drei Jahren waren die Verbesserungen nicht nur messbar, sondern auch riech- und sichtbar. Im gesamten Schloss sind die Mauern seither trocken geblieben. Besonders gut sichtbar sei dies im Eingangsbereich der Schlosskapelle im Erdgeschoss, berichtet Museumsdirektor Grießmair. Sein Fazit: „Die Trockenlegungsziele wurden nur mit dem Aquapol-System erreicht."

Burgstraße 39, Sankt Gallen

„Es war erstaunlich, wie sich die Fließrichtung in den Kapillaren nach Gerätemontage von aufwärts nach abwärts drehte", erinnerte sich Willi Roth, der frühere Präsident der Alpstein-Gesellschaft, später an das Jahr 1999, als man das Aquapol-System in dem Gebäude Burgstraße 39 im schweizerischen Sankt Gallen installieren ließ. Das Mehrfamilienhaus war seit 1958 im Besitz der Alpstein-Gesellschaft und hatte wie viele Gebäude dieser Art unter aufsteigender Mauerfeuchtigkeit gelitten.

Über gute Luft und trockene Wände freuen sich die Bewohner der Burgstraße 39 in St. Gallen seit der Montage des Aquapol-Systems im Jahr 1999.

Obwohl Willi Roth und die Hausverwaltung vom Rest der Hausbewohner zunächst belächelt wurden, ließ er 1999 ein Aquapol-Gerät montieren. Die skeptischen Äußerungen verschwanden aber bald, als sich schon nach vier Monaten Verbesserungen einstellten. Der unangenehme Modergeruch war verschwunden und die Feuchtigkeit war merklich zurückgegangen. „Wir waren sehr zufrieden!" bilanziert Willi Roth heute die Ereignisse von damals.

Objekt Rothenburg, Graz

Über eine Tatsache waren sich die heutigen Besitzer des Hauses Rothenburg in Graz immer ziemlich sicher. Eine Entfeuchtung mit herkömmlichen Methoden, wie chemischen Injektagen oder einer Mauersäge, hätte für das Baudenkmal mehr Schaden als Nutzen gebracht. Das Haus war im Jahre 1579 von Abt Freiseisen des Stiftes Rein in Graz als „kleines Schlössl" inmitten von Weinreben errichtet worden und hat mehr als 400 Jahre überdauert. Weil sie seit dem Erwerb des Hauses im Jahre 1953 Schwierigkeiten mit der erhöhten Mauerfeuchtigkeit hatten, waren die jetzigen Eigentümer stets auf der Suche nach einer geeigneten

Trockenlegungsmethode gewesen. Gescheitert sei die Entfeuchtung immer wieder an den hohen Kosten und „einem bestimmten Misstrauen" gegenüber diesen Verfahren, berichtete Wolfgang Grässl, der Vater des jetzigen Besitzers, in einem Brief an Aquapol.

Trotz seines hohen Alters wieder gut in Form. Das mehr als 400 Jahre alte ehemalige „kleine Schlössle" ist nach der Montage des Aquapol-Systems im Jahre 1990 ausgetrocknet und trocken geblieben.

Trotz seines hohen Alters wieder gut in Form. Das mehr als 400 Jahre alte ehemalige „kleine Schlössl" ist nach der Montage des Aquapol-Systems im Jahre 1990 ausgetrocknet und trocken geblieben. Als man schließlich auf das Aquapol-System gestoßen sei, waren unter anderem die „erschwinglichen Kosten sowie die schriftlichen Garantiezusagen", so Wolfgang Grässl, die „entscheidenden Faktoren für die Autragserteilung". Im Oktober 1990 erfolgte die Montage des Aquapol-Geräts im Keller. Eine Verbesserung stellte sich praktisch sehr kurzfristig ein. Die Bewohner registrierten, dass sich der Feuchtigkeitsgeruch zum Positiven veränderte.

Vor der Sanierung: Die Feuchtigkeitssteighöhe war bis zu 1,5 Meter hoch sichtbar. Teilschäden an Putz und Anstrich an der Verdunstungszone waren die typischen Symptome der aufsteigenden Mauerfeuchtigkeit.

Die gleiche Ansicht nach der Trockenlegung und der anschließenden Putzsanierung.

Wolfgang Grässl fasste den Austrocknungserfolg zusammen: „Dabei möchte ich besonders hervorheben, dass wir von Ihrem Techniker, Herrn Marx, immer sehr gut und ehrlich betreut wurden.

Zweimal jährlich wurden die Messungen durchgeführt. Meistens hatten sich die Werte auch verbessert und die Feuchtigkeit im Mauerwerk nahm ab. 1992 konnten wir den Innenputz an den vorher feuchten Stellen entfernen und durch einen von Ihrer Firma vorgeschlagenen Putz erneuern lassen. Im Herbst 1994 hätten wir auf Grund der posititven Messergebnisse schon eine Außenrenovierung durchführen lassen können."

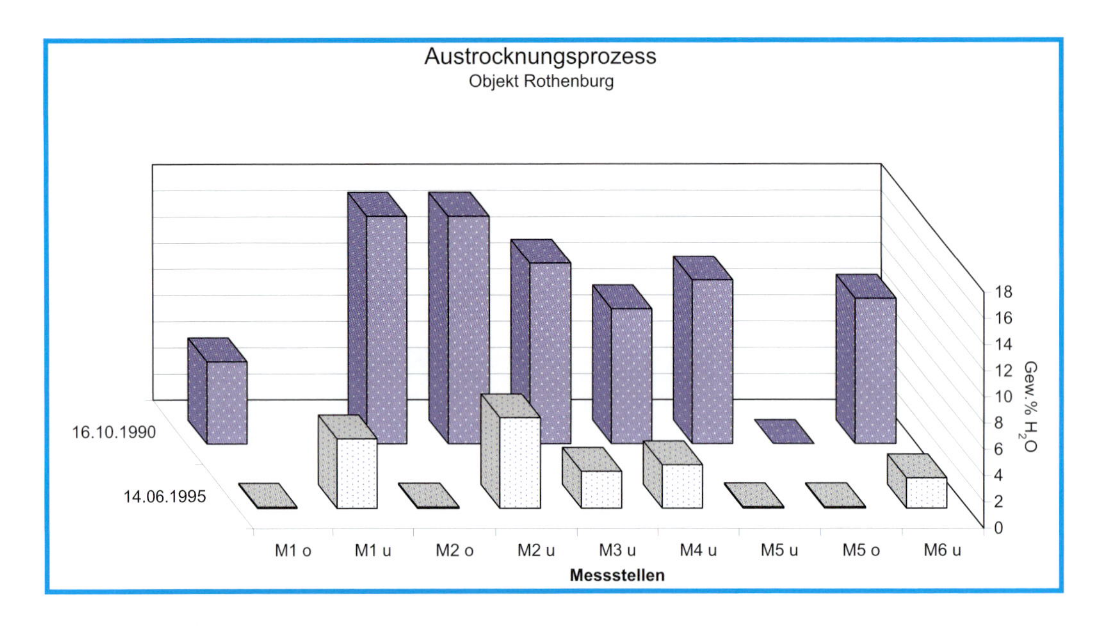

„Zum goldenen Bären", Wien, Kirchengasse

Die Wiener Hausverwaltung Bruckner stand vor einem kniffligen Problem. Das Bundesdenkmalamt war zu der Auffassung gelangt, dass das aus der Biedermeierzeit stammende Zinshaus (Mietshaus) „Zum goldenen Bären" in der Wiener Kirchengasse Nr. 28 sowohl in seinem Originalstil, als auch in seiner Originalbausubstanz erhalten werden sollte und hatte deshalb das Haus unter Denkmalschutz gestellt.

Der Zustand des Gebäudes war erschreckend, erinnerte sich der Geschäftsführer der Hausverwaltung, Christian Mategka, später und fasste seinen Eindruck in dem einen Satz zusammen: „Niemand hätte dort wirklich wohnen wollen."

Das Biedermeierhaus vor der Sanierung. Das Denkmalamt verlangte die Erhaltung der Originalbausubstanz

Das größte Kopfzerbrechen bereitete die Frage, wie das feuchte Mauerwerk trocken gelegt werden konnte ohne die Bausubstanz anzutasten, wie vom Denkmalamt gefordert. Die Wände im Keller und im Erdgeschoss waren von aufsteigender Feuchtigkeit durchnässt. Modergeruch, Schimmelbildung und abfallender Putz gehörten zu den typischen Symptomen, wie sie so oft sichtbar sind an Gebäuden, die lange Zeit den Kräften des Wassers schutzlos ausgesetzt waren.

Vergrößert wurde das Problem durch schlechte Erfahrungen mit herkömmlichen „Trockenlegungs"-Methoden. Bekannte Verfahren, wie das Mauerdurchschneiden, das Einbringen chemischer Injektagen und aktive Osmose-Systeme waren von der Hausverwaltung Bruckner bereits in anderen von ihr betreuten Objekten erfolglos ausprobiert worden.

„Außerdem kann ich mich weder mit einem Eingriff in die Statik eines Gebäudes noch mit permanent unter Strom und zusätzlicher Chemie stehenden Wänden so richtig anfreunden", erklärt Geschäftsführer Christian Mategka seine Suche nach einer besseren Lösung, die er schließlich mit dem Aquapol-System entdeckte.

Zu einem seriösen Unternehmen gehöre es, so der erfahrene Bausanierer, dass die Mauerwerksdiagnostik nach genormten Methoden durchgeführt und der Austrocknungsvorgang auf diesem Weg dokumentiert wird.

Des Weiteren erwarte er eine Auflistung flankierender Maßnahmen, die eventuell notwendig seien, um die Austrocknung zu gewährleisten, wie beispielsweise das Entfernen des Altputzes.

Exakt diese Erwartungen sah er beim Aquapol-Verfahren erfüllt.

Der Erfolg stellte sich prompt ein. Die durchschnittliche Mauerfeuchtigkeit, die am Anfang mit rund 8,5 Gew. % gemessen wurde, reduzierte sich innerhalb nur eines Jahres auf weniger als ein Drittel (2,6 Gew.%), womit das Entfeuchtungsziel praktisch erreicht war.

Hausverwaltungs-Geschäftsführer Christian Mategka vor dem erfolgreich sanierten Objekt Kirchengasse 28. Die anfängliche Skepsis ist „wie die Feuchtigkeit aus unserem Haus verflogen".

Die anfängliche Skepsis gegenüber einem Verfahren, das ohne Stemmeisen und ohne Chemie zum Ziel führt, sei, so der Geschäftsführer der Hausverwaltung Bruckner, „wie die Feuchtigkeit aus unserem Haus verflogen". Wie sehr er von der Aquapol-Technologie überzeugt wurde, äußerte sich in der Tatsache, dass er das erfolgreiche Verfahren gewissermaßen an sich selbst weiterempfohlen hat, indem er es in sieben weiteren von seiner Hausverwaltung betreuten Häusern eingesetzt hat.

Was Sanierungspraktiker und Fachleute sagen

Die mehr als 20 Jahre lange erfolgreiche Anwendung des Aquapol-Systems hat eine wichtige Erfahrung immer wieder bestätigt: Nachprüfbare Ergebnisse in der Praxis sind der beste Grund, das Verfahren beim nächsten Sanierungsprojekt wieder zu benutzen und auch anderen zu empfehlen. Wenn genormte Messungen belegen, dass ehemals nasse Mauern ausgetrocknet sind, und wenn der Bauherr selbst sehen, riechen und mit seinen Händen fühlen kann, dass er sich wieder in einem trockenen Haus mit gesundem Raumklima aufhält, wird jede theoretische Diskussion zur Nebensache.

Anfängliche Skepsis war allen Fachleuten, die in diesem Kapitel zu Wort kommen, gemein. Da sie aber alle Praktiker in der Sanierungsbranche sind, zählte am Ende nur das handfeste Ergebnis: Häuser, deren Bestand dank trockener Mauern auf lange Zeit gesichert ist.

Die Sanierung von Gebäuden war **Ingenieur Otto** gewissermaßen in die Wiege gelegt. Die Reparatur von historisch wertvoller Bausubstanz ist seine Familientradition. Schon seine Vorfahren, die wie er aus Mecklenburg in Norddeutschland stammten, waren im Renovierungsgeschäft tätig gewesen. Der Bausachverständige vertritt seine Ansichten mit einem Selbstbewusstsein, das sich offenbar aus den Erfahrungen mehrerer Generationen ableitet.

Weil er sich deshalb auch kein Blatt vor den Mund nimmt und scheinbar komplexe Sachverhalte auf die wesentlichen Prinzipien zu bringen vermag, ist er auf Fachtagungen zu unterschiedlichsten Themen des Bauwesens ein gern gehörter Referent.

„Der Vorteil der elektrophysikalischen Verfahren ist, dass sich das Gesamtbild der Feuchtigkeit verändert", sagte Ingenieur Otto auf einer Fachkonferenz im Jahre 2001 und fuhr fort: „Ich nehme die Kraft der aufsteigenden Feuchtigkeit weg. Jeder kann sich überzeugen; man kann das nachmessen. Man kann jederzeit Wasser beeinflussen."

Unterschiedliche Verfahren in dieser Richtung seien seit 70 Jahren bekannt und funktionierten auch, wenn sie richtig gemacht würden. Den Erfinder des Aquapol-Verfahrens, Ingenieur Wilhelm Mohorn, nennt der gefragte Sachverständige für Feuchtigkeitsschäden einen Pionier auf diesem Gebiet, weil er sogar eine natürliche Energie zu nutzen verstehe und ein Trockenlegungssystem entwickelt habe, das funktioniere ohne die Wände zu berühren.

Zu der Tatsache, dass mit dem Aquapol-System ein zuverlässig funktionierendes mauerberührungsloses Verfahren auf dem Markt ist, merkte Ingenieur Otto an: „Als Begutachter für Altbausanierung mit dem Spezialgebiet Schädigung durch Feuchtigkeit in Bauwerken, habe ich schon lange immer wieder gesagt: Wenn wir die Möglichkeit haben, dass wir die Feuchtigkeit, ohne dass wir die Mauern berühren, beeinflussen können, dann haben wir genau das erreicht, was uns eigentlich die UNESCO im Bereich Denkmalpflege vorschreibt.
Wir sollen jedes ererbte Denkmal so erhalten, dass wir es so weitergeben, wie wir es geerbt haben."

Vinothek/Stift Klosterneuburg (Niederösterreich)

Die Vinothek, ein mehr als 600 Jahre altes ehemaliges Wirtschaftsgebäude des Stifts Klosterneuburg, war eines jener Aquapol-Objekte, bei dem sehr lange überlegt und über die bestmögliche Lösung debattiert worden war, am Ende aber das Ergebnis alles in den Schatten stellte und sogar die teilweise quälende Entscheidungsfindung und die Misserfolge mit davor eingesetzen Systemen vergessen machte.

Die aus Ziegel gemauerten Pfeiler im Gewölbekeller waren teilweise bis über drei Meter Höhe durchfeuchtet und die Putzschäden reichten bis in den Deckenbereich. In den rund einen Meter starken Außenmauern war das Wasser an manchen Stellen mehr als zwei Meter über dem Außenterrain aufgestiegen.

Die Tatsache, dass das Gebäude unter Denkmalsschutz stand und die Bausubstanz daher nicht beschädigt werden durfte und der gleichzeitige Zwang zum Sparen stellten eine echte Herausforderung dar, die vom Unternehmen Aquapol eine Höchstleistung verlangten. Nach nur einem Jahr war die Entfeuchtung abgeschlossen.

In dem imposanten denkmalgeschützten Gewölbekeller war die kapillare Feuchtigkeit bis an die Decke aufgestiegen (siehe gelbe Pfeile). Der starke Modergeruch machte die Nutzung nahezu unmöglich.

Ein „Weinfass" mit einem darin befindlichen Aquapol-Gerät vertrieb den Modergeruch und erhält das historisch wertvolle Baudenkmal seit Jahren trocken. Die Gäste der Vinothek genießen jetzt das angenehm trockene Raumklima

Der damals verantwortliche Stiftsbaumeister **Franz Maier** stellte ein paar Jahre später auch mit Blick auf die andauernde Trockenhaltung der Vinothek fest: „Also, ich bin voll und ganz der Meinung, dass es funktioniert. Die Entscheidung war nicht leicht, eigentlich sehr schwer, da ich nicht an das Gerät geglaubt habe, nachdem wir mit anderen Geräten reingefallen waren.
Es hat sicher zwei Jahre gedauert, bis ich überhaupt einmal dahin gekommen bin. Die Sanierung der Vinothek war für mich von Vorteil, weil ich das Gerät dort ohne weiteres habe einsetzen können. Ich bin zufrieden. Es funktioniert."

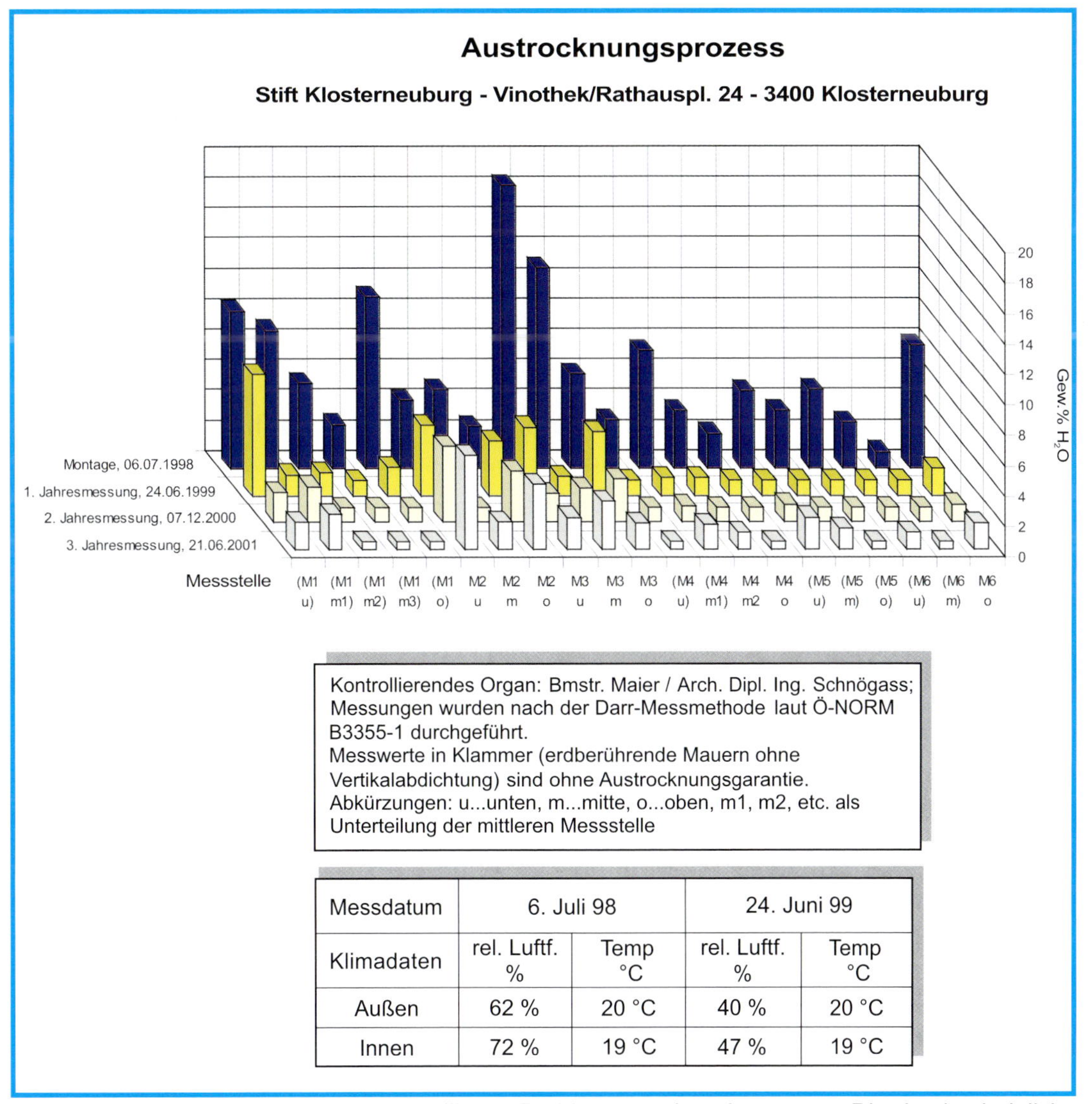

Kontrollierendes Organ: Bmstr. Maier / Arch. Dipl. Ing. Schnögass; Messungen wurden nach der Darr-Messmethode laut Ö-NORM B3355-1 durchgeführt.
Messwerte in Klammer (erdberührende Mauern ohne Vertikalabdichtung) sind ohne Austrocknungsgarantie.
Abkürzungen: u...unten, m...mitte, o...oben, m1, m2, etc. als Unterteilung der mittleren Messstelle

Messdatum	6. Juli 98		24. Juni 99	
Klimadaten	rel. Luftf. %	Temp °C	rel. Luftf. %	Temp °C
Außen	62 %	20 °C	40 %	20 °C
Innen	72 %	19 °C	47 %	19 °C

Ein Trockenlegungserfolg, der alle beteiligten Fachleute restlos überzeugte. Die durchschnittliche Mauerfeuchtigkeit ging innerhalb eines Jahres von 6,3 Gew.% auf 2,2 Gew.% zurück.

Der für das Projekt verantwortliche Architekt, Diplom-Ingenieur Franz Gerhard Schnögass, der zusammen mit dem Stiftsbaumeister auch die Feuchtigkeitsmessungen beaufsichtigte, berichtete auf einem Baukongress über das Verfahren: „Ich bin durch Zufall durch einen Film im Fernsehen auf das Aquapol-System gestoßen. Ich habe mich dann mehr dafür interessiert, obwohl es nicht geben sollte, was es gab. Wir haben dann nach langen Gesprächen, auch mit dem Hersteller dieses Trocknungssystems, beschlossen, zu diesem System zu greifen, um diesen Kellerraum trocken zu legen.
Aufgrund des Erfolges, den wir hier hatten und der auch messbar war, habe ich mich entschlossen, das System bis jetzt bei drei anderen Objekten auch zu ver-

wenden und es funktioniert auch dort. Bei einem Objekt kann es Zufall sein, bei zweien ist es schon besser und bei mehreren kann es dann schon überzeugen."

In einem Referenzschreiben vom Mai 2001 fasste Diplom-Ingenieur Schnögass seine Erfahrungen nochmals zusammen: „Am Beginn der Renovierung des alten Gebäudes in Klosterneuburg, Rathausplatz 24, und dem Umbau des Kellers in eine Vinothek des Weingutes Chorherrn Klosterneuburg wurden für die Mauertrockenlegung von den meisten am Markt befindlichen Systemen Informationen und Fachberatungen eingeholt.
Die Wahl fiel letztlich auf Aquapol.

Dass die Wahl richtig war, stellte sich bereits nach einem Jahr heraus. Die im Auftrag inkludierte begleitende Messung der Feuchtigkeitswerte der Mauern zeigte einen sehr starken Rückgang der Mauerfeuchtigkeit. Dieser Trend setzte sich im Laufe des zweiten Jahres fort. Diese erfreuliche Verbesserung ist auch rein atmosphärisch festzustellen. Es herrscht in der Vinothek ein ausgezeichnetes Klima, keine Spur von Modergeruch und keine unangenehmen Salzausblühungen. Die relative Luftfeuchtigkeit im Raum hat sich nun – kombiniert mit einem Lüftungssystem – bei 40 bis 50% und einer Temperatur von 19 Grad Celsius eingependelt."

Schloss Schlatt unter Krähen (Baden Württemberg/Deutschland)

Die Entscheidung für die Verwendung des Aquapol-Systems im Jahre 1996 fällte der Schlossbesitzer Patrick Graf Douglas, Freiherr von Reischach, gegen die Skepsis des von ihm mit der Sanierung des adeligen Wohnsitzes beauftragten Architekten.

Der Baron hatte das 400 Jahre alte Schloss Schlatt unter Krähen, im Bundesland Baden-Württemberg gelegen, im Laufe der Jahre renovieren lassen, aber die durchnässten Gemäuer im Erdgeschoss stellten noch ein ungelöstes Problem dar. Bei dem repräsentativen dreigeschossigen, nicht unterkellerten Bauwerk lag der Feuchtigkeitspiegel damals vor der Trockenlegung bis zu drei Meter über Erdniveau. Nach der gelungenen Trockenlegung schwor Graf Douglas auf die „Wellen-Umlenkmaschine" von Aquapol.

Nach der Trockenlegung mit dem Aquapol-System erstrahlt der 400 Jahre alte Adelssitz Schloss Schlatt unter Krähen in neuem Glanz.

Mauerfeuchtigkeit fast bis zur Decke und der Befall mit Mikroorganismen machten das Erdgeschoss einst unbewohnbar.

Nach der Entfeuchtung mit dem Aquapol-System: Ein Anblick, der das gesunde Wohnklima zeigt.

Im Juli 1996 wurde das Aggregat installiert, weniger als drei Jahre später innerhalb der zugesagten Frist, konnte das Bauwerk trocken übergeben werden.

Der zuständige Architekt, Diplom-Ingenieur E. Wintter, erzählte in einem vom Unternehmen Aquapol herausgegebenen Dokumentationsjournal über seine Erfahrungen mit einem nicht unkomplizierten Objekt.

Frage: *„Herr Wintter, wie sind Sie auf Aquapol gestoßen?“*

Wintter: *„Über meinen Auftraggeber, Graf Douglas, für den ich schon seit etwa zehn Jahren tätig bin.“*

Frage: *„Wie war denn der Werdegang?“*

Wintter: *„Das Schloss war etwa ein bis zwei Meter hoch durchfeuchtet, der Putz fiel ab. Ich dachte, dass es nicht zu retten sei. Wir haben dann aber Spezialisten geholt, die zum Beispiel Mauertrennverfahren, chemische Injektagen oder weiteres anboten.“*

Frage: *„Wie lagen diese preislich?“*

Wintter: *„Die Angebote schwankten zwischen 20.000 und 22.500 Euro, was fürchterlich teuer ist, und sie waren zudem ohne Gewährleistung. Außerdem waren sie schwer zu realisieren, da teilweise die Böden unter Erdniveau lagen.“*

Frage: *„Wie kam es dann zu der Entscheidung Aquapol zu wählen?“*

Wintter: *„Mein Auftraggeber erzählte mir von einer Maschine, die ohne Eingriff in die Mauer sehr kostengünstig trocken legen könnte. Ich konnte es nicht so recht glauben und verstand es auch nicht ganz, daher wollte ich es nicht entscheiden. Graf Douglas nahm mir diese heikle Entscheidung ab.“*

Frage: *„So kam es 1996 zur Montage?“*

Wintter: *„Ja, und die halbjährlichen Messungen, denen ich immer mit einem Bauingenieur kontrollierend beiwohnte, zeigten eindeutig den Abwärtstrend. Knapp zwei Jahre später, was eigentlich unglaublich ist, war das Mauerwerk bis auf eine natürliche Restfeuchtigkeit trocken.“*

Frage: *„Wurden begleitende Maßnahmen durchgeführt?“*

Wintter: *„Ja, etwa nach zwei Jahren wurde der versalzene Altputz entfernt und durch einen neuen Luftkalkmörtel ersetzt.“*

Frage: *„War eine Drainage zu machen?“*

Wintter: *„Ich empfahl es, jedoch wollte die Gräfin es nicht, auch Herr Ingenieur Mohorn sah keine Notwendigkeit wegen der geringen Niveauunterschiede und es funktioniert scheinbar ohne aufwändige Drainagen.“*

Frage: *„Ist Ihre totale Skepsis durch die praktische Langzeiterfahrung nun verschwunden?“*

Wintter: *„Ja, auch der Denkmalschutz hat Glückwünsche ausgesprochen.“*

Zisterzienserkloster (Thüringen/Deutschland)

Architekt **Hose** war froh, sagte er später, dass das Landesamt für Denkmalpflege der Sache positiv gegenüberstand. Denn sein Statiker und der Restaurator waren sehr skeptisch. Weil er es einfach wissen wollte, hat er ein Gerät installieren lassen, um in dem thüringischen Zisterzienserkloster die stark durchnässten Mauern hinter dem Altarraum zu entfeuchten. Ein Vierteljahr später haben sich die ersten Erfolge eingestellt, sagte er in einem Vortrag vor Sanierungsfachleuten: „Ich stand der Sache skeptisch gegenüber. Ich bin jetzt überzeugt und habe andere Leute mit überzeugt und wir haben Erfolg. Erklären kann ich es mir auch nicht recht, aber es funktioniert.”

Bauernhaus (Waldviertel/Niederösterreich)

Nachdem der Architekt und Diplom-Ingenieur, Thurn-Valsassina, auf einem Symposium zur Gebäudesanierung unter anderem über die fast magische Trockenlegung eines Bauernhauses, in dem zuvor das Wasser regelrecht von der Wand gelaufen war, referiert hatte, kam er zu der Schlussfolgerung: „Ich schwöre auf Aquapol!”

Biedermeierhaus (Wien)

Den ganz besonderen Charme der Donaumetropole Wien machen neben bedeutenden anderen Dingen auch die vielen alten Häuser aus, deren oft kunstvoll gestaltete Fassaden einen Hauch vergangener Epochen ausströmen. Die Behörde für Denkmalschutz setzt alles daran, die historische Bausubstanz im Originalstil zu erhalten und macht bei Renovierungsvorhaben strenge Auflagen. Deren Einhaltung stellt die Eigentümer vor allem dann vor erhebliche Probleme, wenn Keller und Grundmauern durch lang anhaltende Nässe bereits ernsthafte Schadenssymptome aufweisen. Modergeruch, Schimmelbildung und abgefallener Putz zeigten sich als Folge der aufsteigenden Mauerfeuchtigkeit auch im Biedermeierhaus „Zum goldenen Bären” in der Wiener Kirchengasse. Das denkmalgeschützte Mietshaus – oder Zinshaus, wie es in Österreich heißt – stand unter der Obhut der Hausverwaltung Bruckner zur Generalsanierung an.

In anderen von ihr betreuten Zinshäusern hatte die Hausverwaltung zuvor schon verschiedene Mauertrockenlegungsversuche mit chemischen Injektagen und mit dem Einziehen von Edelstahlplatten unternommen. Die offenbar mehr als bescheidenen Ergebnisse veranlassten Christian Mategka, den Geschäftsführer der Hausverwaltung Bruckner, sich nach einem Trockenlegungsverfahren umzusehen, das seine Häuser tatsächlich auf Dauer vor aufsteigender Feuchtigkeit zu schützen vermag. Als er sich im Interview für eine Publikation des Unternehmens Aquapol über seine Erfahrungen, die er im Biedermeierhaus „Zum goldenen Bären" mit dem Aquapol-Gerät gemacht hatte, äußerte, streifte er auch noch einmal seine enttäuschenden Erlebnisse mit jenen Trockenlegungsmethoden, die die vielversprechende Bezeichnung „herkömmliche Verfahren" tragen.

Interview mit einem zufriedenen Hausverwalter

Frage: *„Herr Mategka, wie alt ist dieses Gebäude?"*

Mategka: *„Es ist ein typischer Vertreter der Bauweise, wie sie zwischen 1770 und der Mitte des 19. Jahrhunderts vorherrschte, weder mit einer horizontalen noch mit einer vertikalen Feuchtigkeitsabdichtung versehen."*

Frage: *„Wie war der Zustand des Gebäudes, bevor es saniert wurde?"*

Mategka: *„Es war erschreckend, sehen Sie sich die Bilder an. Niemand hätte dort wirklich wohnen wollen."*

Frage: *„Was war die Stellungnahme vom Bundesdenkmalamt dazu?"*

Mategka: *„Das Bundesdenkmalamt befand, dass dieses Haus in seiner Originalbausubstanz erhalten und unter Denkmalschutz gestellt werden sollte. In unserem umfassenden Sanierungskonzept mussten wir daher sehr starken Nachdruck auf die Erhaltung des originalen Baustils und der Bausubstanz legen. Besonders die Trockenlegung machte uns da einiges Kopfzerbrechen, denn die uns bis dahin bekannten Maßnahmen bestanden aus dem Mauerdurchschneiden, dem Einbringen chemischer Injektagen, sowie aktiver Osmose-Systeme. Diese Methoden gelten als konventionell, aber wir haben sie bei anderen Objekten bereits erfolglos versucht. Außerdem kann ich mich weder mit einem Eingriff in die Statik des Gebäudes noch mit permanent unter Strom und zusätzlicher Chemie stehenden Wänden so richtig anfreunden. Aus diesem Grund wandte ich meine Aufmerksamkeit erstmalig dem Aquapol-Verfahren zu."*

Frage: *„Waren Sie nicht skeptisch einem Verfahren gegenüber, das von sich behauptet, ohne Chemie und Stemmeisen auszukommen, sondern über gravomagnetische Schwingungen die aufsteigenden Wassermoleküle umzupolen und in die Erde zurückzuschicken?"*

Mategka: *„Ich war mehr als skeptisch. Aber Referenzen, wie das Haydn-Museum in Eisenstadt, das Parlament in Budapest oder der Stiftskeller Klosterneuburg bewogen mich schließlich, dieser Methode eine Chance zu geben. Auch war ich, wie schon erwähnt, von den konventionellen Methoden bisher nur enttäuscht worden. Es faszinierte mich ganz einfach der Gedanke, ohne Eingriff ins Mauerwerk und ohne Chemie auskommen zu können mit einer einfachen Montage eines Gerätes, das obendrein noch keine Wartung und keinen Strom braucht."*

Frage: *„Aquapol gilt ja nicht als konventionelle Methode. Hatten Sie dadurch irgendwelche Schwierigkeiten?"*

Mategka: *„Nein, als Arbeitsrichtlinie für jedes seriöse Unternehmen sollte gelten, dass die Mauerwerksdiagnostizierung mittels bestimmter Messmethoden durchgeführt wird. Für jeden Baustoff werden Trockenwerte festgelegt, die es im Zuge der Trockenlegung zu erreichen oder zu unterschreiten gilt; gemessen wird nach genormten Methoden, um den Austrocknungsvorgang zu dokumentieren. Des Weiteren erwartet man eine Auflistung aller flankierenden Maßnahmen die eventuell notwendig sind, um die Austrocknung zu gewährleisten, wie zum Beispiel das Entfernen von Altputzen etc. Das Aquapol-System erfüllt genau diese Voraussetzungen. Die durchschnittlichen Ausgangsmesswerte der einzelnen Bohrproben lagen bei 8,59 % und reduzierten sich bis zur ersten Jahresmessung auf 2,63 % Feuchtigkeit im Mauerwerk. Es fand also eine Reduzierung der Feuchtigkeitswerte von mehr als zwei Drittel im Zeitraum von nicht einmal einem Jahr statt!"*

Frage: *„Wie steht es jetzt mit Ihrer anfänglichen Skepsis?"*

Mategka: *„Die wurde, wie die Feuchtigkeit in unserem Haus, vertrieben. Wir sind restlos überzeugt von Ihrem System. Man sieht, dass es wirkt. Auch Ihre Mitarbeiter zeichnen sich durch Kompetenz, Freundlichkeit und Unkompliziertheit aus. Als besonders erfreulich empfand ich, dass im Zuge der laufenden Nachkontrollen eine über die Trockenlegung hinausgehende Sanierungsberatung ebenfalls zum Leistungspaket von Aquapol gehört. Wir freuen uns, Sie als Partner gefunden zu haben."*

Frage: *„Würden Sie Aquapol weiterempfehlen?"*

Mategka: *„Selbstverständlich. Der beste Beweis dafür ist, dass wir uns entschieden haben, Aquapol in sieben weiteren von uns betreuten Häusern einzusetzen."*

Wohn-/Bürogebäude (Wien)

Das Mietshaus in der Leebgasse hatte mit seinem schönen alten Innenhof zwar noch das Flair eines typischen Wiener Vorstadthauses, war aber ansonsten ziemlich heruntergekommen, als die Firma TBG Beteiligungs-Gesellschaft mbH das Objekt im Jahr 1999 kaufte, um es als ihr zukünftiges Bürogebäude herzurichten. Frau Köllesberger, die Geschäftsführerin der TBG Beteiligungs GmbH, machte es zu ihrer persönlichen Aufgabe, dem aus der Jahrhundertwende stammenden Haus wieder Leben einzuhauchen, obwohl man bei dem schlechten Zustand eher an Abriss dachte, wie sie später in einem hier wiedergegebenen Interview bekannte.

Bevor sie die Firma Aquapol damit beauftragte, der aufsteigenden Feuchtigkeit, die das aus Ziegeln gemauerte Kellergewölbe fast bis an die Decke durchnässt hatte, auf den Leib zu rücken, hatte auch sie eine schlechte Erfahrung mit einem ebenso typischen wie unfachmännischen Trockenlegungsversuch machen müssen.

Frage: „*Wie sind Sie überhaupt auf Aquapol gekommen?*“

Köllesberger: „*Nachdem der beauftragte Baumeister die vorhandene Kellerfeuchtigkeit durch Auftragen eines Sanierputzes zu beheben versucht hatte und sich dieser ein Jahr später wieder von der Mauer zu lösen begann, stieß ich in einem Zeitungsartikel auf Aquapol, glaubte aber nicht wirklich daran, dass damit mein Problem gelöst werden könnte. Einer Expertise des renommierten unabhängigen Prüfinstituts ÖFI zufolge konnte das Objekt nur mittels Mauerabschneideverfahren trocken gelegt werden und auch das nur über Erdniveau. Der Kellerbereich wäre demzufolge unbrauchbar geblieben bzw. hätte sich sogar verschlechtert. Ich wollte aber, wenn es irgendwie ging, den ungeheueren Aufwand mit Lärm, Schmutz, Transport etc. vermeiden, den das Mauerschneiden verursachen würde. Auch waren die Kosten dieser Methode gegenüber Aquapol beträchtlich höher. Also ließ ich einen Aquapol-Fachberater zu einer kostenlosen Mauerwerksanalyse kommen. In der Referenzliste, die mir der Aquapol-Mitarbeiter gab, fand ich den Namen einer ehemaligen Berufskollegin und Freundin. Ich rief sie an in der Hoffnung, dass sie mir sicherlich die Wahrheit über ihre Erfahrungen mit Aquapol sagen würde. Ihre absolute Zufriedenheit und Bestätigung der Wirksamkeit gab den Ausschlag, dass ich mich für Aquapol entschied, obwohl mein Gatte sehr skeptisch war.*“

Frage: „*Wie konnten Sie persönlich die Austrocknung bemerken?*“

Köllesberger: „*Innerhalb eines halben Jahres verschwand der Modergeruch und Farbe und Putz hafteten wieder am Mauerwerk. Wir haben außerdem jetzt ein viel angenehmeres Raumklima. Das bestätigt auch jeder, der hier arbeitet.*

Frage: „*Welche persönlichen Vorteile haben sich für Sie aus der Anschaffung des Aquapol-Systems ergeben?*“

Köllesberger: „*Ich hatte keine Bauarbeiten, keinen Schmutz, geringere Kosten als bei herkömmlichen Methoden und keine Platzprobleme. Das Gerät hängt im Keller an der Decke, in einem winzigen Abstellraum und hat das ganze Haus tro-*

cken gelegt und hält es trocken, was geradezu an ein Wunder grenzt. Auch mein Mann ist seit der Schlussmessung des Aquapol-Technikers vom größten Skeptiker zum überzeugten Aquapol-Befürworter mutiert.“

Frage: *„Würden Sie Aquapol weiterempfehlen?“*

Köllesberger: *„Jederzeit und aus voller Überzeugung. Ich kann nur jedem, der sich mit feuchten Mauern abquälen muss, raten, unverzüglich einen Aquapol-Mitarbeiter zu kontaktieren, denn es war nie einfacher, dieses Problem zu beheben. Die Aquapol-Mitarbeiter haben mich sehr genau, gut und fachmännisch beraten und den ganzen Weg bis zur kompletten Austrocknung kompetent begleitet. Ich hatte den Eindruck, dass die Firma Aquapol ein tatsächliches Interesse an der Wirksamkeit ihres Systems hat und das auch dokumentiert, indem sie den Austrocknungsprozess bis zum erfolgreichen Abschluss überwacht. Auch über begleitende Sanierungsmaßnahmen wurde ich gut und ausführlich beraten. Es ist ganz einfach ein fantastisches Gerät und ein glänzend geschultes, professionelles Team.“*

Auszeichnungen und Preise

Im Laufe der 20 Jahre hat das Unternehmen Aquapol eine Reihe von Auszeichnungen und Preisen erhalten. Nachfolgend sind einige dargestellt:

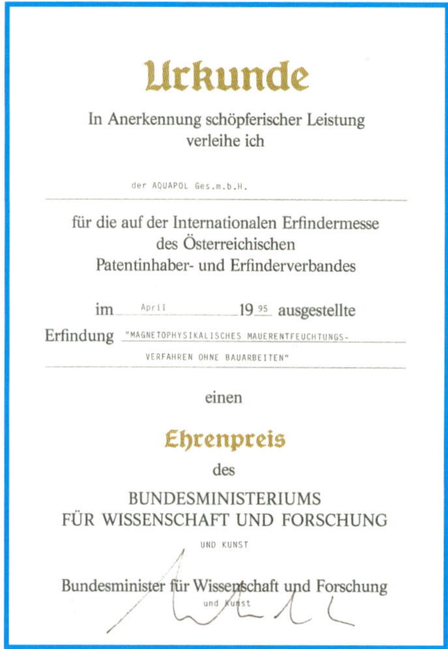

Urkunde

In Anerkennung schöpferischer Leistung
verleihe ich

der AQUAPOL Ges.m.b.H.

für die auf der Internationalen Erfindermesse
des Österreichischen
Patentinhaber- und Erfinderverbandes

im April 19 95 ausgestellte
Erfindung "MAGNETOPHYSIKALISCHES MAUERENTFEUCHTUNGS-
VERFAHREN OHNE BAUARBEITEN"

einen

Ehrenpreis

des

BUNDESMINISTERIUMS
FÜR WISSENSCHAFT UND FORSCHUNG
UND KUNST

Bundesminister für Wissenschaft und Forschung
und Kunst

Ehrenpreis des österreichischen Wissenschaftsministeriums 1995

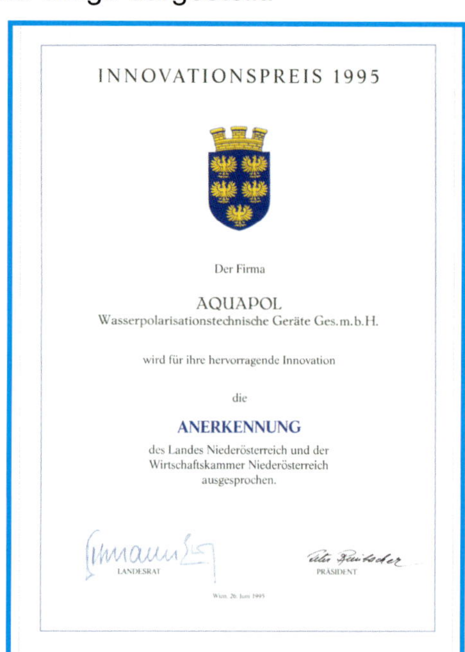

INNOVATIONSPREIS 1995

Der Firma

AQUAPOL
Wasserpolarisationstechnische Geräte Ges.m.b.H.

wird für ihre hervorragende Innovation

die

ANERKENNUNG

des Landes Niederösterreich und der
Wirtschaftskammer Niederösterreich
ausgesprochen.

LANDESRAT PRÄSIDENT

Innovationspreis vom Land Niederösterreich 1995

EHREN-URKUNDE

IENA 2001

INTERNATIONALE
AUSSTELLUNG
»IDEEN-ERFINDUNGEN-
NEUHEITEN«
NÜRNBERG 2001

AQUAPOL Ges.m.b.H
Mauertrockenlegung
Österreich
wurde für hervorragende Leistungen eine
Goldmedaille verliehen.

Erfindung/ Neuheit
Gerät zur Gebäudetrockenlegung und zur Bodenbefeuchtung
Draining apparatus for buildings and humidifier of soil

Goldmedaille anlässlich der Internationalen Ausstellung in Nürnberg 2001

EHREN-URKUNDE

Herrn
Ing. Wilhelm Mohorn
Aquapol Ges. m. b. H.

wird die

KAPLAN-MEDAILLE

für die Grundlagenforschung zur Nutzung freier Energieformen für die
Entwicklung von Geräten zur Gebäudetrockenlegung

gemäß einstimmigem Beschluß verliehen.

Das Kuratorium zur Verleihung der Kaplan-Medaille im
Österreichischen Patentinhaber- und Erfinderverband

A-1030 Wien, Arsenal, Objekt 219

Rudolf Edlinger — Dr. Michael Häupl — LAbg. Gem. Rat K.R. Walter Nettig

SC Dr. Norbert Rozsenich — Prof. Dipl.-Ing. Dr. Dieter Schuöcker

Prof. Arch. Ing. Ernst Cvikl — Ing. Helmut Jörg — OSR. Albert Tschochohei

Wien, am 21. April 1995

Höchste Auszeichnung für österreichische Forscher und Erfinder – „Die Kaplanmedaille" an Ing. Wilhelm Mohorn

6. Kapitel
Positive biologische Effekte des Aquapol-Systems

Professor Karl Ernst Lotz, 21 Jahre lang Dozent für Bauchemie, Baugeologie und Mathematik an der Hochschule für Bauwesen in Biberach an der Riss, hat dazu intensive Untersuchungen durchgeführt deren Ergebnisse im Kapitel „Biologische Auswirkungen" im Detail erörtert werden.

Die Annahme, dass das Aquapol-System neben der Trockenlegung von Häusern auch positive Auswirkungen auf die Gesundheit der Bewohner mit sich bringen würde, lag von Anfang an nahe. Feuchte Wände werden von Menschen als krankmachend empfunden. Die Nässe fördert das Wachstum von Schimmelpilzen, die wiederum für gefährliche Allergien wie Asthma verantwortlich gemacht werden. Das Verschwinden oder die Verbesserung chronischer Beschwerden nach der Entfeuchtung von Wohngebäuden gehört zu den regelmäßig eingehenden Erfolgsmeldungen. Trockene Räume fördern nun einmal das Wohlbefinden.

Parallel zu diesen für jedermann nachvollziehbaren „normalen" gesundheitlichen Verbesserungen hat das Aquapol-Gerät offenbar noch einen viel tiefgreifenderen therapeutischen Effekt, der vor allem den sogenannten „strahlenfühligen" Menschen eine lange Zeit kaum für möglich gehaltene Erleichterung beschert. Radiästheten (Menschen, die sensibel auf Strahlen reagieren) berichteten immer wieder von der fühlbar dämpfenden Wirkung des Systems auf geologische Störfelder, die landläufig „Erdstrahlen" genannt werden. Wie die von mir durchgeführte Grundlagenforschung über die gravomagnetischen Kraftfelder bestätigte, handelt es sich bei den vom Aquapol-Gerät benutzten Wellen und den von vielen Menschen als belastend empfundenen „Erdstrahlen" um den gleichen Typus Schwingungen mit gravomagnetischem Ursprung. Es liegt auf der Hand, dass das Aquapol-Gerät nicht nur die Wassermoleküle so umzuorientieren vermag, dass die Mauern in seinem Wirkungsbereich austrocknen, sondern auch in der Lage sein muss, einen direkten Einfluss auszuüben auf jene gravomagnetischen Wellen, die es selbst bei seiner Arbeit verwendet.

Dank seiner speziell angeordneten Empfangs- und Sendeantennen besitzt das Aquapol-Gerät die Fähigkeit, die natürlich vorkommende Bodenstrahlung aufzunehmen (Empfangsphase), gezielt rechtsdrehend zu polarisieren (Polarisation) und auf den Boden gerichtet abzugeben (Sendephase), wobei die Wassermoleküle im Wirkungsbereich veranlasst werden, sich nach unten zu bewegen. Die als „Erdstrahlen" bekannten geologischen Störfelder sind nichts anderes als Anomalien dieser vom Aquapol-Aggregat benutzten natürlichen Bodenstrahlung.
Unterirdische Wasserläufe, sich kreuzende Wasseradern und tektonische Brüche in der Erdkruste führen offenbar zu einer Intensitätserhöhung dieser Bodenstrah-

lung an den betreffenden Stellen, die sich bis in die Oberflächenbereiche bemerkbar macht und bei manchen Menschen zu pathogenen (krankmachenden) Belastungen führen können.

Dämpfung geologischer Störfelder

Die Ärztin Dr. Gertrud Hemerka sagt es gerade heraus. Aufgrund ihrer langjährigen Erfahrung mit Krebspatienten stellt die ganzheitlich denkende Medizinerin eine unmissverständliche These auf: „Erdstrahlen sind die Hauptursache des Krebses. Mit der Körperwiderstands-Messmethode lässt sich relativ leicht nachweisen, dass das Regulationssystem im Körper gestört ist, denn dieses beginnt sich als erstes zu verändern!

Aus meiner Erfahrung weiß ich: „Wenn der Störfaktor Erdstrahlen ausgeschlossen wird, haben andere Therapien erst Erfolg. Ich habe zum Thema Krebs einen komplett neuen Gesichtspunkt bekommen, seitdem ich mich mit Radiäthesie beschäftigt habe." (Broschüre „Die biologische Wirkung des AQUAPOL-SYSTEMS" Oktober 2003)

Professor Karl Ernst Lotz, 21 Jahre lang hauptamtlicher Dozent für Bauchemie, Baugeologie und Mathematik an der Hochschule für Bauwesen in Biberach an der Riss und viele Jahre lang Mitglied im Forschungskreis für Geobiologie in Eberbach, hat gesundes Wohnen zum zentralen Thema seiner Forschungstätigkeit gemacht. Veröffentlichungen wie „Was kann ich tun, damit ich mich nicht krank wohne?", „Strahlenbiochemische, strahlenchemische und strahlenbiologische Aspekte am und im Haus", „Bautechnische Gesundheitsmaßnahmen" und „Die Strahlung der Erde und ihre Wirkung auf das Leben" vermitteln eine Vorstellung davon, was dieser engagierte Wissenschaftler als seine Lebensaufgabe ansieht. Im deutschsprachigen Raum gilt Professor Lotz als einer der Pioniere im Bereich der Geobiologie, die sich damit befasst, wie die Kräfte auf der Erde und auf das Leben einwirken. Ferner ist er ein Fachmann auf dem Gebiet der indirekten Messung sogenannter „Erdstrahlen".

Als er von dem bauwerkschonenden Aquapol-Gebäudetrockenlegungs-System erfahren hatte, sei er erst einmal „fasziniert" gewesen, habe sich aber sehr schnell „zur wissenschaftlichen Mitarbeit angeregt gefühlt", bekannte er im Wissenschafts-Journal zum 20-jährigen Firmenjubiläum von Aquapol. Mittlerweile hat Professor Lotz äußerst wertvolle Forschungsreihen zu den biologischen Auswirkungen der Aquapol-Technologie auf den Menschen durchgeführt. Er nannte die wissenschaftliche Zusammenarbeit mit mir als Erfinder des Aquapol-Systems, eine „gemeinsame Forschungsreise". An dem Engagement, mit dem er die Sache anging, war leicht zu erkennen, dass ihm die Entdeckungsreise Vergnügen bereitete.

Einerseits bewegte er sich auf dem ihm vertrauten wissenschaftlichen Terrain der Baubiologie, andererseits breitete sich vor ihm ein Gebiet mit neuen Sektoren aus, die seine Neugier als Forscher fesselten.

Unter anderem wertete Professor Lotz die bereits vorhandenen wissenschaftlichen Untersuchungen zu biologischen Auswirkungen des Aquapol-Systems aus. Demnach haben Befragungen von Menschen, in deren Räumlichkeiten das Gerät installiert wurde, unter anderem über ein besseres Schlaf- und Wohlbefinden sowie ein verbessertes Raumklima – auch in geologisch gestörten Häusern – berichtet.

Als wissenschaftlich anerkannter Test, um zu bestimmen, wie stark Erdstrahlen den menschlichen Organismus belasten, gilt die elektrische Körperwiderstands-Messmethode. Eine nach dieser Methode durchgeführte Testreihe beim Forschungskreis für Geologie Dr. Hartmann / Deutschland erbrachte den Nachweis für die „geologisch störfelddämpfende Wirkung des Aquapol-Gerätes".

Laut Professor Lotz „konnte die störfelddämpfende Wirkung bei geologischen Störungen signifikant bestätigt werden", als diese Kurzzeit-Untersuchungen in einer mehreren Monate laufenden Testreihe an verschiedenen Versuchspersonen in Österreich durch Helfer wiederholt wurden.

Die unter der Bezeichnung HAK-Studie bekannte Befragung von Aquapol-Kunden fand heraus, dass acht Prozent von ihnen vor der Montage des Systems in der Zeit zwischen Mitternacht und drei Uhr früh Schlafstörungen gehabt hatte. Während dieser Zeit sind die „Erdstrahlen" am stärksten und beeinträchtigen die biologischen Abläufe beim schlafenden Menschen. Fachleute bezeichnen diese negativen Auswirkungen der geologischen Störfelder als geopathogen, das heißt, dass von der Erde ausgehende Einflüsse krank machen.

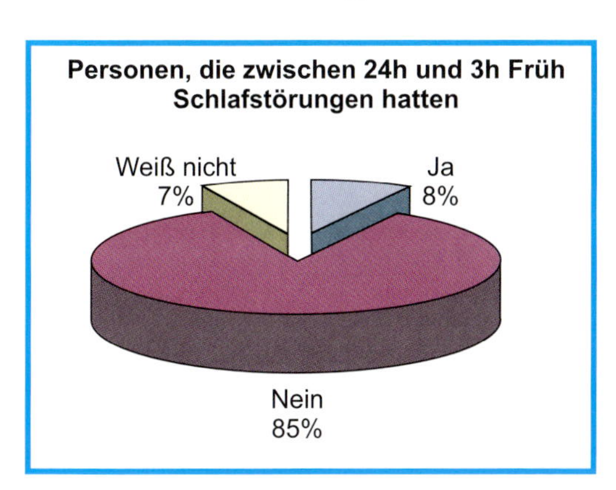

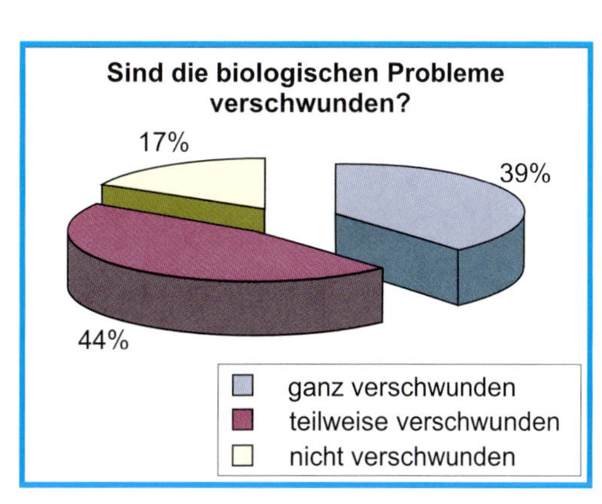

Nach der Montage des Aquapol-System sagten insgesamt 83 Prozent der Kunden, dass die ehemaligen biologischen Probleme teilweise oder ganz verschwunden waren. Bei den restlichen 17 Prozent darf vermutet werden, dass andere Stressfaktoren dominanter waren als der geopathogene Faktor.

Was sind „Erdstrahlen“ wirklich?

Das landläufig mit dem Begriff „Erdstrahlen“ bezeichnete Phänomen wird durch Intensitätsanomalien des natürlichen Erdfeldes hervorgerufen, welches wegen seiner ihm eigenen Frequenz besonders wässrige Systeme stark beeinträchtigen kann.

Da der menschliche Körper zu mehr als 70 Prozent aus Wasser besteht, sollte es eigentlich niemanden überraschen, dass diese Intensitätsanomalien der Gesundheit von Personen, die im Bereich derartiger geologischer Störfelder leben, schwer zusetzen können.

Das vom Aquapol-System ausgesendete Kraftfeld ist von der gleichen Natur wie das natürliche Erdfeld und die darin vorkommenden Intensitätsanomalien. Weil beides quasi auf der „gleichen Wellenlänge” liegt, vermag das Aquapol-Gerät Intensitätsanomalien zu dämpfen, indem es ein homogenes, natürliches Wirkfeld aussendet.

Intensitätsanomalien des Erdfeldes führen zu Anomalien der Feuchtigkeitssteighöhe. Eine Wasserader vermag die natürlichen Bodenstrahlen zu verstärken, so dass die Feuchtigkeit an dieser Stelle deutlich höher aufsteigt.

Laut einem Artikel in der Fachzeitung **Geobiologie** wirken sich die Intensitätsanomalien eines bestimmten Erdfeldes mit bestimmter Frequenz auch auf die aufsteigende Mauerfeuchtigkeit aus – sehr zum Nachteil der Bausubstanz.
In Gebäuden, so das Fachmagazin, die über geologischen Störfeldern errichtet wurden, kann die Feuchtigkeit bis zum Zwei- bis Dreifachen des Normalen aufsteigen, eine Tatsache, die auch von Aquapol-Mitarbeitern und Baufachleuten, als auch Geobiologen immer wieder beobachtet wird, wenn beispielsweise auf der einen Seite eines Hauses aus „unerklärlichen" Gründen die Feuchtigkeit weit höher noch oben gezogen ist als bei allen anderen Wänden.

Aufgrund dieser Beobachtungen konnte man andererseits annehmen, dass das Aquapol-System auch auf die „Erdstrahlen" einwirkt, da beide Kräfte die Wassermoleküle in entgegengesetzte Richtungen – zu bewegen vermögen und offenbar von gleichartiger Natur sind.

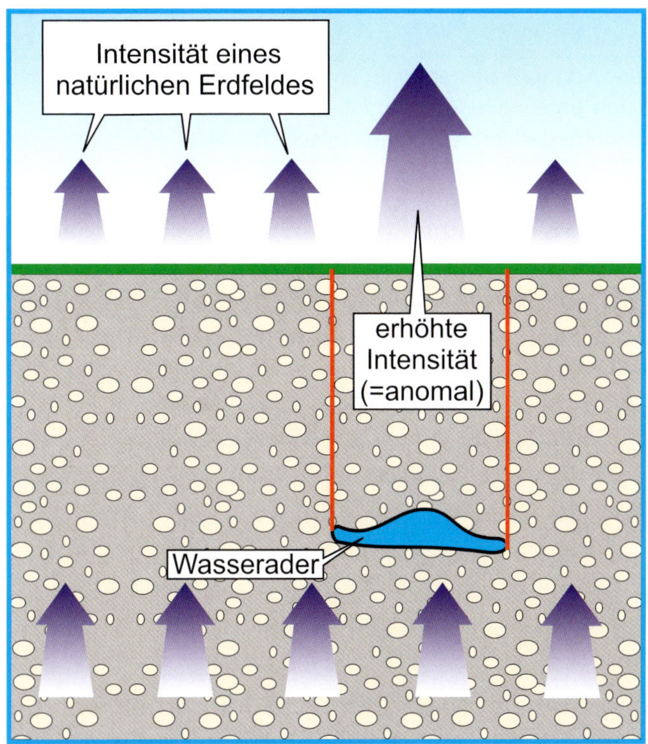

Eine Wasserader oder andere geologische Unregelmäßigkeiten erhöhen an bestimmten Stellen die Intensität eines natürlichen Erdfeldes. Ein unterirdischer Wasserlauf wirkt wie eine „Linse" auf ein natürliches Erdfeld, wodurch seine Intensität zunimmt und zu Anomalien in diesem natürlich vorhandenen Erdfeld führt.

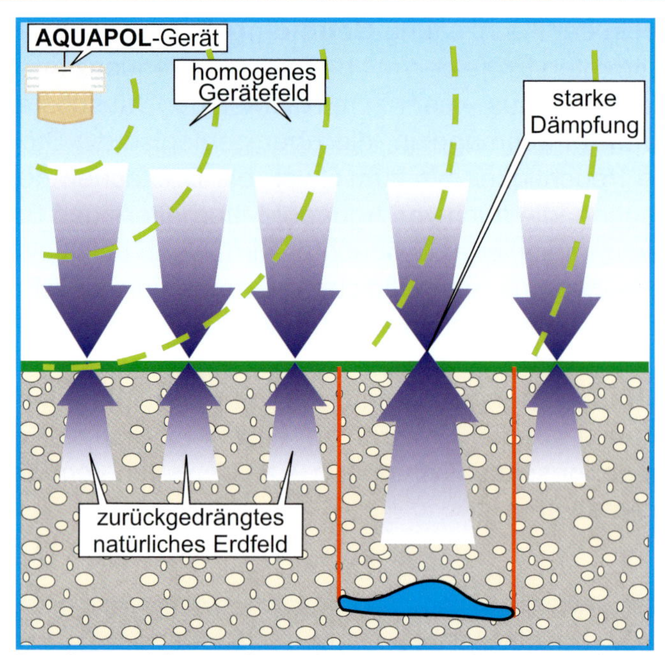

Das Aquapol-System baut ein homogenes Wirkfeld auf, das nach unten ausgerichtet ist. Es dämpft deutlich die biologisch negativen Anomalien des Erdfeldes.

Nicht immer sind nasse Wände infolge aufsteigender Mauerfeuchtigkeit das vorrangige Problem, das Kunden mit der Anschaffung des Aquapol-Geräts zu lösen hoffen. Für nicht wenige „strahlenfühlige" Menschen, die oft über Jahre unter den Qualen geologischer Störfelder gelitten hatten, brachte die Montage des Systems eine Linderung ihrer Beschwerden. Massive Schlafstörungen gehören fast immer zu den nervenaufreibenden Dauerbelastungen durch die Störfelder. Auch Frau Wiesinger aus dem österreichischen Burgenland konnte ein Lied davon singen. Nach einigen erfolglosen Versuchen, zu einer dauerhaften Lösung zu kommen, war sie auf Aquapol aufmerksam geworden. Sie ließ ihr Haus von einem Radiästheten vermessen und ein Aggregat installieren, worauf sich nach und nach eine deutliche Besserung einstellte. Nicht zuletzt wegen dieser erfreulichen Erfahrung kann sie das Gerät „vorbehaltlos weiterempfehlen".

Rund 20 Jahre lang litten der Mediziner Dr. Günter Ebeleseder und seine Familie unter geopathogenen Störfeldern, bis er 1988 zufällig das Aquapol-Gerät kennenlernte. Gleich nach dem Umzug in das neue Zuhause im oberösterreichischen Ort Schärding waren er und seine Familie von schweren Gesundheitsproblemen, wie Hausstaubmilbenallergien und Schlafstörungen, befallen worden. Bei den Kindern hatten sich grippale Infekte und Mandelentzündungen eingestellt. Die ganze Familie litt permanent unter diesen Krankheitssymptomen. Dr. Ebeleseder, selbst radiästethisch ausgebildet, wusste, dass die Ursache in den geologischen Störfeldern lag. Trotz seiner Skepsis ließ er das Aquapol-Gerät installieren und schon nach zwei bis drei Wochen zeigte sich eine deutliche Verbesserung. Die früheren Krankheitssymptome verschwanden. Die Allergie, die vor allem Dr. Ebeleseder zugesetzt hatte, war weg. Heute ist das Haus ohne Probleme bewohnbar, und der Hausherr vom Aquapol-Aggregat restlos überzeugt.

Massive Schlafstörungen, Migräne und Venenschmerzen machten Ingenieur Stiny aus Klosterneuburg in Niederöstereich das Leben an manchen Tagen zur Qual. Radiästhetische Untersuchungen ließen keinen Zweifel daran, dass sein Haus auf einer geologischen Störzone stand. Er zog aus den belasteten Räumen in andere Zimmer um, aber die Probleme kamen wieder.

Auch in seiner Firma in Wien bereiteten ihm durch Wasseradern hervorgerufene Störfelder im wahrsten Sinne des Wortes Kopfschmerzen. Als sich dort nach der Montage des Aquapol-Gerätes bereits nach kurzer Zeit ein Erfolg einstellte, ließ er das Aggregat auch in seinem Haus in Klosterneuburg einbauen. Nach kurzer Zunahme der Beschwerden – übrigens ein typisches und vielfach beobachtetes anfängliches Phänomen – war Schluss mit den Beschwerden.

Diplom-Ingenieur Hans Gumpert, ein unabhängiger Radiästhet, kam seinem Nachbarn zu Hilfe. Die Gattin klagte über Schlafstörungen, die sie vorher nicht kannte. Durch eigene Messung stellte er Erdstrahlen ganz allgemein, im besonderen Hartmannstrahlen, Currystrahlen, Strahlen von Wasseradern und ein sogenanntes Blitzgitter fest.

Die Lösung des Problems erfolgte im August 1989 mit der Aufstellung eines Aquapol-Gerätes. Die Strahlen waren kaum mehr feststellbar. Um eine zufällig eingetretene andere Ursache für den durchschlagenden Erfolg auszuschließen, machte er ein Experiment. Als er das Gerät wieder entfernte, waren auch die Strahlungen sofort wieder messbar. Sie verschwanden aber sogleich, als er das Aquapol-Aggregat an den vorgesehenen Aufstellungsort zurückbrachte.

Diese wenigen, aus vielen vergleichbaren Fällen herausgegriffenen Beispiele veranschaulichen anhand von Kurzberichten, was wissenschaftliche Untersuchungen mit unverfälschbaren Messungen bestätigen. Im Jahre 1990 wurde in Österreich eine weltweit einmalige, von der Wohnbauforschung finanzierte Studie durchgeführt. Dabei wurden von 985 Versuchspersonen mit verschiedensten Messmethoden Daten zur standortbedingten Störfeldbelastung erhoben.

Das Ergebnis war nicht überraschend, aber für manche wohl doch etwas verblüffend. Demnach gibt es eindeutig eine Standortbelastung, die sich auf das Regulationssystem des Menschen negativ auswirkt.

Als Messmethode wurde unter anderem die bereits erwähnte Messung des Körperwiderstandes herangezogen. Sie gilt als die einfachste und verlässlichste Methode, um in kurzer Zeit mit vergleichsweise geringem Aufwand die Auswirkungen von „Erdstrahlen" festzustellen, sowie den Erfolg für deren effektive Bekämpfung nachzuweisen.

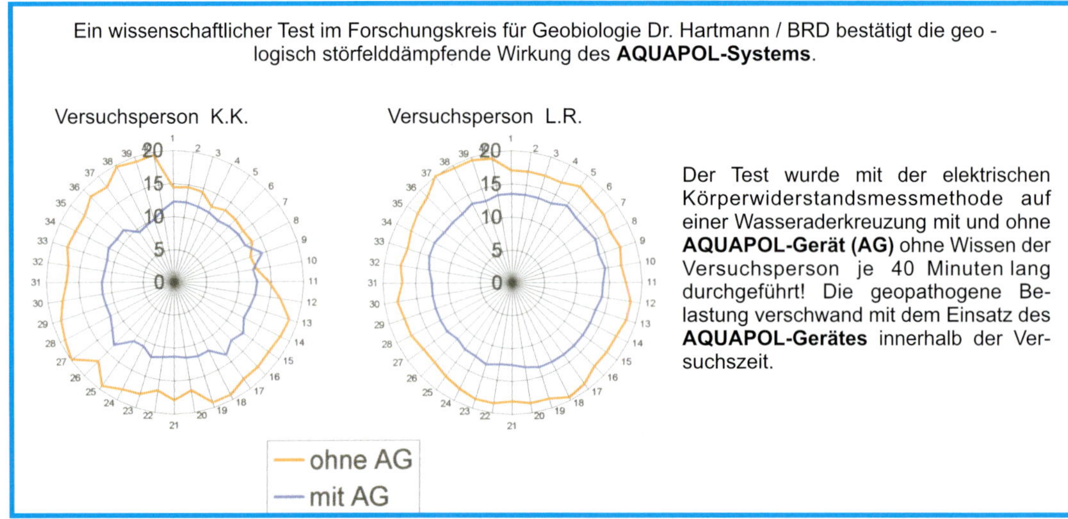

Versuch beim Forschungskreis für Geobiologie Dr. Hartmann / Deutschland. Auf einer Wasseraderkreuzung wurde der elektrische Körperwiderstand mit und ohne Aquapol-Gerät gemessen, ohne Wissen der Testpersonen. Die geopathogene Belastung verschwand innerhalb der 40-minütigen Versuchszeit bei den meisten Versuchpersonen, wenn das Aquapol-Gerät im Einsatz war.

Ein Langzeitversuch in Österreich mit Personen, die messbar unter den Auswirkungen von „Erdstrahlen" litten, brachte ebensfalls eindeutige Ergebnisse. Bei allen untersuchten Testpersonen zeigte sich ohne Ausnahme, dass das Aquapol-Gerät eine dämpfende Wirkung auf die „Erdstrahlen" ausübt und bei den strahlensensiblen Personen somit für eine Erleichterung sorgt.

Der ursprünglich jeweils erhöhte Körperwiderstand, ein Indikator für „Erdstrahlenbelastung", pendelte sich in einem erträglichen Bereich ein. Je länger die Versuche dauerten, umso zufriedenstellender wurden die Messwerte. Dieser langfristige „Anpassungseffekt", nachdem anfänglich manchmal relativ hohe Werte gemessen werden, ist ein ständig beobachtetes Phänomen bei lebenden Organismen.

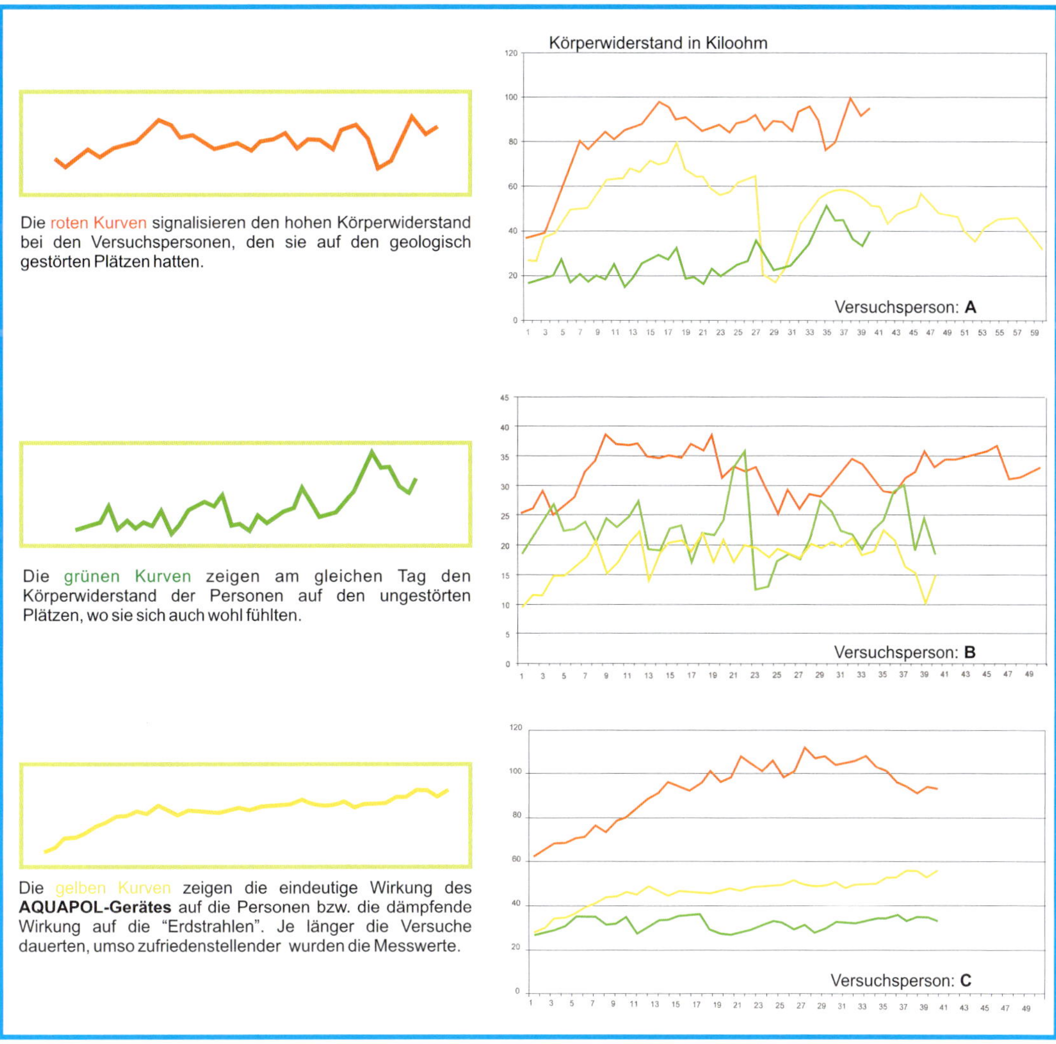

Eindeutige Messergebnisse. Das Aquapol-Gerät dämpft geologische Störfelder. Für die darunter leidenden Menschen bringt es im Langzeittest eine messbare Erleichterung.

Biofeldgenerator von Aquapol

Da das Aquapol-Entfeuchtungsgerät offenbar die den Organismus belastenden „Erdstrahlen" abschwächt, drängt sich die Frage auf, ob es nicht sinnvoll wäre, auch trockene oder neu erbaute Häuser, die sich über einer geologischen Störfeldzone befinden, mit dem Gerät auszustatten. Sind denn die Auswirkungen der Störfelder in einem trockenen Haus nicht genauso unangenehm für die Bewohner wie in einem feuchten Gebäude? Richtig ist, dass der Zustand des Hauses dabei unerheblich ist. Die „Erdstrahlen" belasten den menschlichen Organismus hauptsächlich beim Schlafen immer an dem Ort, wo sie eben auftreten.

Als gezielte Lösung für dieses Problem hat Aquapol den Biofeldgenerator herausgebracht. Sozusagen der kleine Bruder vom Mauerentfeuchter. Dieses Gerät wurde in einer Weise konstruiert, dass es gezielt geologische Störfelder in kleineren Bereichen dämpft. Wie kann man nun wissen, ob ein geologisches Störfeld vorhanden ist oder nicht? Die Antwort darauf geben bestimmte Symptome. Professor Lotz hat dazu zusammen mit Ingenieur Wilhelm Mohorn über die Jahre eine sogenannte Symptom-Checkliste entwickelt, mit deren Hilfe das technische Team von Aquapol auf Kundenanfrage einen Geopathie-Symptom-Check durchführt. Der Kunde kann diesen Test auch bei sich selbst alleine durchführen.

Der Biofeldgenerator von Aquapol dämpft gezielt geologische Störfelder in kleinen Bereichen. Mit Hilfe einer Symptom-Checkliste kann man tendenziell feststellen, ob man einer geopathogenen Belastung ausgesetzt ist.

Wohlbefinden durch mehr negative Luftionen

Professor Karl Ernst Lotz weiß, dass man, um mit seinen Untersuchungen in der Fachwelt bestehen zu können, anhand anerkannter Messgrößen jederzeit wiederholbare Ergebnisse erzielen muss, um daraus zuverlässige Aussagen ableiten zu können. Möglichst viele und unterschiedliche Messkriterien erhöhen naturgemäß die wissenschaftliche Tragfähigkeit von Schlussfolgerungen.

Dementsprechend machte er sich daran, neben den schon untersuchten Parametern neue zu finden und zu messen, inwieweit sie sich unter der Einwirkung des Aquapol-Systems veränderten.

Einer dieser weiteren Parameter war die Konzentration negativer Ionen in der Luft, die sich im Wirkungsbereich des Aquapol-Gerätes signifikant erhöhte. Wenn sich im Gasgemisch der Luft mehr Moleküle mit negativen Ladungsträgern (Elektronen) als positive befinden, spricht man von negativen Luftionen oder genauer von negativen Ionen in der Luft.

Aus der Sicht der Medizin erhöhen negative Luftionen das Wohlbefinden sowie die körperliche und geistige Leistungsfähigkeit. Die Atemfrequenz wird herabgesetzt und der Stoffwechsel der wasserlöslichen Vitamine steigt. Bei vermehrten negativen Ionen in der Luft ist eine bessere Bindung von Sauerstoff an den Blutfarbstoff zu beobachten mit der Folge, dass die Leistungsfähigkeit beispielsweise beim Sport und beim Lernen gesteigert wird. Die negativen Ionen fördern auch die Heilung von Krankheiten. Insbesondere der Verlauf von Infektionen wird abgeschwächt und der Gesundungsprozess beschleunigt.

Wo treten negative Ionen normalerweise in erhöhter Konzentration auf? Es ist bekannt, dass beim Auftreffen von Wasser auf ein Hindernis ein großer Überschuss an negativen Ladungsträgern (Ionen) entsteht. An einem Wasserfall, an einem Springbrunnen und auch beim Duschen bilden sich vermehrt negative Luftionen. Diese beim Zerstäuben des Wassers entstehenden negativ geladenen Ionen wirken luftreinigend und aktivierend. Ein Feuer in einem offenen Kamin oder eine brennende Kerze führen ebenfalls zu einer Zunahme der die Lebensvorgänge offenbar fördernden negativen Ionen.

Zur Feststellung ihrer Konzentration im Einflussbereich des Aquapol-Gerätes verwendete Professor Lotz einen Zweikanal-Ionometer nach Prof. Eichmeier. Damit kann man gleichzeitig den Anteil negativer und positiver Ionen in der Luft bestimmen. Man gewinnt ein Bild über den gesamten Ionenhaushalt des untersuchten Bereiches.

Sowohl im Kurzzeitversuch als auch bei Messungen über mehrere Tage oder Wochen war beim Einsatz des Aquapol-Geräts eine signifikante Zunahme des Anteils an negativen Ionen in der Luft verglichen mit Kontrollmessungen ohne Aquapol-Aggregat festzustellen. Diese Zunahme wirkt sich auf das Wohlbefinden der Bewohner nach allen wissenschaftlichen Erfahrungen sehr günstig aus und ist vom Gesichtspunkt der Medizin und der Baubiologie aus sehr zu begrüßen.

Im Rahmen seiner Messreihen stellte Professor Lotz aufschlussreiche Unterschiede innerhalb des Wirkungsbereiches des Aquapol-Gerätes fest. In dem trich-

terförmigen Bereich, direkt unter dem üblicherweise an der Decke aufgehängten Aggregat, dem Erdenergie-Empfangsraum, nahm der Anteil der negativen Ionen um rund 11 % ab. Im wesentlich größeren und wichtigeren Wirkraum dagegen erhöhte sich ihr Anteil um ca. 10 %, bei Dauermessungen sogar um 17 %. Um mehr als ein Drittel (37 %) vergrößerte sich der Anteil negativer Ionen in der Luft im sogenannten Raumenergie-Empfangsraum oberhalb des Aquapol-Geräts. Dieser Bereich kann wegen der energetisierenden, biologisch sehr positiven Atmosphäre als „Ort der Kraft" angesehen werden und ist daher als Arbeitsraum bestens geeignet, als Schlafraum jedoch nicht zu empfehlen.
Die schlafvermindernden Anregungen sind zu stark.

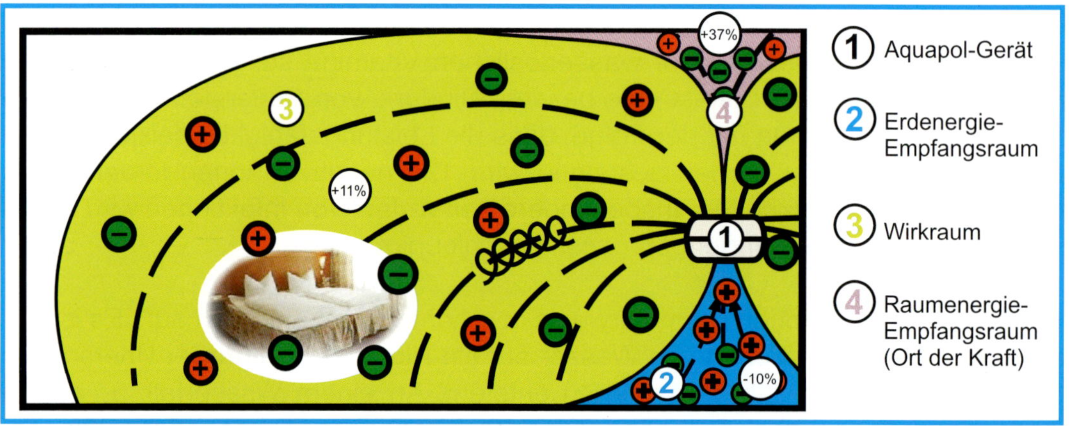

Die verschiedenen Wirkungsräume des Aquapol-Gerätes. Messungen des Ionenhaushaltes offenbarten interessante Unterschiede.

Im Wirkraum, dem weitaus größten Bereich rund um das Aquapol-Gerät, ergab sich eine vergleichsweise „moderate" Zunahme der negativen Luftionen. Nach Auffassung von Professor Lotz ist der Wirkraum ein idealer Standort für Schlafräume.

Aus meiner Sicht sind die Messergebnisse zum Ionenhaushalt noch aus einem anderen Grund interessant. Sie bestätigen mit ihren unterschiedlichen Messresultaten auf indirektem Weg das von mir postulierte Vorstellungsmodell von den drei prinzipiell verschiedenen Wirkräumen des Aquapol-Systems.

Reduktion der Radioaktivität in der Luft

Die Frage, wieviel radiaoaktive Strahlung ein lebender Organismus verträgt ohne Schaden zu nehmen, ist selbst von Fachleuten nicht leicht zu beantworten und kann zwischen Umweltschützern und Atomphysikern sehr schnell in einen hitzigen Meinungsstreit ausarten. Mit hoher Wahrscheinlichkeit wird stets der Hinweis auf die natürliche Radioaktivität in die Debatte geworfen mit dem Zusatz, dass sich ein Mensch, wenn er einen Berggipfel erklimmt, einem erheblich höheren Strahlenrisiko aussetze als in der Nähe jeder kerntechnischen Einrichtung. Unbestreitbar ist, dass Atombombenversuche, verschiedene Gaus von Atomkraftwerken zu einer zusätzlichen radioaktiven Belastung unserer Umwelt geführt haben und daher jede Maßnahme, die zu einer Reduzierung der Radioaktivität beiträgt, zu begrüßen ist.

Die biologisch schädliche Wirkung der Radioaktivität resultiert aus der ionisierenden Wirkung der radioaktiven Strahlung beim Durchgang durch Materie und der dadurch verursachten Zerstörung von chemischen Bindungen. Besonders bedenklich sind Schädigungen des genetischen Materials von Zellen. Schon bei geringer Dosis können radioaktive Strahlen gefährlich werden, wenn sie die Erbsubstanz an wenigen Stellen verändern (Mutation). Die Folgen können Zellveränderungen in Form von Krebs oder Erbkrankheiten sein.

Man unterscheidet folgende Arten von radioaktiver Strahlung:
- Alpha-Strahlen bestehen aus doppelt positiv geladenen Helium-Atomkernen. Sie vermögen andere Atome sehr stark zu ionisieren, werden aber schon durch ein Blatt Papier absorbiert.
- Beta-Strahlen bestehen aus negativ geladenen Elektronen. Sie werden durch normale Kleidung absorbiert.
- Gamma-Strahlen bilden eine Strahlung ohne Ladung. Sie ionisiert ebenfalls Atome und vermag dicke Schichten von Materie zu durchdringen.
- Neutronen-Strahlen sind eine ungeladene Strahlung aus dem Atomkern.

Bei Radioaktivitätsmessungen (Gamma- und Neutronenstrahlung) über geologisch ungestörten Bereichen wurde im Wirkungsbereich des Aquapol-Gerätes eine signifikante Verringerung der Radioaktivität in der Luft registriert. Wiederum ergaben sich auffällige Unterschiede in den verschiedenen Teilbereichen. Im Raumenergie-Empfangsraum wurde eine Strahlungsreduktion von 2,7 %, im Erdenergie-Empfangsraum von 6,5 % und im Wirkraum von 6,8 % gemessen. Die Veränderungen bezogen sich immer auf Kontrollmessungen ohne Aquapol-Gerät.

Testreihen mit unterschiedlichen Messgeräte-Typen bestätigten alle den gleichen Trend: Mit einem installierten Aquapol-System verringerte sich die Radioaktivität der Luft, teilweise bis zu 8,5 % bezogen auf die Kontrollmessung.

Gammastrahlungsmessung
gemessen mit medCont und NaJ(Tl) 2*2" ab 40keV
Ips
30,0
29,0
28,0
27,0
26,0
25,0
mit Aquapol-System (Wirkraum)
Kontrollmessung
19.07.2005
Zeit in Minuten

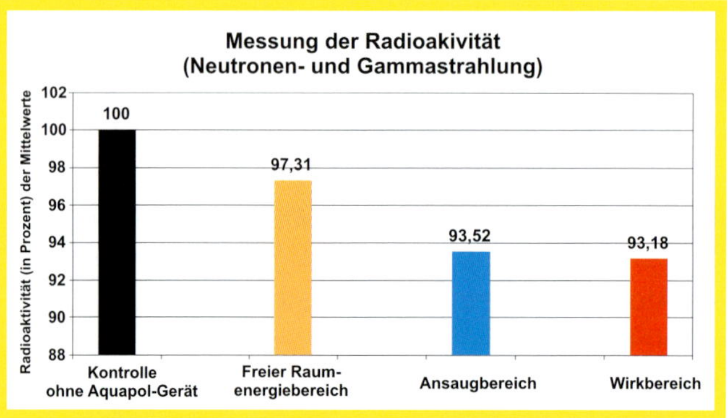
Messung der Radioakivität
(Neutronen- und Gammastrahlung)
Radioaktivität (in Prozent) der Mittelwerte
102
100
98
96
94
92
90
88
100
97,31
93,52
93,18
Kontrolle
ohne Aquapol-Gerät
Freier Raum-
energiebereich
Ansaugbereich
Wirkbereich

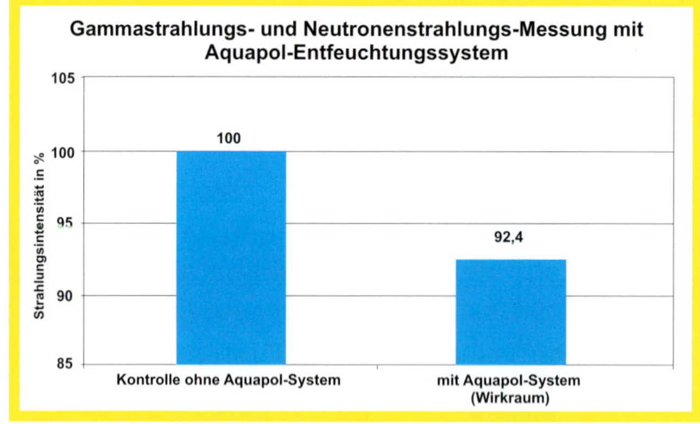
Gammastrahlungs- und Neutronenstrahlungs-Messung mit
Aquapol-Entfeuchtungssystem
Strahlungsintensität in %
105
100
95
90
85
100
92,4
Kontrolle ohne Aquapol-System
mit Aquapol-System
(Wirkraum)

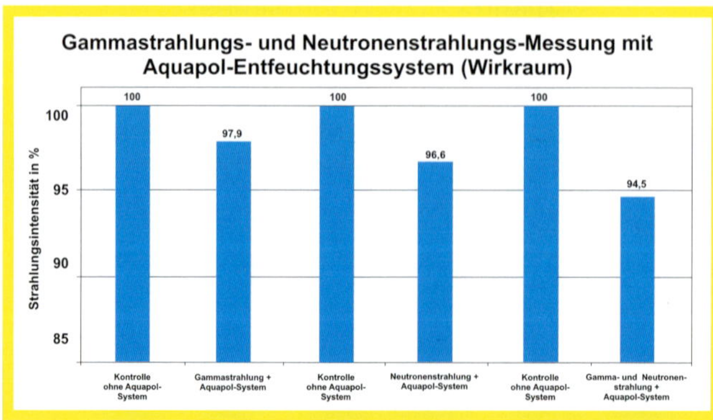
Gammastrahlungs- und Neutronenstrahlungs-Messung mit
Aquapol-Entfeuchtungssystem (Wirkraum)
Strahlungsintensität in %
100
95
90
85
100
97,9
100
96,6
100
94,5
Kontrolle ohne Aquapol-System
Gammastrahlung + Aquapol-System
Kontrolle ohne Aquapol-System
Neutronenstrahlung + Aquapol-System
Kontrolle ohne Aquapol-System
Gamma- und Neutronenstrahlung + Aquapol-System

Bessere Wasserqualität

Die Hauptfunktion des Aquapol-Systems besteht darin, Wassermoleküle so zu polarisieren, dass sie sich nach unten bewegen. Diese Aufgabe erfüllt das Gerät mit der Regelmäßigkeit eines Uhrwerks, wie seine nunmehr 20 Jahre andauernde Erfolgsgeschichte belegt. Da das Aggregat offenbar einen nicht unerheblichen Einfluss auf Wasser ausübt, war es von Interesse herauszufinden, ob und welche anderen Veränderungen sich möglicherweise einstellen.

Die Oberflächenspannung ist eine von jenen messbaren Eigenschaften, die eine Aussage über den momentanen Zustand einer Flüssigkeit zulassen. Es handelt sich dabei um eine Kraft, welche die Moleküle einer Flüssigkeit zusammenhält und sich in deren Randbereichen sowie an der Oberfläche so verhält, als wäre diese mit einer elastischen Haut umspannt.

Aufgrund der Oberflächenspannung nehmen Wassertropfen die Form einer Kugel an. Sie erlaubt es beispielsweise Insekten, die schwerer sind als Wasser, sich auf der intakten Wasseroberfläche dahinzubewegen und sie trägt kleinere aber vergleichsweise schwere Gegenstände wie Münzen oder Nadeln.

Im Alltag verringert man die Oberflächenspannung des Wasser mittels Seife oder durch die Zugabe von Spülmittel, um die Reinigungswirkung zu erhöhen. Je höher die Temperatur des Wassers umso niedriger ist seine Oberflächenspannung, was wiederum seine Lösungs- und Reinigungskraft verbessert. Im Alltag nutzt man diese Tatsache beim Kochen und Waschen sowie bei der Zubereitung von Tee oder Kaffee.

Zu untersuchen war, ob durch den Einfluss des Aquapol-Gerätes die Oberflächenspannung von Leitungswasser und von Volvic-Wasser, einem Mineralwasser ohne Kohlensäure, abnimmt. Zur Kontrolle wurden Wasserproben über mehrere Tage ohne das Aquapol-System mit einem sogenannten Tensiometer gemessen, bis eine Messwertkonstanz festzustellen war. Danach wurde das Aquapol-Gerät in Stellung gebracht und die Messungen wurden wieder mehrere Tage lang bis zur Messwertkonstanz fortgesetzt.

Das Ergebnis: Bezogen auf die Kontrollwerte, verringerte sich die Oberflächenspannung beim Leitungswasser um 3,6 % und beim Volvic-Wasser um 4,5 %.

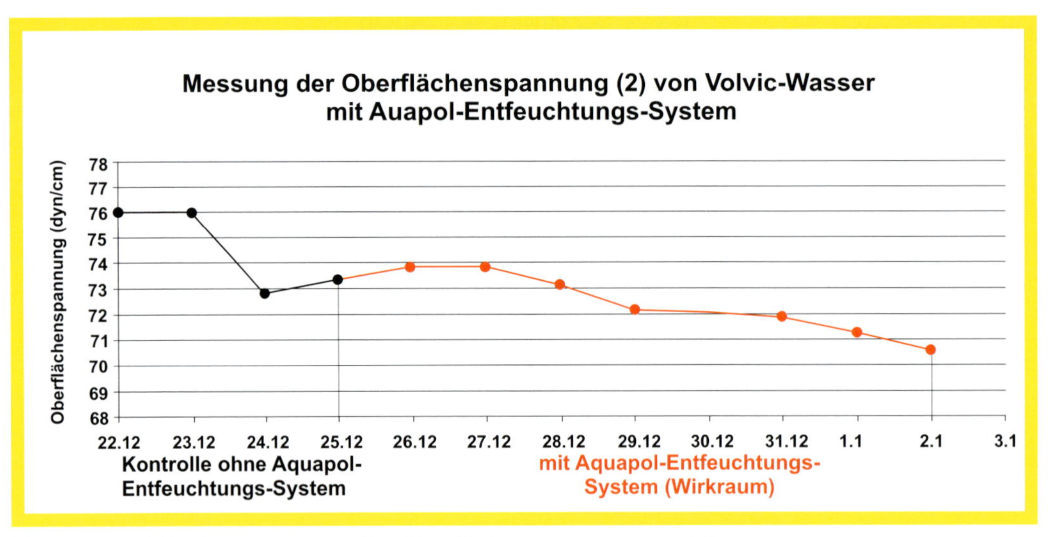

Das Aquapol-System verringert die Oberflächenspannung des Wassers.

Aufgrund der hier dargestellten Versuchsreihen und noch vielen anderen Versuchsreihen, die hier den Rahmen sprengen würden und in einem Folgebuch beschrieben werden, lässt sich zusammenfassend feststellen, dass das Aquapol-System in seinem Wirkungsbereich zu einer erhöhten Wasserqualität beiträgt. Diese Tatsache stellt einen positiven Nebeneffekt dar, der nach Kenntnis der Funktionsweise des Aquapol-Systems und der auf Wassermoleküle einwirkenden gravomagnetischen Wellen vermutet werden durfte, aber nun durch wissenschaftliche Untersuchungen nachgewiesen wurde.

Professor Lotz zog im Jahre 2005 eine Bilanz seiner „Forschungsreise", wie er sie nannte und stellte erfreut fest: „Das Aquapol-System konnte mit verschiedenen physikalisch-chemischen und biophysikalischen Untersuchungsmethoden, unabhängig vom trocken zu legenden Mauerwerk wie vorher dargelegt, sorgfältig getestet und seine Wirksamkeit reproduzierbar bewiesen werden. Durch die Messungen der Parameter, z.B. durch die Ionenmessungen in der Luft, konnte indirekt auch der Nachweis für die beim Aquapol-System mitwirkende Raumenergie erbracht werden.
Für die Menschen, bei denen das Aquapol-System zur Gebäudetrockenlegung eingesetzt wird, ergeben sich interessante biologische Nebeneffekte:
Verschwinden von Modergeruch im Haus, besserer Schlaf, Reduktion der Radioaktivität durch viel mehr negative Ionen in der Luft, größeres Wohlbefinden, Erhöhung der Lebensqualität.
Wird die „Forschungsreise Aquapol" fortgesetzt, sind wohl weitere bedeutende Ziele mit schönen Ausblicken in die Zukunft zu erwarten."

Prof. K. E. Lotz

7. Kapitel
Rückblick – Visionen - Zusammenfassung

20 Jahre Aquapol – ein Rückblick

Bei jeder erfolgreichen Anwendung einer bestimmten Technik ist die Gesamtheit bzw. die Berücksichtigung aller angrenzenden und für den Gesamterfolg notwendigen Technologien wichtig. Es gibt kaum Gebäude-Trockenlegungsunternehmen, die 20 Jahre beständig auf dem Markt sind. Der Grund dafür ist häufig:
1. kein gesamtheitliches Konzept und
2. zu wenig Service am Kunden.

Bei Aquapol besteht die gesamtheitliche Vorgehensweise aus vier Punkten und das bedeutet, dass alle 4 Faktoren berücksichtigt werden müssen.

1) Die Entfeuchtungstechnik
Sie muss ausgereift und überwiegend fehlerfrei funktionieren. Dazu ist die richtige Gebäudeanalyse, ein standardisierter Plan, die Montage, als auch eine ausreichende Mauerwerksdiagnostik mit Protokollführung notwendig. Qualitätskontrolle beim Gerätebau spielt dabei natürlich auch eine wesentliche Rolle. Die Qualitäts-

kontrolle setzt sich fort, indem ständig jeder einzelne Objektfall überwacht wird, ob hier standardgemäß gearbeitet wurde. Fehler bzw. Mängel sollten rasch behoben werden. Dies ist bei Aquapol bereits vor vielen Jahren erreicht worden.

2) Begleitende Maßnahmentechnik
Die vorausgehende Mauerwerksdiagnostik bzw. eine genaue Inspektion des Gebäudes von einem dafür qualifizierten Fachmann stellt die Grundlage dazu dar, was an dem Gebäude sonst noch an begleitenden Maßnahmen getan werden muss, um das gesamte Feuchteproblem zu lösen. Oft sind es nur Kleinigkeiten, wie teilweise Fensterdichtungen entfernen, um eine Zwangsbelüftung im Schlafzimmer zu erreichen, so an anderer Stelle in diesem Buch beschrieben, oder den alten versalzten Anstrich mit Spachtel oder Bimsstein zu entfernen, damit der neue erforderliche Anstrich gut haftet.

Es kann aber auch erforderlich sein, den feuchtesperrenden Zementputz zu entfernen, damit das Ziegelmauerwerk überhaupt mit der kapillaren Entfeuchtungstechnik (Aquapol) austrocknen kann. Die von uns entwickelte Checkliste deckt alle nur erdenklichen Varianten der begleitenden Maßnahmen ab, um sicherzugehen, dass nichts vergessen werden kann. Diese spezielle Prüfliste ist seit 1997 standardgemäß bei Aquapol in Gebrauch.

3) Sanierungstechnik
Das Know-how der Sanierung ist ein wichtiger Schritt bei der gesamtheitlichen Lösung des Feuchteproblems. Welche Materialien vertragen sich? Oder „Wann sollte der Verputz saniert werden?“, oder „Wie kann ich Salze aus einem noch relativ intakten Verputz entfernen?“ usw. – Fragen, die bei der Sanierung sehr wichtig sind. Hier wurden die wichtigsten Grundlagen niedergeschrieben und alle unsere Techniker sind darin geschult. Seit etwa 1998 gibt es die Sanierungstechnik-Checkliste und die dazugehörige Sanierungstechnik-Serie.

Seit etwa Ende 2004 gibt es eine komplette Abdeckung der Sanierungstechniken im Feuchtebereich, beschrieben in der neu überarbeiteten Sanierungstechnik-Serie plus unserem Sanierungstechnik-Film, der einige wichtige Grundlagen für den Laien behandelt und genaue Lösungen aufzeigt. Somit wurde auch das dritte Segment von Aquapol voll erfüllt, um einen Anspruch auf Gesamtheit zu haben.

4) Biologische Wirkung
Ein Faktor, der häufig übersehen wird! Entstehen bei dem Trockenlegungsverfahren unangenehme Gerüche? Sind sie gesundheitsgefährdend? Sind die ausgesandten Energiewellen des Gerätes vollkommen unbedenklich? Ist die Anlage eine Quelle von zusätzlichem Elektro-Smog oder wirkt sie auf den Organismus belastend? Gibt es darüber Untersuchungen am Menschen? Gibt es andere Faktoren, z. B. in der Luft, die eine biologisch negative oder positive Wirkung bestä-

tigen? Wird auf das Eine oder Andere in den Unterlagen schriftlich hingewiesen? Diese wichtigen Fragen und noch einige mehr, sollten bei einem idealen Entfeuchtungssystem positiv beantwortet werden.

Seit 2003 gibt es bei Aquapol die sogenannte Biomappe und seit Ende 2005 das Wissenschaftsjournal, das weitere Untersuchungen in dieser Richtung für jedermann transparent macht. Und seit etwa 2000 gibt es Videos zu erwerben, die zum Teil oder ausschließlich dieses Thema umfassend behandeln. Aquapol ist somit das erste System auf dem Markt, welches bei richtiger Montage sogar biologisch positiv wirkt, was in der zahlreichen Literatur und in Filmmaterial dokumentiert wurde.

Resümee

Somit sind in 20 Jahren schwerer Arbeit, Forschung und ständiger Verbesserungen nahezu Idealbedingungen für ein Gebäude-Trockenlegungsunternehmen, wie es Aquapol darstellt, erreicht worden.

Wir können mit einem gewissem Stolz auf die ersten 20 Jahre zurückblicken und freuen uns über die täglich wachsende Anzahl zufriedener Kunden und unsere Expansion in viele andere Länder.

Die Zukunft und Visionen

Da wir offensichtlich eine wirklich wirksame Waffe gegen die Auswirkungen sogenannter Erdstrahlen mit dem Aquapol-Gerät entwickelt haben, ist geplant, eine spezielle und kostengünstigere Kleinausgabe unter dem Namen „Biofeld-Generator“ in allen Ländern auf den Markt zu bringen. Vorausgesetzt natürlich, dass daran genügend Interesse besteht.

Der Aquapol-Biofeld-Generator zur geologischen Störfelddämpfung und Verbesserung des Raumklimas

Seit etwa fünf Jahren arbeiten wir unter wissenschaftlicher Aufsicht an einem Projekt mit der Bezeichnung: **„Bodenbe- oder -entfeuchtung“**.
Die bisherigen Versuche zeigen tendenziell, dass das Aquapol-System für eine raschere Bodenentfeuchtung (bei sumpfigen, feuchteren Böden) im Agrarbereich, als auch bei umgekehrter Bauweise für eine Befeuchtung der Böden tauglich wäre. Damit könnte man möglicherweise sogar auf Grundwasserpumpen verzichten. Zumindest aber könnte man sie sparsamer einsetzen, um das Absenken des Grundwasserspiegels zu vermindern. In einigen Regionen verdunstet beim Bewässern der Pflanzen mehr in die Luft als die Pflanze, z. B. durch die Wurzeln, Feuchte aufnimmt.

Das bedeutet in wasserarmen Zonen Verschwendung des kostbaren Gutes Wasser. Die Vision ist, dass es doch möglich sein müsste, einen Teil der Wüsten mit dieser Technologie, kombiniert mit anderen begleitenden Technologien, wieder fruchtbar zu machen.

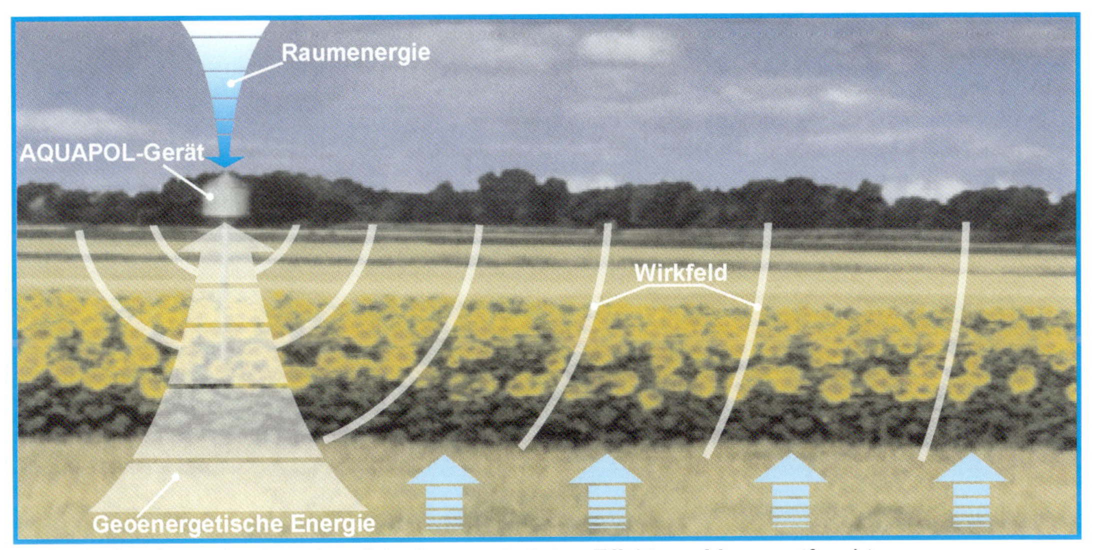

Bodenbefeuchtung im Agrarbereich als umgekehrten Effekt zur Mauerentfeuchtung

Eine weitere Vision ist ein spezieller Wandler. Er soll die Erdenergie bzw. die sogenannten „Erdstrahlen“ elektronisch messbar machen können.
Der wissenschaftliche Streit um die kritisch beäugten „Erdstrahlen” könnte ein Ende haben. „Rutengänger“ und das Thema „Erdstrahlen” werden besonders in einigen Teilen Europas noch eher belächelt, obwohl genügend Studien und indirekte Beweise eine andere Sprache sprechen.
Die „Wünschelrute“ oder ähnliche Hilfsmittel könnten durch ein 100% iges objektives elektronisches Messsystem ersetzt werden. Für die Physik und auch für die Volksgesundheit wäre das ein großer Durchbruch. Die Geophysik hätte dann ein weiteres Messsystem zur Verfügung für geologische Messungen, um beispielsweise das Vorkommen von Wasser, Öl, Mineralien und so weiter genauer zu bestimmen.
Natürlich würde sich auch der geologische Aufbau der Erde dadurch besser erfassen lassen.

Wir sehen auch eine reale Chance, ein neuartiges Feuchtemessverfahren mit dem Wandler zu entwickeln. Auf Bohrungen im Mauerwerk könnte verzichtet werden.

Ein weiteres Projekt ist eine Vorrichtung, die beispielsweise im Schlafbereich hochfrequenten Elektro-Smog reduziert. Schließlich gibt es noch eine reale Hoffnung auf eine extrem umweltfreundliche „Energieerzeugung”.

8. Kapitel
Von der Idee bis zur Firmengründung

Wie alles begann – und wohin es führte.
Ein Interview mit Ingenieur Wilhelm Mohorn
von Volker von Barkawitz

Frage: *„Herr Ingenieur Mohorn, Aquapol hat sich in nur zwei Jahrzehnten zu einem respektablen Unternehmen entwickelt und ist europaweit mit einem einzigartigen Produkt erfolgreich auf dem Markt vertreten. Natürlich brennt vielen die Frage auf der Zunge, wie alles angefangen hat?"*

Wilhelm Mohorn: *„Das Ganze begann mit einem feuchten Keller, in dem ich mein Schlagzeug gelagert hatte. Als ich eines Tages erkannte, dass an den verchromten Metallteilen Rostflecken entstanden waren, war ich derart verärgert, dass ich anfing nach einer Lösung zu suchen. Zu dieser Zeit gab es nur Luftentfeuchter mit Strombetrieb und es gab ein Gerät auf dem Markt, das mit geologischen Störfeldern arbeitete und damit jedoch standortabhängig war. Da ich mich schon zuvor hauptsächlich mit Alternativenergie beschäftigte und auf diesen Bereich zwei Patente anmeldet hatte, stellte ich Überlegungen zu einer neuen Energielösung an. Die Idee eines globalen Erdfeldes, das überall auf der Welt vorhanden ist, nicht unähnlich den Ideen des genialen Wissenschaftlers Nikola Tesla, setzte sich in meinem Kopf fest."*

Frage: *„Also mussten Sie zuerst eine neue, möglicherweise revolutionäre Theorie in Ihrem Kopf entstehen lassen?"*

Wilhelm Mohorn: *„Das trifft den Nagel auf den Kopf. Ich nannte es ‚meine neue Theorie über den Erdkern,' wenn Sie so wollen. Es war das Postulat, dass der innerste Kern der Erde nicht aus Eisen-Nickel besteht, sondern aus Wasserstoff mit einer offensichtlich besonderen Eigenschaft, wie sich auch später herausstellte. Der Erdkern erzeugt offenbar eine Eigenstrahlung, die zu diesem Zeitpunkt strukturell noch nicht erfasst war. Folgende kritische Fragen gingen mir nicht aus dem Kopf: Ist die Beschaffenheit des Erdkernes aus Eisen-Nickel nur eine Theorie wie so viele andere, die sich im Laufe der Zeit durch neueste Erkenntnisse wieder ändern konnte? War irgendjemand in den Erdmittelpunkt vorgedrungen und konnte die Theorie des Eisen-Nickels bestätigen? Nein!*
Das Urelement des Universums ist der Wasserstoff, der über 98 % der gesamten Materie unseres Sonnensystems bzw. möglicherweise des gesamten Universums ausmacht. Warum sollte der Erdkern nicht aus demselben Element bestehen?

Könnte nicht der allerinnerste Kern aus Wasserstoff bestehen, der von der nächsten Eisen-Nickelschicht umgeben ist? Sind dies sozusagen die Teile eines Generators, der unsere Erde permanent mit einer Eigenstrahlung versorgt?
Wenn diese natürliche Eigenstrahlung vorhanden ist, müsste man sie doch empfangen können."

Frage: *„Herr Ingenieur Mohorn, eine Theorie ist ja nur gut, wenn..., aber Sie bauten Ihren ersten Prototyp?"*

Wilhelm Mohorn: *„Das ist richtig! Der erste Prototyp entstand. Ich baute eine Zylinderluftspule, die bei den ersten Versuchen einen gewissen Erfolg zeigte. Die Enden der Spule waren als abstehende Antennen ausgebildet. Dieser erste Prototyp musste noch eingenordet werden, so dass er funktionierte. Ich erkannte allerdings erst zu einem späteren Zeitpunkt, dass die Zylinderspule schon von Nikola Tesla etwa Ende des 18. Jahrhunderts entdeckt wurde."*

Frage: *„Sie machten dann die ersten Versuchsanwendungen in Wien."*

Wilhelm Mohorn: *„Mein erstes Versuchsfeld war in der Tat in Wien in der Webgasse 45. Das fand natürlich im eigenen feuchten Keller in diesem Gebäude statt."*

„Wenn man die Kellertreppe hinabging, war schon der typische modrige Kellergeruch spürbar. Das bei geschlossener Kellertür! Die relative Luftfeuchte bewegte sich etwa zwischen 80–90%, also doch sehr hoch! Auch der ziemlich neu sanierte Verputz beim Kellerabgang begann im unteren Bereich schon schadhaft zu werden. Der Anstrich erschien im Feuchtbereich dunkler als im Trockenbereich. Im Keller selbst konnte man kaum etwas lagern, da es zu feucht war, trotz einer vorhandenen Kellerbelüftung. Eigentlich ein ideales Versuchsfeld!
Neben Luftfeuchtemessungen mit dem Hygrometer wurden auch Mauerfeuchtemessungen durchgeführt, um objektive Messdaten zu bekommen. Der erste Prototyp wurde nun von mir montiert und er zeigte verblüffenderweise Wirkung. Mit einer Einhandrute war ich in der Lage, Wasseradern und andere Energiefelder aufzuspüren. Man konnte eindeutig die Wirkung dieser ganz speziell konstruierten Zylinderspule fühlen. Ob dies nun ein Kriterium für das Funktionieren meines Prototypen war oder nicht, es bestärkte auf jeden Fall meine Gewissheit.
Als Ingenieur gibt es jedoch eine nüchterne Oberlinie: Funktioniert es?
Doch es kam das Unerwartete! Es dauerte vielleicht ein bis zwei Wochen. Mir war aufgefallen, dass der Modergeruch beim Kellerabgang abgenommen hatte. Es funktionierte!
Ich unternahm zahlreiche Versuchsreihen, um die Konstruktion zu optimieren. Meine Freude wurde immer grösser, als die nächsten Austrocknungsindikatoren auftraten. Ehemals feuchtdunkle Mauern zeigten Aufhellungen, die relative Luftfeuchte sank nach wenigen Monaten und die gemessene Mauerfeuchte ließ im oberen Bereich

der Mauer nach und wurde immer weniger. Nach wenigen Monaten ein vielversprechender Erfolg!“

Frage: *„War nun die Lösung für aufsteigende Feuchtigkeit, von der so viele alte Gebäude betroffen sind, geboren?“*

Wilhelm Mohorn: *„Es war ein Versuch gewesen. Es war ein Anfang. Jeder weiß, dass man sich sehr schnell in eine Idee verrennen kann. Ich war damals noch weit entfernt von dem, was beispielsweise heute von Aquapol als Standardverfahren zur Mauertrockenlegung angeboten wird. Zu der damaligen Zeit standen nun weitere Versuchsstationen auf der Tagesordnung.*
Auf der Suche nach weiteren ‚Versuchskaninchen“ fand ich im Familien- und Freundeskreis drei neue Hausobjekte, in denen ich weitere Versuche machen konnte. Ich erinnere mich an einen sehr feuchten, modrig reichenden Gewölbekeller in Essling/Wien. Der Kellerboden war dermaßen schlammig und feucht, dass man mit seinen Schuhen richtig tief einsank. Stechmücken fühlten sich hier sehr wohl, denn sie hatten hier ihr ideales feuchtes Klima.
Nach einigen Monaten hatte sich der Zustand in diesem Gebäude merklich verändert. Der Modergeruch war fast verschwunden, was aber noch mehr verblüffte, der feuchtschlammige Kellerboden war komplett trocken. Die Hausbesitzer konnten das auch bestätigen und waren sehr verwundert. Der Hausfrau fiel auf, dass die Bettwäsche im Schlafzimmer nicht mehr so roch wie vorher. Das Schlafzimmer war etwa 10 Meter von meinem Gerät entfernt. Das Ganze hatte mir noch mehr Gewissheit verschafft, dass es funktionierte!“

Frage: *„Sie verschonten selbst das Haus Ihrer Eltern nicht?“*

Wilhelm Mohorn: *„Richtig. In meinem Elternhaus in Wien-Stadlau, in einer schönen Gartensiedlung, gab es in einem kleinen Bereich des Hauses ebenfalls Probleme mit der Mauerfeuchte. Hier fiel der Modergeruch auf und es roch sehr unangenehm. Nach der Installation des Gerätes bemerkte mein Vater, dass der Modergeruch verschwunden war. Auch optisch war die nicht allzu stark durchfeuchtete Mauer aufgehellt und machte nach einigen Monaten einen trockeneren Eindruck. Kurzum, nach etwa zwei weiteren Beobachtungsjahren konnte ich zufrieden sein und meldete das erste Patent an. Das Aquapol-Unternehmen wurde als Einzelfirma in Wien gegründet.“*

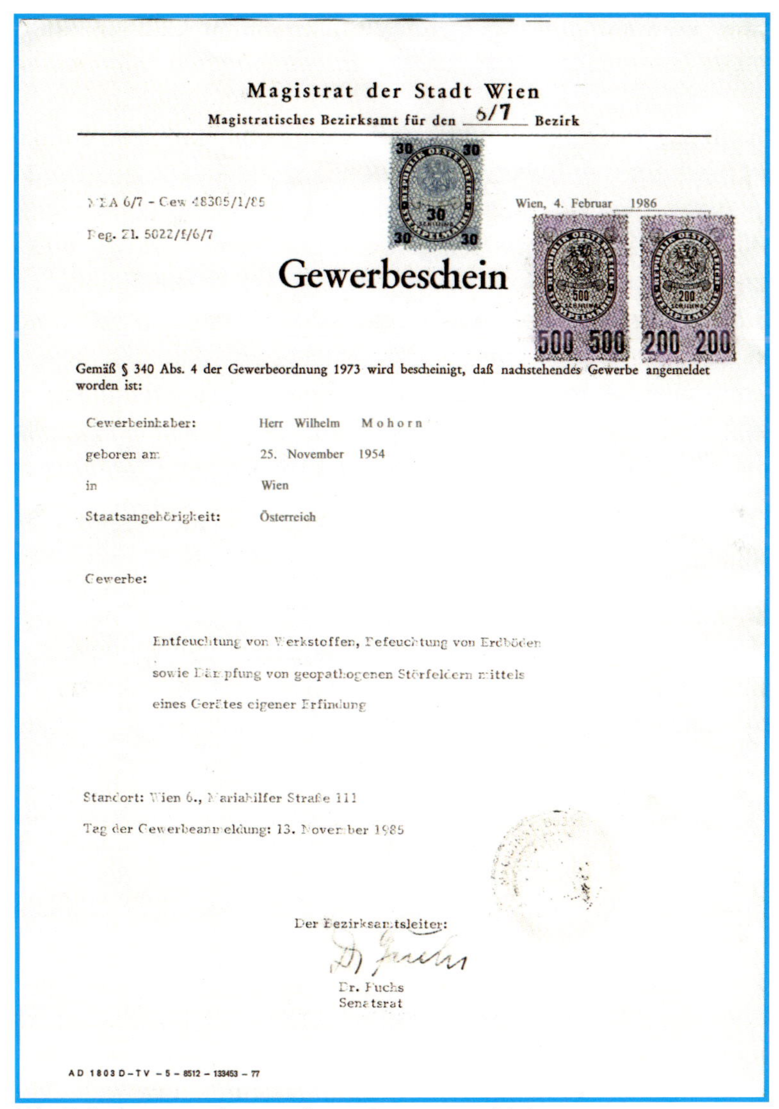

Magistrat der Stadt Wien

Magistratisches Bezirksamt für den 6/7 Bezirk

MBA 6/7 - Gew 48305/1/85

Reg. Zl. 5022/f/6/7

Wien, 4. Februar 1986

Gewerbeschein

Gemäß § 340 Abs. 4 der Gewerbeordnung 1973 wird bescheinigt, daß nachstehendes Gewerbe angemeldet worden ist:

Gewerbeinhaber: Herr Wilhelm Mohorn

geboren am: 25. November 1954

in: Wien

Staatsangehörigkeit: Österreich

Gewerbe:

Entfeuchtung von Werkstoffen, Befeuchtung von Erdböden sowie Dämpfung von geopathogenen Störfeldern mittels eines Gerätes eigener Erfindung

Standort: Wien 6., Mariahilfer Straße 111

Tag der Gewerbeanmeldung: 13. November 1985

Der Bezirksamtsleiter:

Dr. Fuchs
Senatsrat

AD 1803 D-TV - 5 - 8512 - 133453 - 77

Die Erfindung wurde zum Gewerbe angemeldet.

Frage: *„Jetzt begann der kometenhafte Aufstieg der Aquapol-Technologie?“*

Wilhelm Mohorn: *„Das gibt es nur in Märchen, wirklich! Zugegeben, ich hatte in den Jahren, die nun folgten ein stetes Wachstum, aber es ging langsam. In den ersten Monaten war ich pausenlos als Ein-Mann-Unternehmer unterwegs. Erledigte nahezu alles selbst. Die Produktion, den Verkauf, die Montage der Geräte mit den dazugehörigen Feuchtemessungen. In dieser Zeit wurde der elektrische Funktionstest am Mauerwerk eingesetzt, um sofort eine Reaktion nach der Montage messen zu können. Parallel wurde auch das Feuchtemesssystem weiterentwickelt, da es bei fixen Messsonden im Mauerwerk nicht verlässlich genug war. Die ersten Richtlinien wurden geschrieben und die erste Aquapol-Fibel entstand.“*

Frage: *„Ja, aber was war mit der etablierten Wissenschaft? Die hätte sich doch wie ein hungriger Bienenschwarm auf Ihre Entdeckungen stürzen müssen!“*

Wilhelm Mohorn: *„Da bis zu diesem Zeitpunkt der physikalische Effekt meiner Entdeckung nicht bekannt war und man soviel wie keine Daten aus der Wissenschaft als brauchbar nutzen konnte, um eine Weiterentwicklung voranzutreiben, suchte ich das Institut für Magnetismus der Universität Wien auf. Nach nur 2 Stunden kam das Fazit heraus: Es gäbe keine neuen Effekte in der Physik, außer Kombinationen von bestehenden Wirkungen, aber das Wirkprinzip des Systems konnte nicht erklärt werden.*
Zu diesem Zeitpunkt fragte ich mich: „Wenn die große Wissenschaftsgemeinde mit ihren Zugriffen zu der gesamten Physikliteratur nichts beisteuern kann, wie soll ich als Einzelerfinder und Forscher dann weiterkommen? Ich war sehr frustriert und für einen gesamten Tag fast am Boden zerstört.“

Frage: *„Aber Sie ließen sich nicht unterkriegen?“*

Wilhelm Mohorn: *„Ich studierte und experimentierte weiter und 1988 formulierte ich zum ersten Mal das physikalische Wirkprinzip der Magnetokinese.“* (Siehe Kapitel darüber in diesem Buch)

Frage: *„Folgten jetzt die ruhigen Jahre?“*

Wilhelm Mohorn: (lacht) *„Ich möchte nicht in Sarkasmus verfallen, aber es folgten echte Rückschläge, aber auch signifikante Verbesserungen. Die ersten 7 Jahre nach der Firmengründung waren die härtesten für mich als Erfinder und Unternehmer. Viele Problemfälle gaben Anlass genug, das System weiterzuentwickeln. So kam es immer wieder vor, dass die Richtung des Gerätes z.B. beim Putzen durch die Hausfrau oder der Reinigungsfrau verstellt wurde und somit die Wirkung nachließ bzw. das Gerät vollkommen unwirksam wurde.*
Nach Hunderten von Testreihen und zahlreichen Prototypen wurde eine Konstruktion gefunden, die das Gerät richtungsunabhängig machte. Der neue Unipolareffekt (uni – von überall; polar – die Pole betreffend) wurde damit entdeckt und zum Patent angemeldet. Somit war die nächste Gerätegeneration geboren, wobei die Grundkomponente Zylinderluftspule noch immer blieb. Doch die Entwicklung ging weiter. Eine besonders schöne geometrische pyramidenähnliche Form gab eine bessere Tiefenwirkung. Dies bedeutete nun, dass man das Gerät im Erdgeschoss montieren konnte und der darunter liegende Keller davon gut profitierte.“

Frage: *„War das das Ende der Krise?“*

Wilhelm Mohorn: *„Wenn man so will, war das der Anfang und 1990 war der Höhepunkt der Krise. In diesem Jahr stand ich vor einem großen Problem, das sich nicht* *aufzulösen schien und das mich und mein Unternehmen aufzufressen drohte. Trotz gleicher Bauweise und gleicher Qualität gab es Fälle, bei denen überhaupt nichts funktionierte oder wo das Gebäude nur teilweise abtrocknete. Meine Techniker im Außendienst sprachen immer von einem Störfaktor, den sie mit der Einhandrute wahrnehmen konnten, jedoch nicht sagen konnten, was es genau war. Nachdem 1989–90 die Grundlagenforschung probeweise nach Ungarn ausgelagert worden war, um rascher voranzukommen, musste ich nach zwei Jahren feststellen, dass jetzt noch mehr Fragen offen waren, als zu Beginn der Grundlagenforschung. Viele Widersprüche und unerklärliche Phänomene waren vorhanden. Das Gerät als rein elektromagnetisch zu betrachten, versagte offensichtlich häufig in der Praxis."*

Frage: *„Das klingt aber nicht besonders gut."*

Wilhelm Mohorn: *„Es war wie ein Kampf David gegen Goliath. Brennende Fragen bereiteten mir schlaflose Nächte. Konnte es sein, dass das Gerät durch elektromagnetische Felder gestört werden konnte? Was geschieht, wenn das Gerät auf eine andere Energieform reagiert, die wir noch nicht kennen? Ich weise auf die sogenannten ‚Erdstrahlen' hin, von denen die offizielle Wissenschaft wenig hält? Ein leiser Verdacht kam hoch!"*

Frage: *„Welcher Verdacht?"*

Wilhelm Mohorn: *„Sechs Monate lang haben wir Hunderte von Objekten in Niederösterreich auf einem Plan ausgearbeitet und mit roten Stecknadeln versehen, wenn bei diesen Gebäuden kaum einen nennenswerte Wirkung eingetreten war. Rosarote Stecknadeln wurden an jene Orte gesteckt, wo die erwartete Wirkung nur zur Hälfte eintrat und der Feuchtespiegel im Mauerwerk nur etwa bis zur Hälfte absank, dann aber stagnierte. Gelbe Nadeln wurden gesteckt – und das war die Mehrheit – wo Trockenlegungen nicht abgeschlossen werden konnten, da die Objekte immer noch etwas feucht waren und nicht unserem vorgegebenen Standard entsprachen. Anschließend wurden die Sender des österreichischen Rundfunks auf dem Plan mit anderen Nadeln versehen. Siehe da, die Häufigkeit der Störanfälligkeit nahm in der Umgebung der Sender zu!!!*
Das war es! Der ursprüngliche Verdacht wurde bestätigt: Der sogenannte Elektrosmog wirkt sich störend auf die Funktionsweise der Geräte aus."

Frage: *„Wie ging es dann weiter?"*

Wilhelm Mohorn: *„Das war eine echte Herausforderung! Im Rekordtempo entwickelten wir für die 5 bis 6 verschiedenen Gerätebauweisen elektromagnetische Entstörvorrichtungen, die oberhalb des Aquapol-Gerätes installiert wurden. Es folgten hunderte Stunden Versuchsreihen auf meinem Grundstück im Schneedörfl in Reichenau an der Rax in Niederösterreich, die ich mit der Einhandrute durch-*

führte, um praktische Ergebnisse meiner bisher berechneten Entstörvorrichtungen zu bekommen. Es war ein Rennen gegen die Zeit, da die Rückzahlungsforderungen immer mehr wurden und der Nichterfolg nur mit einem weiteren sehr kostenintensiven Serviceeinsatz der Techniker beim Kunden kompensiert werden konnte."

Frage: *„Was sagten Ihre Kunden dazu?"*

Wilhelm Mohorn: *„Wir sehen, dass ihr euch wirklich bemüht, das Problem in meinem Haus zu lösen', war die Hauptaussage der uns treu gebliebenen Kunden, denen wir unser Fortbestehen in dieser Zeit zu verdanken hatten. In wenigen Monaten wurden einige hundert Systeme mit den elektromagnetischen Entstörvorrichtungen nachgerüstet. Die Nachmessungen wurden um 3-4 Monate vorverlegt, um die ersten Tendenzen sehen zu können. Somit ein weiterer finanzieller Einsatz, der nicht leicht zu verkraften war."*

Frage: *„Also muss das Gerät vor ‚Elektrosmog' geschützt werden?"*

Wilhelm Mohorn: *„Heute natürlich ist es das von Haus aus. Alles integriert. Aber damals hing unsere weitere Existenz an einem seidenen Faden. Nach den ersten Nachmessungen bestätigte sich die Wirkung der Entstörvorrichtungen. Der weitaus überwiegende Teil zeigte positive Tendenzen.*
Somit waren wir der Wahrheit ein Stück näher gekommen. Das System muss vor E-Smog geschützt werden. Da einige Kleinstgeräte mit einem Aluminiumgehäuse ausgerüstet waren und trotzdem funktionierten – entgegen den Erwartungen der forschenden ungarischen Kollegen – war der nächste große Schritt geplant. Die neue Serie musste in einem Aluminiumgehäuse untergebracht werden. Das kostete das Unternehmen, wie man sich denken kann, weitere Millionen an Investitionen und zusätzlichen Mehraufwand. Alle Problemfälle mussten dann mit dieser neuen abgeschirmten Gerätegeneration versorgt werden. Harte Zeiten für ein Unternehmen und seine Mitarbeiter. Es erforderte sehr viel Geschick, das Ganze irgendwie durchzustehen."

Frage: *„Sie haben es durchgestanden, wie man heute sieht."*

Wilhelm Mohorn: *„Ja, rückblickend gesehen natürlich. Mir wurde aber damals klar, dass ich mich mit aller Kraft weiter der Grundlagenforschung widmen muss. Während wir voranschritten, langsam die Kontrolle wiederzugewinnen, taten sich andere, nicht minder brisante Fragen auf. Also stürzte ich mich 1991 fast ganztägig in die Grundlagenforschung, um alle Unklarheiten zu beseitigen. Es blieben immer noch Fälle ungelöst, von denen einer meiner wichtigen Aquapol-Techniker P.L. behauptete, dass die Systeme nur zeitweise arbeiteten.*
Zwei Minuten lang die eine Wirkung, dann zwei Minuten absolute „Sendepause". Er nannte diese Systeme ‚Teilzeitarbeiter'. Also das nächste Phänomen, das es zu lösen galt."

Frage: *„Das klingt mehr wie ein Spießrutenlauf als die Erfolgsgeschichte eines Erfinders.“*

Wilhelm Mohorn: *„Das kommt der Sache nahe. Durch weitere Untersuchungen des Erdfeldes entdeckten wir Orte, wo das Erdfeld, welches wir nutzten, nicht rechtsdrehend, sondern linksdrehend war oder sich abwechselte. Ein Phänomen das nicht sein durfte. Nach der bestehenden Lehrmeinung sind auf unserer nördlichen Erdhalbkugel Erdfelder, wo aufgrund der Rotationskraftrichtung der Erde (die Wirbel von oben betrachtet) das Erdfeld nur linksdrehend sein dürfte, wie es von den Wasserwirbeln beim Ablaufen des Wassers in einem Waschbecken bekannt ist. Das gab uns zu denken!*
Keiner wusste über diesen Mechanismus Bescheid. Keiner wusste, warum dies so ist. Aber einmal abgesehen davon, wir begannen zu beobachten, dass es genug Stellen gab, wo der Wasserwirbel „verkehrt“ ablief.
Was sollte das nun wieder?“

Frage: *„Also wieder ein Widerspruch zur ‚allgemeinen Lehrmeinung‘?“*

Wilhelm Mohorn: *„Ich fühle mich nicht berufen zur Kritik. Aber das Wort ‚Meinung‘ bedeutet letztlich nur eine persönliche Überzeugung, eine Einstellung, die jemand in Bezug auf etwas haben kann. Für falsch halte ich es, ungeprüft einfach eine Meinung zu übernehmen. Aber in diesem konkreten Fall schien etwas mit der allgemeinen Lehrmeinung nicht zu stimmen. Etwas fehlte ganz gewiss! Irgendeine Kraft musste offensichtlich stärker sein als die sogenannte Corioliskraft, nach dem französischen Physiker Coriolis benannt.*
Was nun?
Wie musste eine Empfangsantenne aussehen, die beide Arten links- sowie rechtsdrehender Energieformen empfangen konnte? Laut Auskunft von einigen Gelehrten ein Ding der Unmöglichkeit.“

Frage: *„Also musste mal wieder Unmögliches möglich gemacht werden?“*

Wilhelm Mohorn: *„Das reizt den Tüftler besonders, etwas Unmögliches möglich zu machen. Intensive Forschung brachte in wenigen Monaten das erste Resultat. Die ersten Flachspulenantennen wurden entwickelt und sie konnten in bestimmter Konstellation zueinander tatsächlich links- und rechtsdrehende Erdfelder empfangen. Das war eine Sensation im wissenschaftlichen Sinne. Es dauerte noch Monate, bis sie ausgereift waren und sodann standardgemäß zum Einsatz kamen. In dieser Zeit, zwischen 1991 und 1992, wurde die 4. Gerätegeneration entwickelt, die nun absolut standortunabhängig arbeiten konnte, ganz gleich, wie das Erdfeld strukturiert war. Dies war der größte technische Durchbruch in der Firmengeschichte und möglicherweise auch in der Physik.*

Meine funktionale Grundlagenforschung wurde 1992 in den wesentlichsten Zügen abgeschlossen und wir hatten scheinbar über 100 neue physikalische Gesetzmäßigkeiten bzw. Ableitungen dazu entdeckt. Dies machte das Puzzlebild sehr schön sichtbar. Waren es zu Beginn unserer Forschungen nur 5 Puzzlesteine, am Schluss waren es etwa 470. Vielleicht 30 fehlten noch, aber das Bild war nun ziemlich vollständig.“

Frage: *„Es erklärt dem Laien zwar, dass bestimmte Schwierigkeiten gelöst werden mussten, aber rein wissenschaftlich gesehen?“*

Wilhelm Mohorn: *„Das geht über den Rahmen dieses Interviews hinaus. Mehr zu diesem Thema gibt es dann in einem nächsten speziellen Buch.“*

Frage: *„Wie ging es nun weiter, Herr Mohorn?“*

Wilhelm Mohorn: *„Es blieb nicht aus, dass weitere Bereiche dringend erforscht werden mussten. Nachdem das Gerät nach etwa 10 Jahren funktionssicher entwickelt worden war, nahmen wir verschiedene andere Bereiche in Angriff.*
Die Mauerwerksdiagnostik musste für die Baupraxis relativ neu definiert und entwickelt werden, da der Zeitaufwand sich in Grenzen halten sollte und wir auf der Baustelle schon Aussagen über die Mauern bzw. über den Putz und andere Dinge brauchten.
So wurden einige Schnellmessverfahren und Protokolle entwickelt, die einen gut geschulten Aquapol-Techniker zu einem praktischen Mauerwerksdiagnostiker machten. Die Aufgabe bestand darin, mit verschiedensten Messungen vor Ort herauszufinden, um welche Feuchte es sich handelt, wie sie sich im Mauerwerk bzw. im Putz bewegt, durch welche Mechanismen sie bewegt wird und der etwaige Anteil der einzelnen Durchfeuchtungsquellen. Der Messkoffer wurde beachtlich groß, um das alles zu erfassen.“

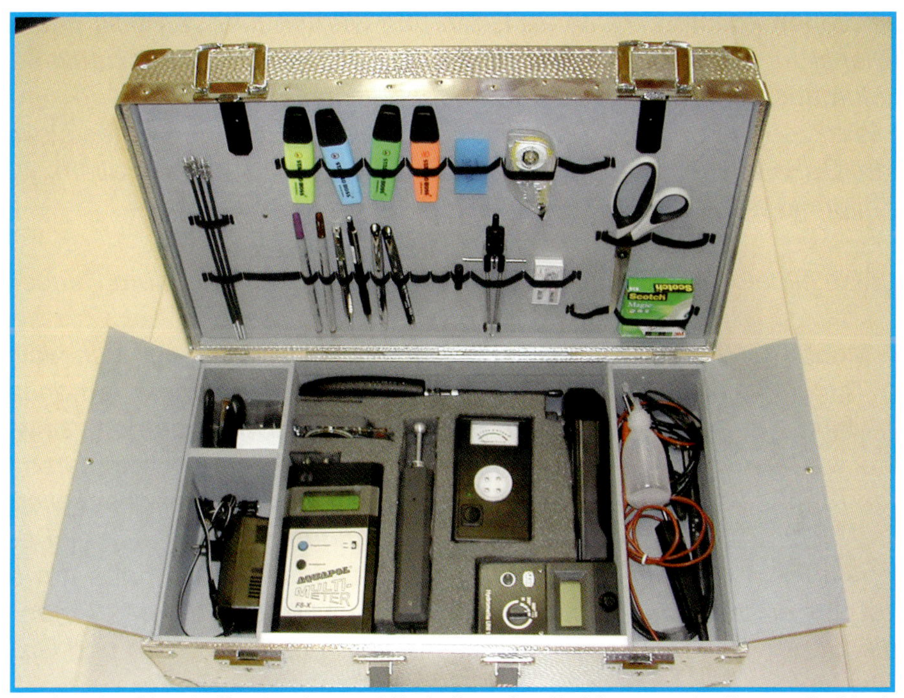

Der heutige Messkoffer des Aquapol-Technikers für die Mauerwerksdiagnostik. Nach etwa 10 Jahren Baustellenerfahrung, erkannte Wilhelm Mohorn: Je genauer die Diagnosen, desto geringer die Probleme und desto leichter kann man Lösungen ausarbeiten.

Frage: *„Aber das war nicht alles?“*

Wilhelm Mohorn: *„Nein. Das nächste Ziel war eine perfekte Montage mit allem, was dazugehört. So wurde eine Montage-Checkliste entwickelt, die alle wichtigen Schritte enthielt, um einen hohen Montagestandard zu halten, damit das Gebäude in der vereinbarten Zeit auch trocken wird. Zur Mauerwerksdiagnostik gehört auch ein Protokoll, das entwickelt werden musste. Geschriebene Richtlinien dazu durften natürlich nicht fehlen.“*

Frage: *„Nachdem alle erdenklichen technischen Schwierigkeiten aus dem Weg geräumt waren, legten Sie besondere Maßstäbe an die Information, einerseits für die Aquapol-Techniker und anderseits für den Kunden?“*

Wilhelm Mohorn: *„Dies war mir immer ein sehr großes Anliegen. Der Kunde sollte so gut wie möglich und auf leichte Art und Weise informiert werden. Das gilt für sein Problem als auch für die Gesamtlösung, die Aquapol ihm bietet.*
1997 war die Begleitende Maßnahmen-Checkliste vollständig und war 4 Seiten lang. Sie enthielt alle möglichen begleitenden Maßnahmen, um alle Durchfeuchtungsursachen zu beseitigen, die einer kompletten Trockenlegung des Objektes

im Wege stehen konnten. 12 Jahre Erfahrung wurden hier verpackt und nun war es ein Dienst für jeden Aquapol-Techniker, diese Checkliste auszufüllen und sie bei der Montage dem Kunden zu überreichen. Damit hatte der Kunde zum ersten Mal ein Werkzeug in der Hand. Er konnte mit einem Blick genau feststellen, was an seinem Gebäude sonst noch alles getan werden sollte und vor allem, wann der ideale Zeitpunkt war.“

Frage: *„Also bildet Aquapol sozusagen eine Partnerschaft mit dem Kunden?“*

Wilhelm Mohorn*: „Partnerschaft drückt es gut aus! Aber es ging noch weiter. Das nächste Terrain war die Sanierungstechnik. An Baumaterial war ja nahezu alles auf dem Markt vorhanden. Obwohl zu Beginn unseres Unternehmens so wertvolle Baustoffe wie Sumpfkalk Mangelware waren. Jedoch haben wir durch unsere ständigen Empfehlungen an unseren Kunden das Marktbild diesbezüglich verändert. Die Nachfrage bestimmt schließlich das Angebot. Sumpfkalk gibt es heute gebrauchsfertig in Gebinden zu kaufen. Die Zementindustrie hätte ihn beinahe verdrängt. Ich erinnere mich noch an die eigene Kalkgrube im elterlichen Grundstück, die für den Hausbau in den 50er Jahren von meinen Eltern und Großeltern verwendet wurde.“*

Frage: *„Wir sprechen bereits über den Bereich ‚Sanierung‘. Was hat das mit Aquapol zu tun?“*

Wilhelm Mohorn: *„Sehr viel. Lassen Sie mich das weiter ausführen. Da insbesondere im Bereich der Sanierung von Altbauten so viel schief gelaufen war, gemessen an den Schäden, die ein paar Jahre danach wieder auftraten, zum Leid vieler Hausbesitzer, musste auch in diesem Bereich für den Kunden etwas getan werden. Häufig waren Kundenreklamationen nichts Anderes als Fehler bei der Sanierungstechnik, die zu erneuten Feuchteschäden geführt hatten. So wurden beispielsweise häufig bei Elektroarbeiten die Unterputzdosen mit Gips in das alte, salzhaltige und noch leicht durchfeuchtete Mauerwerk eingesetzt, anstatt Schnellbinderzement zu verwenden. Wochen später begann der Gipsmörtel zu blühen und der irritierte Kunde meinte natürlich, das Aquapol-System funktioniere nicht. Das stimmte natürlich nicht in diesem Fall. Diese und viele andere Fehler standen auf der Tagesordnung der Techniker, die dem frustrierten Kunden erklärt werden mussten. Das bedeutete Frust und Ärger auf beiden Seiten. Oft war es schlichtweg Pfusch, den wir antrafen oder die Unkenntnis des Baufachmannes, dem der Kunde einfach blind vertraut hatte. Ich wundere mich immer wieder über das mangelnde Wissen so mancher Baufachleute. Für unverzeihlich halte ich jedoch die zahlreichen Falschinformationen, die dem Kunden teilweise von gewissen Unternehmen der Baustoffindustrie oder deren Verkäufern aufgeschwatzt werden.“*

Frage: *„Also zeigen Sie auch wie man richtig saniert?“*

Wilhelm Mohorn: *„Wir befassten uns damit sehr intensiv. Wir mussten es tun und den Kunden daran teilhaben lassen. Wissen Sie, das ist ein vollkommen neues Konzept. Es begann sozusagen die neue Ära der Sanierungs-Technik. Etwa 1998 gab es die erste Sanierungscheckliste, die dem Kunden genau sagte, was und wie genau saniert werden musste. Dies war erforderlich, da sich auf dem Markt kaum jemand befand, der unabhängig von den Ergebnissen der Mauerwerksdiagnostik die Sanierungstechnik exakt abstimmte.*
Jedoch genau diesbezüglich sind in der Vergangenheit leider sehr viele Fehler gemacht worden, aber erneut Feuchteschäden verursacht hat, die mit der richtigen Sanierungstechnik hätten vermieden werden können. Einzelne Sanierungstechnikblätter wurden ausgearbeitet bis in alle Details. Diese gut illustrierten Blätter wurden im Jahre 2004 von den etwa 20 neuen Aquapol-Sanierungstechnik-Serien abgelöst.
Für uns war es wichtig, diese Informationen einfach zu halten. Sie enthalten viele bunte Illustrationen und auf jeder Rückseite befindet sich eine genaue Anleitung für den Häuslebauer oder den Baufachmann."

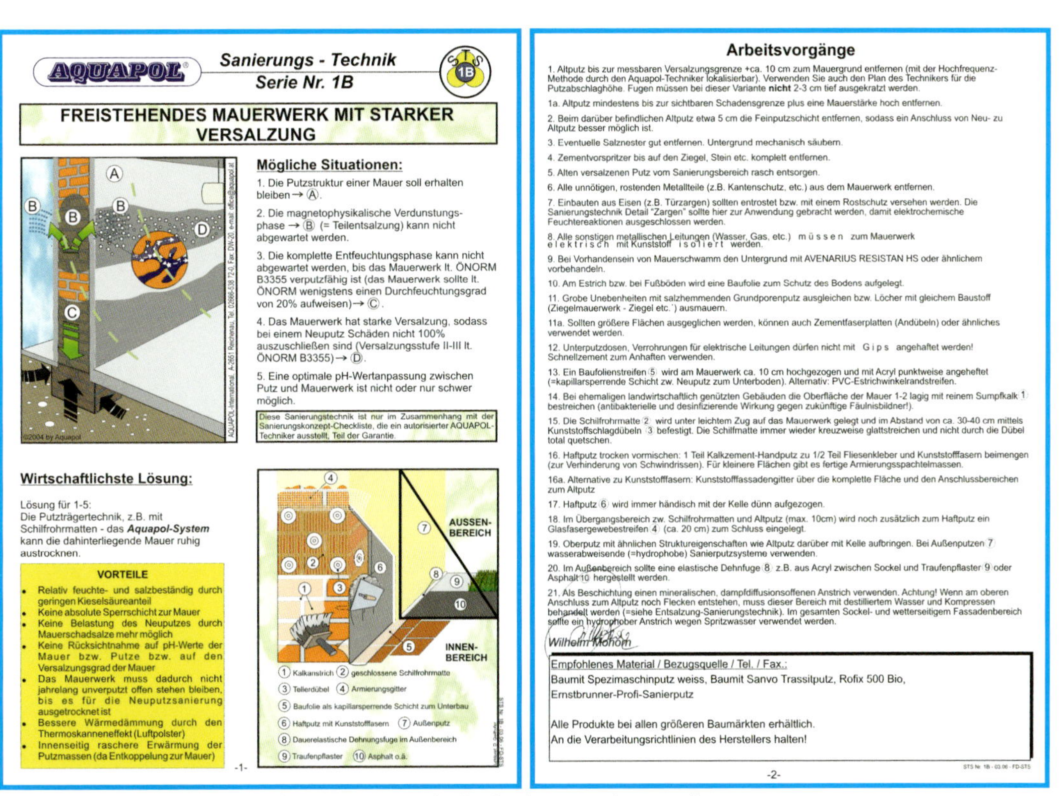

AQUAPOL®

Sanierungs - Technik
Serie Nr. 1B

STS 1B

FREISTEHENDES MAUERWERK MIT STARKER VERSALZUNG

Mögliche Situationen:

1. Die Putzstruktur einer Mauer soll erhalten bleiben → Ⓐ.
2. Die magnetophysikalische Verdunstungsphase → Ⓑ (= Teilentsalzung) kann nicht abgewartet werden.
3. Die komplette Entfeuchtungsphase kann nicht abgewartet werden, bis das Mauerwerk lt. ÖNORM B3355 verputzfähig ist (das Mauerwerk sollte lt. ÖNORM wenigstens einen Durchfeuchtungsgrad von 20% aufweisen) → Ⓒ.
4. Das Mauerwerk hat starke Versalzung, sodass bei einem Neuputz Schäden nicht 100% auszuschließen sind (Versalzungsstufe II-III lt. ÖNORM B3355) → Ⓓ.
5. Eine optimale pH-Wertanpassung zwischen Putz und Mauerwerk ist nicht oder nur schwer möglich.

Diese Sanierungstechnik ist nur im Zusammenhang mit der Sanierungskonzept-Checkliste, die ein autorisierter AQUAPOL-Techniker ausstellt, Teil der Garantie.

Wirtschaftlichste Lösung:

Lösung für 1-5:
Die Putzträgertechnik, z.B. mit Schilfrohrmatten - das ***Aquapol-System*** kann die dahinterliegende Mauer ruhig austrocknen.

VORTEILE

- Relativ feuchte- und salzbeständig durch geringen Kieselsäureanteil
- Keine absolute Sperrschicht zur Mauer
- Keine Belastung des Neuputzes durch Mauerschadsalze mehr möglich
- Keine Rücksichtnahme auf pH-Werte der Mauer bzw. Putze bzw. auf den Versalzungsgrad der Mauer
- Das Mauerwerk muss dadurch nicht jahrelang unverputzt offen stehen bleiben, bis es für die Neuputzsanierung ausgetrocknet ist
- Bessere Wärmedämmung durch den Thermoskanneneffekt (Luftpolster)
- Innenseitig raschere Erwärmung der Putzmassen (da Entkoppelung zur Mauer)

-1-

Arbeitsvorgänge

1. Altputz bis zur messbaren Versalzungsgrenze +ca. 10 cm zum Mauergrund entfernen (mit der Hochfrequenz-Methode durch den Aquapol-Techniker lokalisierbar). Verwenden Sie auch den Plan des Technikers für die Putzabschlaghöhe. Fugen müssen bei dieser Variante **nicht** 2-3 cm tief ausgekratzt werden.

1a. Altputz mindestens bis zur sichtbaren Schadensgrenze plus eine Mauerstärke hoch entfernen.

2. Beim darüber befindlichen Altputz etwa 5 cm die Feinputzschicht entfernen, sodass ein Anschluss von Neu- zu Altputz besser möglich ist.

3. Eventuelle Salznester gut entfernen. Untergrund mechanisch säubern.

4. Zementvorspritzer bis auf den Ziegel, Stein etc. komplett entfernen.

5. Alten versalzenen Putz vom Sanierungsbereich rasch entsorgen.

6. Alle unnötigen, rostenden Metallteile (z.B. Kantenschutz, etc.) aus dem Mauerwerk entfernen.

7. Einbauten aus Eisen (z.B. Türzargen) sollten entrostet bzw. mit einem Rostschutz versehen werden. Die Sanierungstechnik Detail "Zargen" sollte hier zur Anwendung gebracht werden, damit elektrochemische Feuchtereaktionen ausgeschlossen werden.

8. Alle sonstigen metallischen Leitungen (Wasser, Gas, etc.) müssen zum Mauerwerk elektrisch mit Kunststoff isoliert werden.

9. Bei Vorhandensein von Mauerschwamm den Untergrund mit AVENARIUS RESISTAN HS oder ähnlichem vorbehandeln.

10. Am Estrich bzw. bei Fußböden wird eine Baufolie zum Schutz des Bodens aufgelegt.

11. Grobe Unebenheiten mit salzhemmenden Grundporenputz ausgleichen bzw. Löcher mit gleichem Baustoff (Ziegelmauerwerk - Ziegel etc.) ausmauern.

11a. Sollten größere Flächen ausgeglichen werden, können auch Zementfaserplatten (Andübeln) oder ähnliches verwendet werden.

12. Unterputzdosen, Verrohrungen für elektrische Leitungen dürfen nicht mit Gips angehaftet werden! Schnellzement zum Anhaften verwenden.

13. Ein Baufolienstreifen ⑤ wird am Mauerwerk ca. 10 cm hochgezogen und mit Acryl punktweise angeheftet (=kapillarsperrende Schicht zw. Neuputz zum Unterboden). Alternativ: PVC-Estrichwinkelrandstreifen.

14. Bei ehemaligen landwirtschaftlich genützten Gebäuden die Oberfläche der Mauer 1-2 lagig mit reinem Sumpfkalk ① bestreichen (antibakterielle und desinfizierende Wirkung gegen zukünftige Fäulnisbildner!).

15. Die Schilfrohrmatte ② wird unter leichtem Zug auf das Mauerwerk gelegt und im Abstand von ca. 30-40 cm mittels Kunststoffschlagdübeln ③ befestigt. Die Schilfmatte immer wieder kreuzweise glattstreichen und nicht durch die Dübel total quetschen.

16. Haftputz trocken vormischen: 1 Teil Kalkzement-Handputz zu 1/2 Teil Fliesenkleber und Kunststofffasern beimengen (zur Verhinderung von Schwindrissen). Für kleinere Flächen gibt es fertige Armierungsspachtelmassen.

16a. Alternative zu Kunststofffasern: Kunststofffassadengitter über die komplette Fläche und den Anschlussbereichen zum Altputz

17. Haftputz ⑥ wird immer händisch mit der Kelle dünn aufgezogen.

18. Im Übergangsbereich zw. Schilfrohrmatten und Altputz (max. 10cm) wird noch zusätzlich zum Haftputz ein Glasfasergewebestreifen ④ (ca. 20 cm) zum Schluss eingelegt.

19. Oberputz mit ähnlichen Struktureigenschaften wie Altputz darüber mit Kelle aufbringen. Bei Außenputzen ⑦ wasserabweisende (=hydrophobe) Sanierputzsysteme verwenden.

20. Im Außenbereich sollte eine elastische Dehnfuge ⑧ z.B. aus Acryl zwischen Sockel und Traufenpflaster ⑨ oder Asphalt ⑩ hergestellt werden.

21. Als Beschichtung einen mineralischen, dampfdiffusionsoffenen Anstrich verwenden. Achtung! Wenn am oberen Anschluss zum Altputz noch Flecken entstehen, muss dieser Bereich mit destilliertem Wasser und Kompressen behandelt werden (=siehe Entsalzung-Sanierungstechnik). Im gesamten Sockel- und wetterseitigem Fassadenbereich sollte ein hydrophober Anstrich wegen Spritzwasser verwendet werden.

Wilhelm Mohorn

Empfohlenes Material / Bezugsquelle / Tel. / Fax.:
Baumit Spezimaschinputz weiss, Baumit Sanvo Trassitputz, Rofix 500 Bio, Ernstbrunner-Profi-Sanierputz

Alle Produkte bei allen größeren Baumärkten erhältlich.
An die Verarbeitungsrichtlinien des Herstellers halten!

STS Nr. 1B - 03.06 - FD-STS

-2-

Eine der konkurrenzlosen Sanierungstechnik-Serien von Aquapol

Frage: *„Ernteten Sie nicht Missfallen aus der Baubranche?"*

Wilhelm Mohorn: *„Interessanterweise nicht. Ich denke, dass wir vielen einen Gefallen getan haben, wenn sie offen und handwerklich geschickt waren. Schließlich gibt es ausgezeichnete Baufachleute und wir bereicherten lediglich deren Wissensschatz. Mir war die Sanierungstechnik-Serie in Wort und Bild noch nicht genug. Ich wollte vor allem dem Kunden, der ja letztlich der Entscheidungsträger von Maßnahmen in seinen eigenen vier Wänden ist, genügend visuelle Beispiele direkt ins Haus liefern. Ich ließ für die Kunden einen Film über die wichtigsten Sanierungstechniken machen, damit diese mit relativer Leichtigkeit selbst Hand anlegen konnten bzw. sie die ausführende Baufirma etwas kontrollieren konnten. Auch für den Baufachmann sind sehr interessante Gesichtspunkte darin enthalten, von denen die meisten noch nie etwas gehört haben. In der Regel spart man bei diesen Techniken mehr Geld am Material, jedoch benötigt man mehr Zeit für die Durchführung. Wenn alles richtig gemacht wird, dann war es die letzte Putzsanierung in diesem Gebäude für die Dauer des Gebäudes. Hier kommt der Sparfaktor für den Hausbesitzer ins Spiel, abgesehen vom Ärger und den Unannehmlichkeiten, die mit den Sanierungsarbeiten zusammenhängen. Wer so etwas einmal erlebt, kann ein Lied davon singen, alleine den Baustaub in den Griff zu bekommen."*

Der erste Sanierungstechnikfilm, den Aquapol für seine Kunden herausbrachte.

Frage: „*Man hat sehr viel über die „biologischen Wirkungen“ des Aquapol-Systems gelesen, was hat es damit auf sich?*“

Wilhelm Mohorn: „*Dies war der schwierigste Brocken, dem ich mich gegenüber sah. Seit Tschernobyl ist das Thema ‚Strahlen‘ in das Bewusstsein der Menschen gerückt und sie wurden in Bezug auf Geräte, die ‚Strahlen‘ ausschicken, kritisch. Da war Aquapol nicht ausgenommen. Es gab aber besonders bei unserem System so viele positive Hinweise von den Kunden, dass das Aquapol-System auch zu einem gesteigerten Wohlbefinden beitragen konnte.*“

Frage: „*Was auf die störfelddämpfende Wirkung des Systems zurückzuführen ist?*“

Wilhelm Mohorn: „*...was an und für sich schon ein ungemeiner technischer Durchbruch wäre. Aber das war für mich und sicherlich auch für den besonders kritischen Kunden einfach zu wenig. So suchte ich andere gesicherte Nachweise, als nur die Aussagen von Kunden. Ich besuchte einen Fachvortrag im Forschungskreis für Geobiologie, das ist der sehr bekannte Dr. Hartmann-Kreis in Deutschland. Am Rande dieser Veranstaltung kam es zu interessanten Kontakten zu Wissenschaftlern mit diesem speziellen Fachgebiet. Kurz gesagt: Es folgte ein Kurzzeit-Blindversuch mit einer elektrischen Messmethode am Menschen. Dabei reagierten einige der Testpersonen innerhalb kürzester Zeit positiv auf Aquapol, jedoch nicht alle. Darauf folgte dann ein Langzeitversuch in Österreich mit dem ausgebildeten Geobiologen und Radiästheten Richard Helfer. Dieser bestätigte bei allen Teilnehmern eine positive Wirkung über einen langen Zeitraum.*“

Frage: „*Somit war es bewiesen, dass das Aquapol-System eine positive biologische Wirkung auf den Menschen hatte?*“

Wilhelm Mohorn: „*Das ist für einen Nichtmediziner, wie ich einer bin, sehr heikel. Schließlich kann man das sehr schnell missverstehen. Sinn und Zweck des Aquapol-Systems ist es ja sozusagen, Gebäude wieder zu trocknen. Also galt es, diesem biologischen Einfluss mehr auf den Grund zu gehen. Durch einen Zufall lernte ich einen Pionier auf dem Gebiet der Geobiologie und Baubiologie aus Deutschland kennen. Professor K.E. Lotz war bekannt für seine vielen Bücher und vor allem für seine messtechnischen Einrichtungen bzw. Erfahrungen. Er gilt auch als Experte für den indirekten Nachweis ‚sogenannter Erdstrahlen‘ bzw. deren physikalischer und teilweise biochemischen Auswirkungen auf Mensch und Umwelt. Er arbeitete eng mit dem bereits verstorbenen Diplom-Ingenieur Robert Endrös zusammen, dessen Buch ‚Strahlung der Erde‘ ich mit Begeisterung gelesen hatte. Wir beauftragten Professor Lotz, verschiedene Forschungsprojekte für Aquapol durchzuführen, um verschiedene andere Parameter zu untersuchen, die Aquapol eventuell zusätzlich nutzen könnte. Diese Arbeiten fanden von 2002 bis*

2005 statt. Tatsächlich, es gab interessante Forschungsergebnisse, die die positive biologische Wirkung auf den Menschen noch mehr bestätigten. Ein Auszug davon wurde im Wissenschaftsjournal Ende 2005 veröffentlicht. Wir haben ihn auf unserer Webseite den Lesern zur Verfügung gestellt. Man kann sich diese Informationen unter www.aquapol.at herunterladen oder mit der beigelegten Karte anfordern."

Interviewer: *„Herr Ingenieur Mohorn, ich danke für das Gespräch."*

9. Wer mehr wissen will

Aquapol-Websites

Besuchen Sie auch die Webseiten, um weitere Informationen zu erhalten, wie z.B. Neuheiten an schriftlichen Informationen, Newsletter, neue Filme usw., für jeden etwas.

Österreich: *www.aquapol.at*
Deutschland: *www.aquapol-deutschland.de*
Schweiz: *www.aquapol.ch*

Broschüren und schriftliches Informationsmaterial

Sie können auch Material per Post anfordern, wenn Sie keinen Zugang zum Internet haben.

Kostenloses Material:

Die Aquapol-Infomappe

Die Biomappe

Vinothek-Journal

Schloss Schlatt-Journal

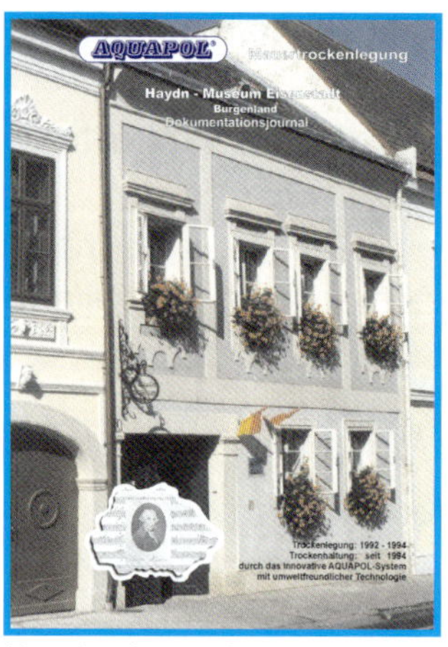

Haydn-Journal

Rothenburg-Kurzinfo

Wissenschaftsjournal/ Lotz

Langzeitprojekt/ Prüfanstalt

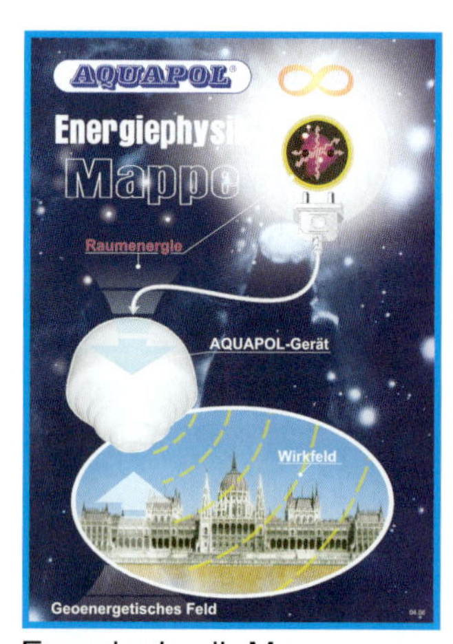

Energiephysik-Mappe

Kostenpflichtiges Material:

Die Aquapol-Fibel

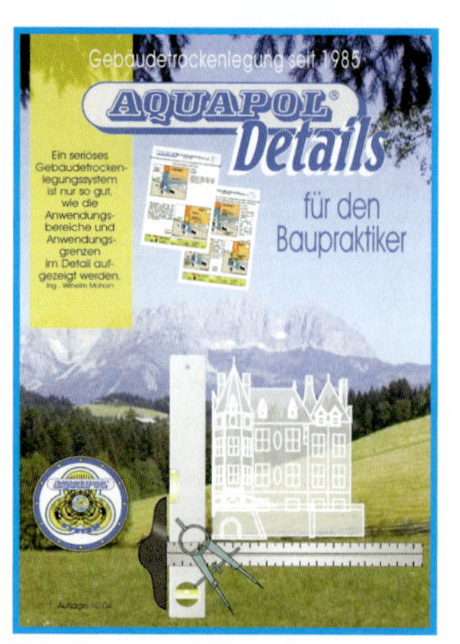

Die Aquapol-Detailmappe

Büchlein „Die Kräfte des Universums“

Preise entnehmen Sie bitte der Rückantwortkarte!

Filme

Kostenloses Material:

Die intelligente Aquapol-Technik

Aquapol-Magnetokinese VOL. I

Aquapol-Biofilm

Kostenpflichtiges Material:

Die intelligente Aquapol-Sanierungstechnik

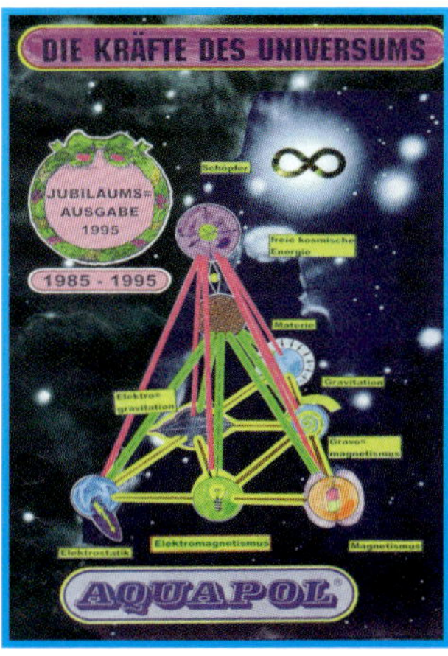

Aquapol-Dokufilm „Die Kräfte des Universums“

Was sagen Baufachleute zu Aquapol?

Preise entnehmen Sie bitte der Rückantwortkarte

Weiteres Filmmaterial steht zur Verfügung und kann mit der Retourkarte angefordert werden (Filmprospekt).

Kontakt zum Hersteller

Sie können bei Fragen, Anregungen etc. gerne den Hersteller kontaktieren. Wenn Sie eine kostenlose und unverbindliche Mauerfeuchte-Analyse wünschen, schicken Sie einfach den Gutschein dafür ein. Ihr im Gebiet ansässiger Aquapol-Fachberater wird sich mit Ihnen gerne in Verbindung setzen.

AQUAPOL wasserpolarisationstechnische Geräte Ges.m.b.H.
Schneedörflstraße 23
A-2651 Reichenau/Rax
Österreich

Tel.: +43 2666/538 72-0
Fax: +43 2666/538 72-20
e-mail: office@aquapol.at

Kontakt zum Buchautor

Wenn Sie Kontakt zum Buchautor suchen, schreiben Sie ihm einfach. Er ist sehr interessiert an Ihrer Meinung zum Buch und wie erfolgreich Sie es in der Praxis anwenden konnten! Jede Post wird von ihm persönlich erledigt.

Seine Anschrift:

Ing. Wilhelm Mohorn
Schneedörflstr. 23
A-2651 Reichenau/Rax
Österreich

Seine Homepage:
www.wmohorn.com

E-mail:
office@wmohorn.com

Danksagung

An dieser Stelle möchte ich allen Mitwirkenden herzlich danken, vor allem Mitarbeitern des Aquapol-Teams. Schließlich konnten etwa 90 Fotos und ca. 60 Grafiken von dem international tätigen Unternehmen Aquapol in dieses Buch aufgenommen werden.
Euch Mitwirkenden habe ich ein kleines Gedicht gewidmet.

Wilhelm Mohorn

Hab Dank für Deine schöne Tat,
und manch so guten teuren Rat,
Deinen Beitrag Du wirst sehr leicht erkennen,
und ihn auch stolz Dein Eigen nennen,
drum poche nun auf edles Holz,
und sei auf Deinen Beitrag stolz,
dem Leser soll es wohl gefallen,
das ist das Wichtigste von allen!

Wilhelm Mohorn
Reichenau im Mai 2006